U0159152

黑龙江历史文化研究工程项目（CBZZ2002）

庫頁島往事

卜键 著

生活·讀書·新知 三联书店

图书在版编目（CIP）数据

库页岛往事／卜键著. —北京：生活 · 读书 · 新知三联书店，2021.10 （2024.11 重印）
ISBN 978 – 7 – 108 – 07138 – 5

Ⅰ. ①库… Ⅱ. ①卜… Ⅲ. ①萨哈林岛 – 介绍 Ⅳ. ① P947.12

中国版本图书馆 CIP 数据核字（2021）第 061690 号

责任编辑 张 龙
装帧设计 康 健
责任校对 张 睿
责任印制 董 欢
出版发行 生活 · 讀書 · 新知 三联书店
（北京市东城区美术馆东街 22 号 100010）
网 址 www.sdxjpc.com
经 销 新华书店
制 作 北京金舵手世纪图文设计有限公司
印 刷 河北松源印刷有限公司
版 次 2021 年 10 月北京第 1 版
2024 年 11 月北京第 6 次印刷
开 本 635 毫米 × 965 毫米 1/16 印张 19.25
字 数 230 千字 图 51 幅
印 数 19,001 – 22,000 册
定 价 78.00 元
（印装查询：01064002715；邮购查询：01084010542）

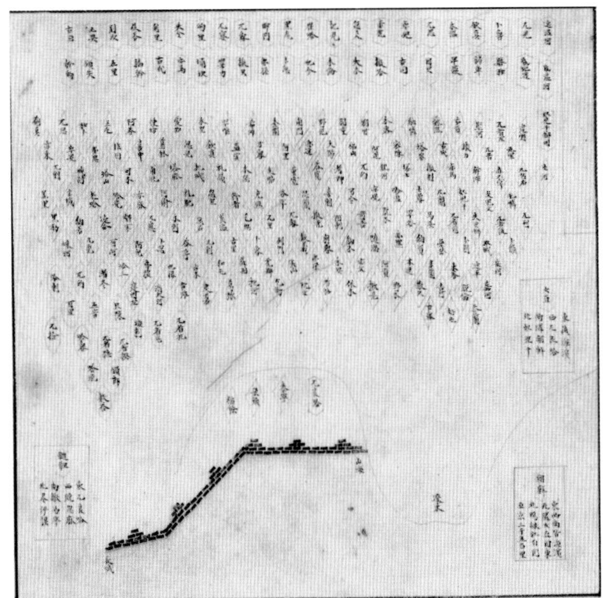

《分野舆图·东北女直》，约成于明朝中晚期，将奴儿干列女直之下，现藏美国国会图书馆

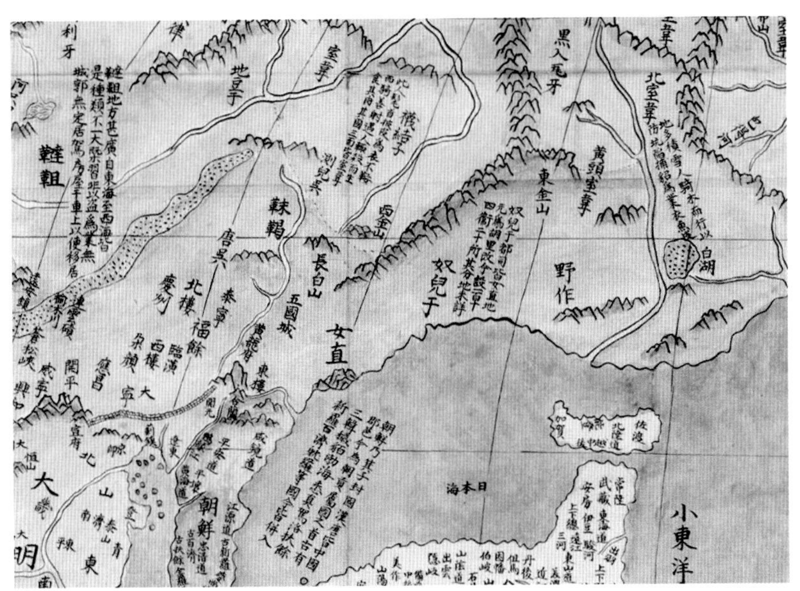

《坤舆万国地图》（局部），由意大利传教士利玛窦和明朝官员李之藻绘制，万历三十年（1602）完成，是中国最早的彩绘世界地图，现有摹本藏于南京博物院

《舆地图》中的奴儿干都司，深受正德间旧图影响，有王泮明万历二十年（1594）题识，此为朝鲜草绘本

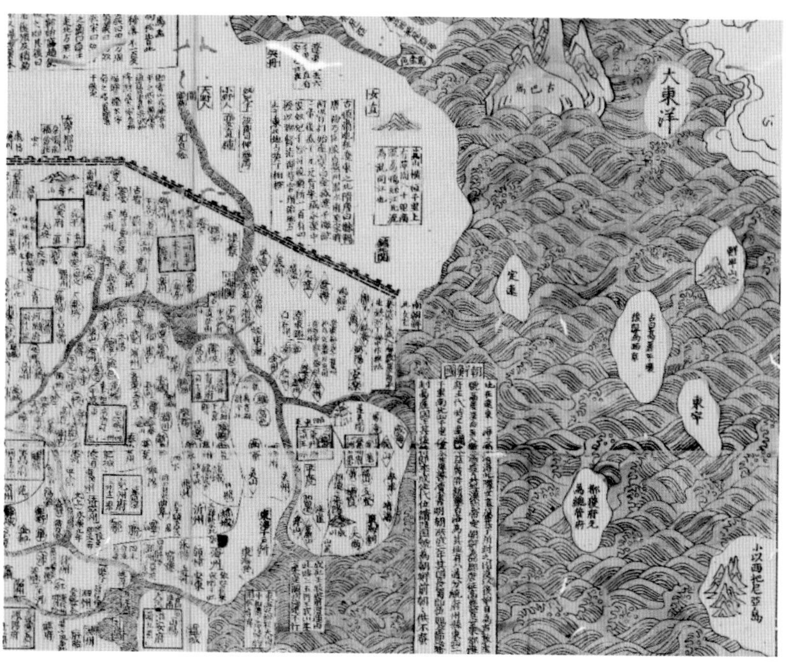

《大明九边万国人迹路程全图》(局部)，底本为明曹君义《天下九边分野人迹路程全图》[崇祯十七年（1644）]，康熙二年（1663）姑苏王君甫重刻印行

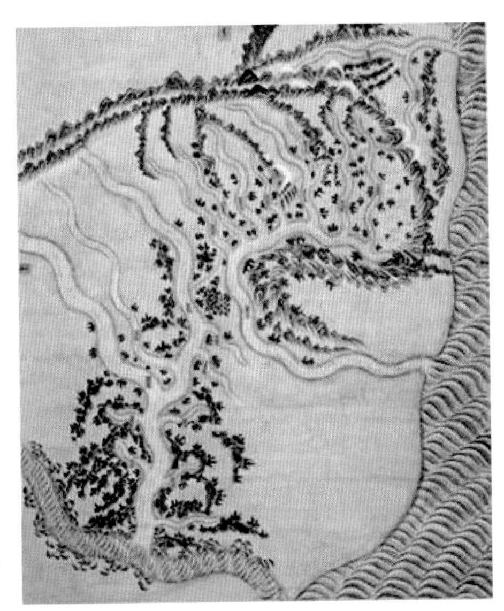

《乌喇等处地方图》，绘制于康熙二十九年（1690），上有亨滚河、庙街等名目，失载库页岛。现藏台北故宫博物院

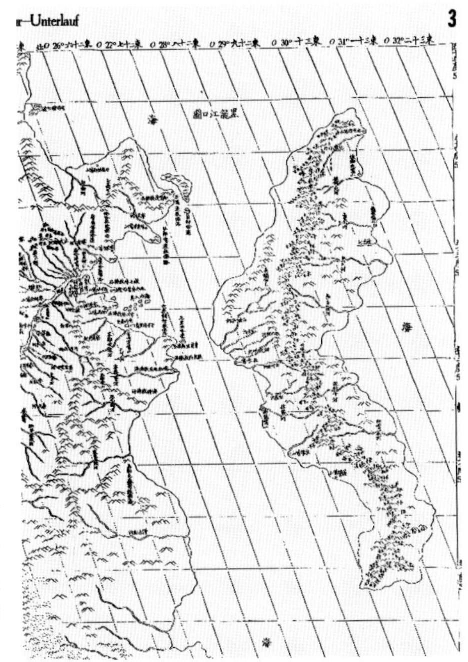

《康熙皇舆全览图》之黑龙江口和库页岛，康熙五十七年（1718）绘成，此乃该岛第一次出现在中国舆图中，列在第一排第一号和第二号，明确作为一个独立岛屿

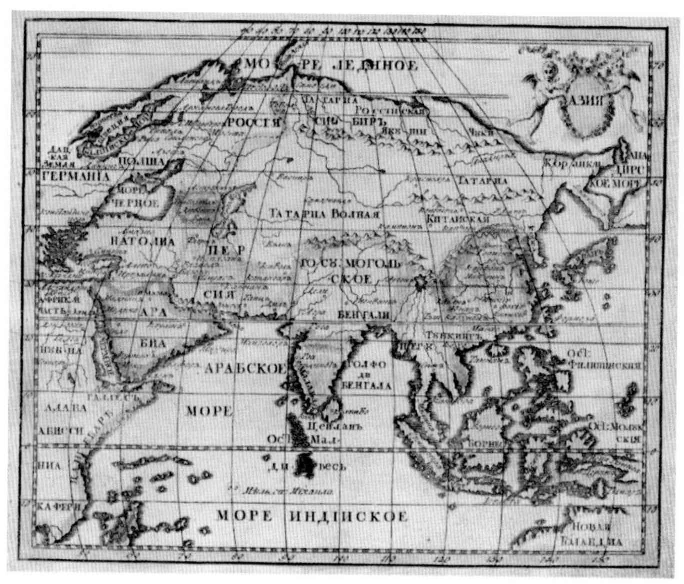

沙俄帝国科学院1739年所编《世界地图集》亚洲部分，可证对黑龙江和库页岛的认知都很有限

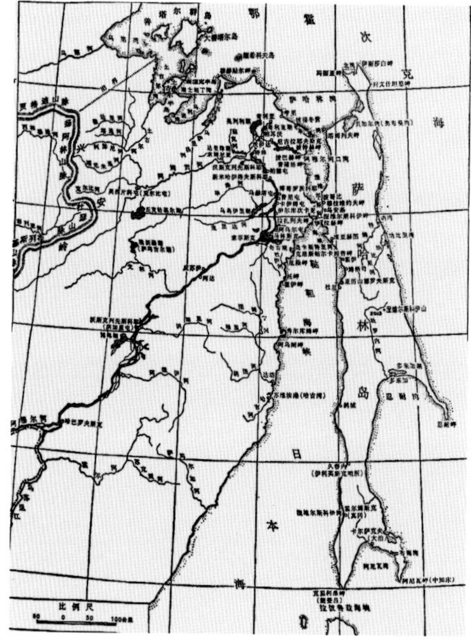

《涅维尔斯科伊考察地区略图》，1852年前后绘制，见涅氏所著《俄国海军军官在俄国远东的功勋》

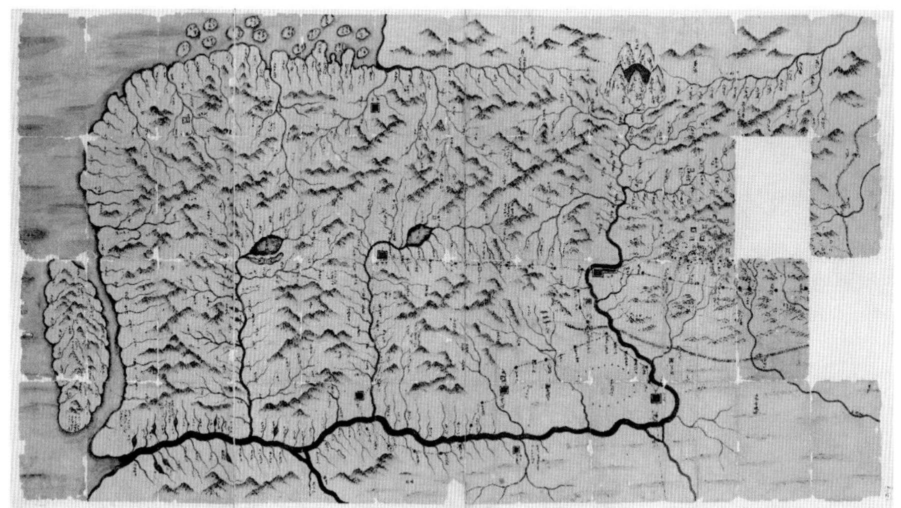

《吉林舆图》，光绪年间绘制，于库页岛上特加记注：“大洲内均系库叶、费牙喀、鄂伦春三项人居住，共屯二十一个。”现藏美国国会图书馆

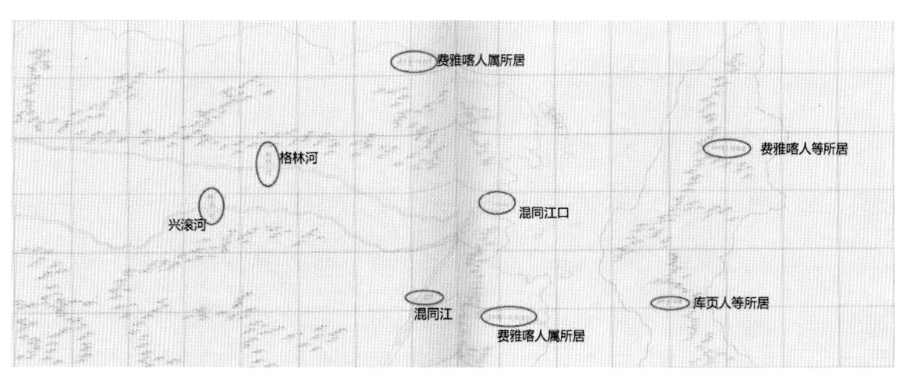

《光绪大清会典图》，1899 年，对库页岛上的族群分布有标注

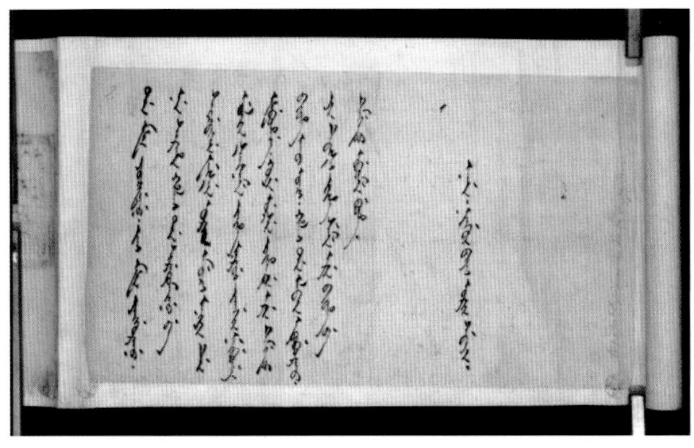

乾隆四十年（1775），三姓副都统衙门所发的一份官员任命文书，此为最上德内的抄件

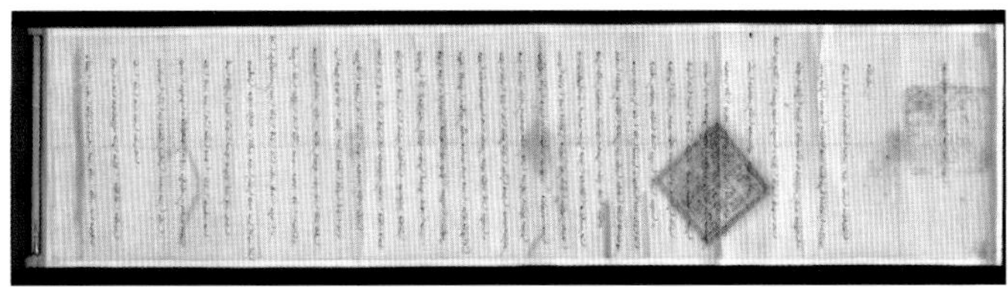

乾隆四十年（1775）三月，三姓副都统衙门转发给库页岛陶姓姓长及乡长的有关进京娶妇的谕旨

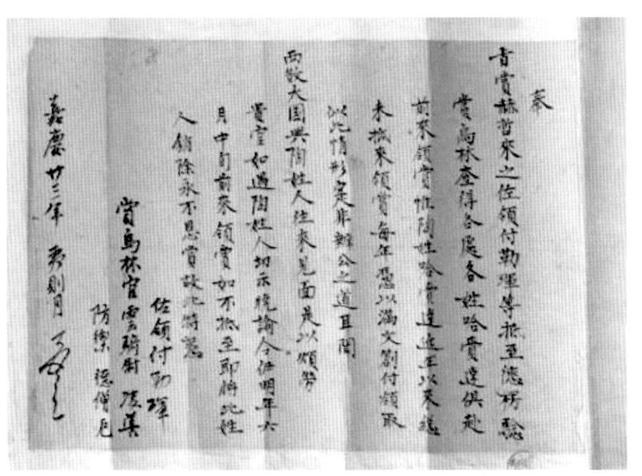

奉

旨賞赫哲來之佐領付勒渾等抵至德楞驗

賞烏林查得各處各姓哈貢進供貂

前來領賞惟陶姓哈[illegible]進迄至以來並

未抵來領賞每年照以滿文劄付頒取

以此情形是非辦公之道且聞

西散大国與陶姓人往來見面是以煩勞

賞官如遇陶姓人切示諭令伊明年六

月中旬前來領賞如不抵至即將此姓

人銷除永不恩賞故此特[illegible]

佐領付勒渾

賞烏林官雲騎尉 [illegible]

防禦 [illegible]

嘉慶廿三年 柒月 [illegible]

嘉庆二十三年（1818）七月，因库页岛陶姓未来贡貂，三姓副都统衙门派出的赏乌林官付勒浑等所发汉文通告

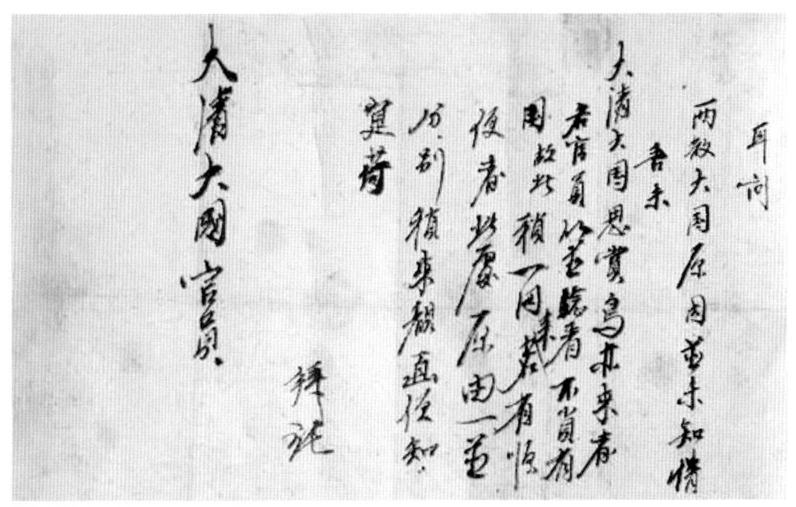

库页岛陶姓姓长对三衙门赏乌林官质询的回复，错讹较多

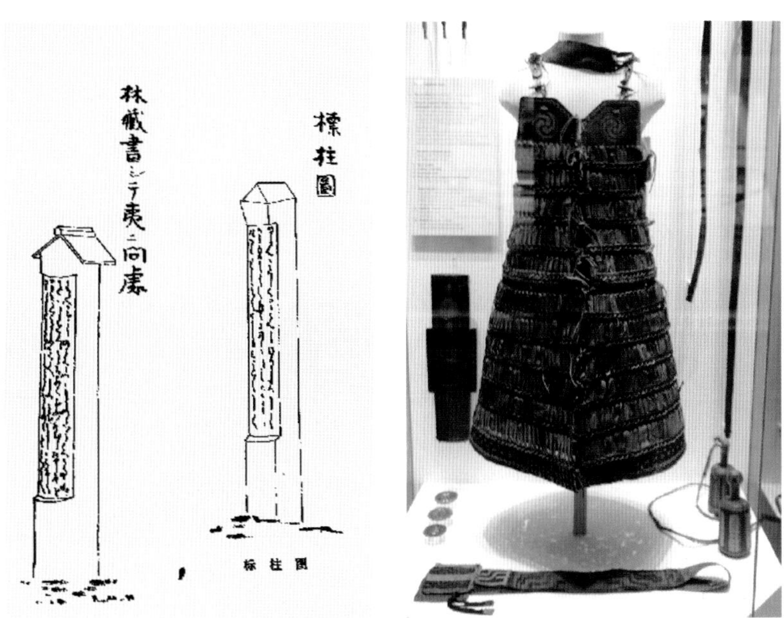

清朝官员在库页岛所立标柱，文字欠详，此为间宫林藏询问原住民后所绘，载于《东鞑纪行》

库页人的铠甲，现藏俄罗斯南萨哈林斯克博物馆。王禹浪先生提供

间宫林藏随库页岛贡貂户赴德楞行署返程中所见特林岬上永宁寺碑及周边地形，载于《东鞑纪行》

库页岛贡貂人在德楞行署进贡的场景，载于《东鞑纪行》

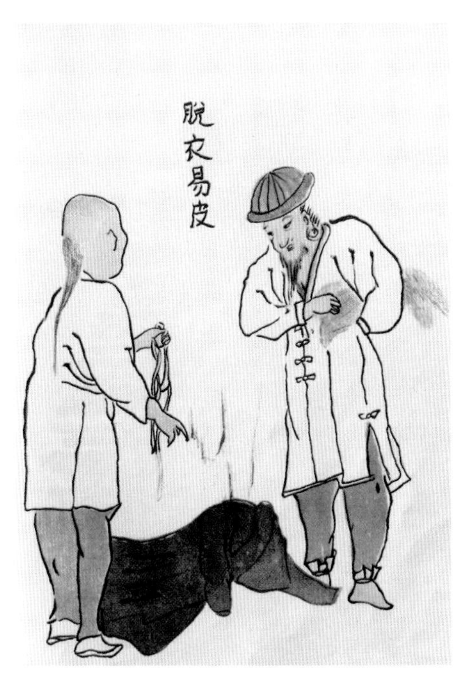

三姓颁赏乌林官员以所穿衣服置换貂皮，载于《东鞑纪行》

库页岛上的女人，袍服与梳子当为清朝颁赏之物，载于《东鞑纪行》

库页岛上的房舍，载于《东鞑纪行》

库页岛上的半地下房舍，载于《东鞑纪行》

库页人下网捕鱼场景，载于《东鞑纪行》

岛上儿童的捕鸟游戏，载于《东鞑纪行》

库页岛上的费雅喀人

库页岛上的费雅喀人

不同岛名映照出日本人的侵吞之心

我们应该去朝拜像萨哈林岛
那样的地方，就像土耳其人朝拜麦加一样。

——契诃夫《萨哈林旅行记》

库页岛既亡于俄，复亡于日本，

正乾嘉极盛之时，非国家微弱也。

——石荣暲《库页岛志略·自序》

目　录

引子：跟随契诃夫去触摸那片土地

在我的研究和写作经历中，此书堪称成之不易，太少的可信赖的文献，太多的理不清的头绪，太过复杂缠结的情感带入，而在最后撰写这篇引言的时候，又有一个问号蓦地跳出来——

库页岛离开中国有多少年了？

从法理上说，可追溯到整整160年前的《中俄北京条约》，在清咸丰十年十月初二，公元1860年11月14日，俄国儒略历的11月2日。那是一个初冬的午后，双方签约时间定在下午2时，恭亲王奕䜣延迟一个半小时始到达位于南城的俄罗斯馆。[1]是兵荒马乱之际道路难行？还是借此来找回一点天朝尊严？体仁阁大学士翁心存在日记中称当天“晴暖如昨”，对于中俄谈判却无一字涉及，可证此事的运作极为保密。[2]

其时京师失守、圆明园被英法联军焚毁已过去约一个月，咸丰帝奕詝与一班近臣仍躲在避暑山庄，奉命留守议和的恭亲王奕䜣也不敢待在京城中，带着一帮人马在京郊游动，居无定所。局势稍缓后，恭亲王受命与侵略者谈判，先后签署了三个条约。签约的顺序自有玄机，第一个是与英国公使额尔金，接下来与法国公使葛罗，最后才轮到俄国公使伊格纳提耶夫。英法公使靠着穷兵黩武逼迫清廷就范，摆出一副占领军的嚣妄排场，特地乘坐八人抬的绿呢大轿，乐队前导，精兵后扈，大昂昂进入礼部大堂，高调签约；而业历山大二世的少将侍从武官、年轻英挺的俄国公使伊格纳提耶夫，则主动落在最后，签字地点也改为俄罗斯南馆。小伊态度谦谨，礼数周全，多数情况下表现得较有耐心，而最为巧诈（恕我对一个外交官用这样的词），下手也最狠，割占了黑龙江左岸和乌苏里江以东大片国土。然细检《中俄北京条约》文本，其中并没有出现库页岛的名字，再看两年前奕山所签《瑷珲条约》，也完全不提这个近海大岛，为什么？

在久远、漫长的历史时期内，库页岛作为中国的第一大岛，北端侧对黑龙江口，迤逦向南，翼卫着广袤的华夏东北大陆，享有“大护沙”之誉。清朝初年，乘满洲统治者进军关内和攻掠中原之机，哥萨克开始侵入黑龙江流域，左岸从上到下都冒出一些罗刹堡寨，达斡尔、索伦等部族被迫迁至右岸，下江地区与库页岛北端也被滋扰。康熙帝毅然用兵，两次派大军进剿雅克萨，迫使沙俄政府签署《尼布楚条约》，清除在额尔古纳河以东、外兴安岭之南的敌寨，偏于一隅的库页岛亦随之重获安宁。数年后，俄廷请求在京师设立“俄罗斯馆”，由东正教赴华教士团管理，负责在京教务与外交商贸等事，并定期选派留学生来学习汉语与满文。而大清君臣却丝毫没有向俄国学习的愿望，压根儿不知道这个北方近邻正日益强大，且对黑龙江念念不忘。往事不堪回首。到契诃夫打算赴该岛考察时，黑龙江左岸、乌苏里江以东的庞大国土已然“易姓”，库页岛已成为沙俄的萨哈林。此名也来自滔滔流淌的黑龙江，满语将此江名为“萨哈林乌拉”。萨哈林，意为黑色的；乌拉又写作乌喇，即江。

就在1860年早春，契诃夫出生于亚速海滨的塔甘罗格市。他的家族世代为奴，直到沙皇宣布废除农奴制，到他父亲这一辈才获得自由身。契诃夫毕业于一所医学院，读书期间即开始写作，渐渐成为俄罗斯文学界一颗耀眼的新星，而兜里的钱却总是不够花。卷首那句有点儿煽情的话，来自他在1890年3月9日写给阿·谢·苏沃林的信。苏沃林是其好友，也是彼得堡的一个出版商，契诃夫的作品大多由此人印制发行。居住在莫斯科的契诃夫正在为前往库页岛做准备，给苏沃林写了不少信，一是请他帮助搜罗相关文献资料与地图，二是请求预支一些稿费。这一年的契诃夫刚满30岁，而我们的库页岛正式变为俄国的萨哈林，也即将满30年。

“自古以来”，是一个使用率甚高的外交热词，近年间颇遇到一些质疑，以为表述笼统，用之于库页岛则大致不差——数千年春风秋月，其与历代华夏王朝的往来见诸记载，史迹隐约而不绝如缕。但，也只能在清朝道光之前作如是说：从咸丰朝开始，沙俄军队就对它实施了武装占领；到契诃夫下决心前往该岛，已是在数十年之后，俄治下的萨哈林已变成一个恶名远播的苦役岛。他所说的“朝拜”，本意是以一个作家的良知，去亲历和体味那块土地上的人间苦难。

1893年6月，在结束库页行约三年后，契诃夫的《萨哈林旅行记》才最后定稿。原因之一，当是他必须发表一些作品以养家糊口，而更重要的应在于成书之艰难，要拣出那些录于恶浊监室中的卡片，常常会伴随着痛楚恐惧的记忆。一百多年过去了，当笔者捧读这部薄薄的沉甸甸的作品时，萨哈林已被描绘得如世外桃源一般，可萦绕心头的，仍是彼时的人性扭曲与悲苦意境，是契诃夫“散文衣橱里”那件“粗硬的囚衣”。

曾经的我对库页岛几乎一无所知，正是读了契诃夫的《萨哈林旅行记》，才引发对那块土地的牵念。契诃夫的库页岛之行，是一个人的远征，是跋山涉水、险厄频发的超过一万俄里的辗转奔趋，抛却都市繁华和文坛盛名不说，当时其身体也已出现状况，仍坚持成行。而作为一个中国人，我不能不联想到：清朝领有库页岛的两百余年间，似乎未见有朝廷大员、封疆大吏，甚至那有专辖之责的三姓副都统，登临过该岛一次；国内著名或不著名的文人墨客，包括流放宁古塔的失势官员和落难书生，也没见有人去过那里，没见有谁关心岛上同胞的生存死灭。

唐代有边塞诗人，随军远征，染写绝域的苍凉奇瑰与马上杀伐，文句间激荡着儒生报国的豪迈意气，这在清朝东北边疆应很难看到。边城宁古塔曾出现过流民诗社，也有学者将那些作品称作“清代的边塞诗”，尤其拈出江南才子吴兆骞的《秋笳集》为例。吴氏有首诗应作于黑龙江口，当时的他是巡边官军的夫役，对面就是碧沉沉的库页岛，可诗人心中想的，大约还是如何脱离苦海，早日返回内地……

库页岛的丢失，原因是复杂的，有沙俄、日本两个近邻的窥视与渗透、窃据与强占、分割与攘夺，而我更多反思的则是清廷的漠视，包括大多数国人的集体忽略。这也是阅读契诃夫带来的强烈感受，仅就书生情怀而言，为什么他能跨越两万里艰难程途带病前往，而相隔仅数千里的清朝文人从未见去岛上走走？人们当然能找出种种理由，我想叩问的是灵魂，是曾否有过眷注和关切、牵挂和悲悯。记得在一次聚会中谈了这些，一位在场者轻声诘问：

你去过了吗？

注释

〔1〕据跟随沙俄公使伊格纳提耶夫的布克斯盖夫登记载：奕䜣是在当天下午 3 点多抵达位于南城的俄罗斯馆（又称“南馆”）的，比约定时间晚了一个半小时，并将此解释为“照中国的礼节”。作者时为沙俄太平洋舰队尉官，随从俄国公使赴京谈判，著有《1860 年〈北京条约〉》，王瓘、李嘉谷、陶文钊合译，商务印书馆，1975 年。

〔2〕《翁心存日记》，中华书局，2011 年，第 1560 页。又其子翁同龢在日记中也记载本日“晴”，兼及拣书、招饮琐事，完全不知当日恭亲王赴俄罗斯馆谈判之事。

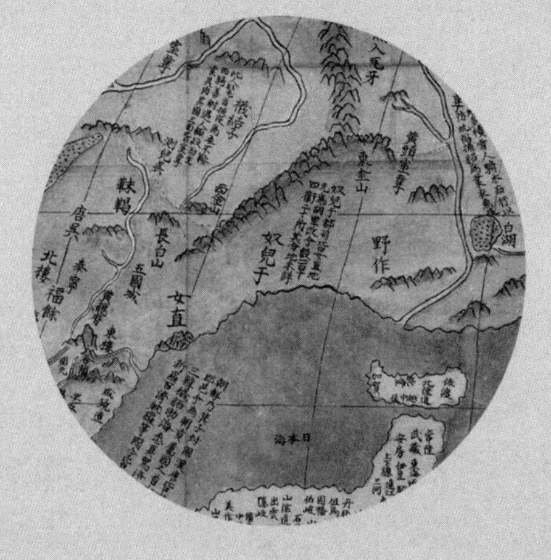

人物小传

人物小传

说 明:

库页岛的历史涉及中、俄、日三国，兹各选相关数人加以介绍，俾便阅读；其时三国皆为帝制，最终决策者为各国君主，其传记众所习见，兹不赘述；《中俄北京条约》后清朝对库页岛失去管辖权，争夺在日俄之间进行，非本书记述重点，人物亦从省简。

中 国

亦失哈

亦失哈，又作亦信、易信，明朝内廷首领太监，海西女真人。祖籍木里吉寨，当以嫩江支流木里吉河得名，永乐七年设木里吉卫。生卒年不详，但知历经永乐至景泰五朝，一直颇受重用，最后做到辽东都司镇守太监。他的父亲武云在洪武初年带领三个儿子投奔明朝，长子满哥秃孙、次子可你都在军中效力，小儿子亦失哈则净身入宫，明太祖赐姓武氏，“授田宅，给饩廪，恩养甚厚”。永乐九年（1411）春，亦失哈作为钦差首领太监，率领庞大船队抵达黑龙江下游的恒滚河口，宣读朝廷恩命，宣布建立奴儿干都司。他还在那里兴建寺院，颁赏粮米布帛，抚慰各族百姓。东北史专家杨旸等根据残缺碑文，推定他驻扎奴儿干时巡视所属各地，曾到过江口对面的库页岛。应有这种可能，遗憾的是无以知晓其登岛的细节。

康旺

康旺，又作东旺，鞑靼人，原为辽东都司东宁卫千户。东宁卫设于辽阳老城北，较多接纳安置下江等地来归的女真人，应是辽东都司所属卫所中较熟悉那边情形的。永乐七年（1409）明廷设置奴儿干都司，经过近两年的筹备，提升康旺为奴儿干都司都指挥同知，东宁卫千户王肇舟和佟答剌哈为指挥佥事，并于永乐九年春钦派首领太监亦失哈率大型船队送他们上任。宣德二年（1427）九月，明廷升康旺为奴儿干都司都指挥使，王、佟二人为都指挥同知，赐银印，命亦失哈于次年再送他们赴任。五年八月，有旨命康旺等“抚恤军民”，并敕谕库页岛等处部族首领“皆受节制”。七年春夏间，康旺以老病辞职，请求让儿子康福代理，有旨任命康福为奴儿干都司都指挥同知，仍由亦失哈带领前往莅任。根据《重建永宁寺碑记》的记述，可知此次东巡阵容宏大，“率官军二千，巨船五十再至”，随行将士与舰船都超过首次一倍。康旺主持奴儿干都司军政事务逾二十年，联络各部落首领，着手建设卫所与缴纳实物贡之事，库页岛上部族在其管辖之下，多次进京献呈贡品。

巴海

巴海（？—1696），满洲镶蓝旗人，瓜尔佳氏，其父为清初将领沙尔虎达。他自幼读书，为顺治九年（1652）满洲榜探花，累迁秘书院侍读学士，父逝后接任宁古塔总管。其时哥萨克频频侵入黑龙江流域，巴海闻警即率师出击至黑龙江，经历恶战，基本扫清窜扰黑龙江中下游的罗刹。康熙元年（1662），巴海升任宁古塔将军，管辖范围包括库页岛在内的辽阔地域，每年坚持亲自带兵巡边，曾到达黑龙江河口湾，经由库页岛北端入海，抵达北部滨海山岭。他精明稳健，善待当地部族，康熙帝两次东巡，皆对他的做法表示赞赏。二十三年为镶蓝旗蒙古都统、议政大臣，三十五年逝世。

伊布格讷

伊布格讷（1675—？），满洲正黄旗人，三姓副都统衙门之骁骑校。因他通晓费雅喀和鄂伦春语，从康熙年间开始随长官登岛，由通译升至领催、骁骑校，数十年间“渡海赴岛计三十八次”。雍正十年（1732）春，伊布格讷提出请求，表示愿意去库页岛收服尚未归顺朝廷的特门、奇图山等处村屯。宁古塔将军常德即行飞奏朝廷，内阁大学士、军机大臣鄂尔泰主持讨论拟议，批准伊布格讷登岛招抚，后来就有了库页岛六姓十八噶栅贡貂之事。乾隆八年（1743）二月，三姓副都统祟提咨行将军衙门，报告伊布格讷年已69岁，声称自上年十月起手脚麻木，双目失明，请求退休。后来情况如何，此人活了多久，皆未见记载。

傅恒

富察·傅恒（约1720—1770），字春和，满洲镶黄旗人。傅恒为高宗孝贤纯皇后之弟，一代名将，战功卓著，仕至内阁首辅兼首席军机大臣，授一等忠勇公。乾隆十五年（1750）秋，刚上任不久的吉林将军卓鼐专就贡貂赏乌林一事密奏，称库页岛上特门、赫图舍等处原有146户贡貂，至乾隆二年增加2户，提议即以148户“永为定额”，“嗣后不准增加”。当年十一月，傅恒为国家收支的平衡和经费节俭，同时也对沿承十余年的贡貂与赏乌林制度做出修订，特上奏折，拟议将库页岛贡貂户限定为148户，得到乾隆帝批准。卓鼐还提出对那些不能准时赶到指定地点的贡貂人，次年“短欠之貂皮照例收取，乌林则不再补赏”。傅恒不以为然，指出贡貂人路途遥远，“途经河、海及三个窝集”，可能中途遇阻，也可能出现患病受伤等情况，应允许下年补贡，并照旧例补给应赏之物；如有短欠二年以上者，则不许补贡，亦停止补赏；而仍收取当年应贡之貂皮，并照例颁赏。

鄂弥达

鄂弥达（？—1761），满洲正白旗人，鄂济氏。他为雍正乾隆年间大臣，由户部笔帖士开始，仅数年就迁至巡抚总督，历任两广、川陕等地，乾隆二十年（1755）以刑部尚书署直隶总督，二十一年兼任吏部尚书、协办大学士，二十六年卒，赐祭葬。鄂弥达性情温和平易，任职地方多有爱民之誉，乾隆六年八月至八年九月担任吉林将军期间，遇上奇集行署发生斗殴行凶案件，下江魁玛噶栅的霍集珲伊特谢努父子带头，杀死库页岛前来贡貂的乡长阿喀图斯等三人，打伤多人。鄂弥达下令审办此案，派兵抓捕伊特谢努等人，并派员到库页岛将相关人员唤来作证。他特别叮嘱属下少派兵丁登岛，少带枪支弹药，以免在岛民中引发不安；并说接取姓长齐查伊等证人，如果其不愿意来大陆，也不要强迫。

杨忠贞

本名岳齐先达努，库页岛贡貂六姓之雅丹姓姓长。根据《三姓副都统衙门满文档案译编》记载，“雅丹姓姓长一名、乡长四名、子弟一名、白人二十名”，是岛上仅次于耨德的大姓，而自乾隆五十六年（至咸丰七年）都是此人担任姓长。汉语流行，三姓满洲官员各就语音相近选取汉姓，也在颁赏名册上对赫哲、费雅喀等部姓长如此标识，如陶氏，雅丹姓也有“雅”“姚”“岳”的写法。雅丹氏自己则选择杨姓，岳齐先达努就叫作杨忠贞。这个非常中国化的名字是他本人起的，还是由颁赏乌林的官员代拟的，今已无从考定，但他显然是一个精明强干的管理人才，与三姓衙门关系密切，府中也收藏了不少满汉文书。对于来访的日本人，杨忠贞颇有戒心，1792年日本著名探险家最上德内在该府见到一份满文文书，只是三姓衙门于乾隆四十年（1775）所发的一则通知，短短数行，对所珍藏的皇帝谕旨等重要文献则秘而不宣。至1808年最上德内再来，才让他阅看乾隆帝的满文谕旨，所存汉字文书仍不提供。而当年松田传十郎、间宫林藏受幕府派遣登岛勘测，往返皆路过杨姓所在地，似乎没有任何闻见。又过了将近半个世纪，铃木重尚访问杨府，姓长已换作杨忠贞的孙子，拿出了较多文书，其中有两件以毛笔写成，即前述与陶姓有关的汉文文书。

曹廷杰

曹廷杰（1850—1926），谱名楚训，字彝卿，湖北枝江人。他自幼受到较好的家庭教育，喜爱金石地理之学，同治十三年（1874）考取国史馆汉文誊录，为候选州判，当东北吃紧之际，主动至三姓后路军营办理边务文案。曹廷杰注意搜集调查边地史地信息，很快编成《东北边防辑要》《古迹考》两书，并注意到军中现有三姓地图的粗疏，提出应学习俄国的绘图方法。其时俄军大兵压境，吉林将军希元决定派员潜入俄界侦察，曹廷杰慷慨任之。他仅带一名士兵，约请了通晓俄语的王氏兄弟，化装成商贾，由徐尔固乘船进入俄境。此程大半为水路，廷杰先顺江下至海口，然后逆江而上到海兰泡，再返回由伯利过兴凯湖至红土崖，改由旱路至海参崴，从那里返回省城吉林，历时129天。曹廷杰对库页岛一向很关注，视其与东北大陆为一体，视岛上原住民与黑龙江下游居民为同胞，侦察期间抵达庙街，眺望该岛，并以数节文字，对俄人在岛上的行政设施、驻军情况、水路铁路交通、煤矿开采以及居住华人数量做了记述。他此行所拓回的永宁寺碑文，也为明朝对下江和库页岛的管辖，提供了坚实的证据。

沙 俄

列扎诺夫

尼古拉·彼得洛维奇·列扎诺夫（1764—1807），男爵，探险家。他出生于圣彼得堡一个贵族家庭，其父是大学顾问，后被任命为伊尔库茨克省法院庭长。列扎诺夫自幼受到良好的家庭教育，会讲五门外语。1778 年，14 岁的列扎诺夫入伍，由于容貌俊秀、身材挺拔，被调到伊兹麦洛夫斯基御林军团，曾为皇后前往克里米亚旅行期间的护卫，其后做过陪审员和法官，又回到军界，任海军元帅切尔尼雪夫伯爵的办公室主任、海军委员会执行长官等职。1794 年，列扎诺夫被派往伊尔库茨克，检查首批定居北美的俄国人舍里霍夫开办的公司，与舍里霍夫 15 岁的女儿安娜相恋并结婚。半年后，舍列霍夫去世，列扎诺夫成为俄美公司的继承者。由于有保罗一世的特许，俄美公司很快成为一个半官方性质的庞大的殖民贸易公司，对于侵占黑龙江下江地区和库页岛，都曾积极参与。1804 年 10 月，列扎诺夫作为俄国首任赴日大使进入长崎湾，试图打开日本国门，打通北美与中国的贸易航线，未果。1805 年 7 月，列扎诺夫“希望”号经日本海离开，贴岸航行，察看日本各岛及库页岛南端，而于到达彼得罗巴甫洛夫斯克后，即下令攻击日方在库页岛上的设施。这之后，列扎诺夫前往经略俄国在北美的殖民地，又遇上了一场轰轰烈烈的爱情（妻子已逝），却在西伯利亚的跋涉中于 1807 年 3 月 1 日染病而死。

涅维尔斯科伊

根纳基·伊凡诺维奇·涅维尔斯科伊（1813—1876），俄国海军上将。他出生于克斯特罗马州德拉基诺镇一个贵族家庭，19岁从彼得堡海军武备中学毕业，进入高级军官训练班学习，后在海军部任职。涅氏一直怀疑黑龙江没有深水出海口的说法，1849年6月率“贝加尔”号运输舰抵达库页岛北端，转入河口湾勘察，发现黑龙江通海航道，从而重新点燃沙俄的侵占欲望。在东西伯利亚总督穆拉维约夫的支持下，涅氏在下江地域和鞑靼海峡大肆建立据点，并于1853年亲自率兵在南库页的阿尼瓦湾设立哨所。而穆氏独断专横，对喜欢擅行其事的涅维尔斯科伊很快就难以容忍，于1855年6月撤销阿穆尔考察队，任命涅氏为陆海军参谋长。这是一个有名无实的虚衔，不久后也被撤除，穆拉维约夫向俄廷反映涅氏的性格缺陷与种种失误，提议给予一个闲职。又过了一年，涅维尔斯科伊返回彼得堡，担任海军科技委员会委员，郁郁以终。

穆拉维约夫

尼古拉·尼古拉耶维奇·穆拉维约夫（1809—1881），阿穆尔斯基伯爵东西伯利亚总督，上将。他出身勋贵，少年时即由亚历山大一世恩准进入皇家贵族军事学校，学成后成为近卫军精锐芬兰团少尉，先后参加对土耳其、波兰的战争，有8年在高加索服役，与部落武装残酷绞杀，右臂被击穿，造成的伤痛影响终身。1847年担任东西伯利亚总督之后，他反复向沙皇奏报航行黑龙江的重要性，着手筹建外贝加尔军，命令俄军在1853年9月占领库页岛，并于次年夏天亲率船队闯入黑龙江。1858年6月，穆拉维约夫逼迫黑龙江将军奕山签订《瑷珲条约》。次年从中国渤海湾返回途中，在江户谈判中试图逼迫日本承认库页岛属于俄国，没能得逞。他于1861年离任返回彼得堡，曾传闻拟任高加索总督、波兰总督等职，皆未实现，便以养病为由长期生活在国外，后死于巴黎。

布谢

尼古拉·瓦西里耶维奇·布谢（1828—1866），俄军少将。他出生于圣彼得堡一个贵族之家，军校毕业后进入谢苗诺夫军团服兵役，25岁时升任近卫军上尉，经友人举荐成为东西伯利亚总督穆拉维约夫的少校专差官。1853年9月，奉派前往堪察加和黑龙江河口湾传达指令的布谢随涅维尔斯科伊进军库页岛，侵入南端的阿尼瓦湾，被任命为俄国驻岛首任军政长官。自此至次年5月底，布谢带领约70名士兵营建穆拉维约夫哨所，与渡海而来的日军周旋，直至奉命撤离。后来他先后担任阿穆尔防线司令、阿穆尔州司令，1866年8月28日因突发中风，死于贝加尔湖畔一个小镇。有《远征萨哈林日记（1853—1854）》传世。

普提雅廷

叶夫菲米·瓦西里耶维奇·普提雅廷（1803—1883），外交家，教育部长，海军上将，伯爵。清朝文献中多写作布恬廷，日本人则称作普嘉琴。他出身贵族，少年时入海军学校读书，不到20岁即随拉扎列夫作环球航行，参与保护俄北美领地阿拉斯加，历时三年。后来他参加过高加索战争，军阶渐高，却被发现颇有外交才华，屡屡奉派出使：1842年，率武装使团前往波斯，逼迫其与沙俄建立外交关系。1852年，普提雅廷被任命为赴日公使，率领一支舰队前往日本开展谈判，库页岛的归属为重要议题之一。1854年，俄国与英法爆发北太平洋战争，他在奉命撤退之际绕行日本海，勘测清朝的东北海疆，发现大彼得湾等良港，并参与指挥在鞑靼海峡以及河口湾的战斗。1855年2月7日，普提雅廷与日方代表川路圣谟在下田签署《日俄和亲通好条约》，规定库页岛保持现状。1857年夏，他作为赴华公使，经由黑龙江口、鞑靼海峡前往天津，于次年逼迫清朝签订《中俄天津条约》。沙俄侵占我东北大片国土，此人乃重要推手之一，海参崴彼得大帝湾的一个小岛，被命名为普提雅廷岛。

契诃夫

安东·巴甫洛维奇·契诃夫（1860—1904），作家、剧作家、短篇小说巨匠，代表作有《变色龙》《装在套子里的人》《公务员之死》等。他生于罗斯托夫省塔甘罗格市，祖父是赎身农奴，父亲曾开设杂货铺，破产后迁至莫斯科。契诃夫19岁进入莫斯科大学学医，毕业后在兹威尼哥罗德等地行医，开始创作短篇小说，发表了《胖子和瘦子》《苦恼》《普里希别叶夫中士》等作品，以小人物的故事揭示专制黑暗和人性扭曲，引起世人关注。他也写作了《伊凡诺夫》《海鸥》《万尼亚舅舅》《樱桃园》等戏剧作品，反映了俄国知识分子的内心苦闷。其时原属中国的库页岛已正式变为俄国的萨哈林岛，以苦役岛恶名远播，受到知识界的关切，契诃夫决意亲自前往该岛。他广泛搜罗和阅读了相关文献资料与地图，于1890年4月自莫斯科启程，经过西伯利亚，在7月中旬到达库页岛。契诃夫在该岛北部和南部做了深入调查，与各色人等交谈和做笔录，历时三个月有余，做了一万多张卡片，留下一宗极为珍贵的资料。1895年，其《萨哈林旅行记》出版，他在给好友的信中写道："我很高兴我那小说的衣柜里，居然会挂上这件粗硬的囚衣，让它挂着吧！"1904年7月15日，契诃夫病逝于德国的温泉疗养地巴登维勒尔，遗体被运回莫斯科安葬。

维特

谢尔盖·尤利耶维奇·维特（1849—1915），19、20世纪之交的俄国杰出政治家，俄廷重臣。他出生于一个贵族家庭，父亲曾任高加索财产局长，母亲出身名门。他1870年毕业于敖德萨的新俄罗斯大学，获得副博士学位。维特先在敖德萨总督办公厅工作，不久后转往铁路系统，因才能出众受到亚历山大三世赏识，于1892年2月升任交通大臣，半年后改任财政大臣，任职时间长达十年，因大力推行全面的工业和经济改革，声望卓著。作为一个时期内沙俄政坛的主要操盘手，维特极力推动西伯利亚大铁路的建设，与李鸿章签订《俄清秘密同盟条约》和《东清铁路协定》，并在日俄战争后的朴茨茅斯谈判中力挫日本外相，拒绝撤出库页岛。双方讲和后，尼古拉二世为酬谢维特在谈判中的出色表现，赐予“萨哈林伯爵”的封号。而宫中那些素来不喜欢他的激进派，以日本人割占南库页的事实，讥称其为“半个萨哈林伯爵”。

日　本

最上德内

最上德内（1755—1836），航海探险家，地理勘测学者。他出生于出羽的一个农家，距虾夷地甚近，随著名学者本多利明学习天文、测量和航海术，后参与官方组织的一系列探险活动，先后到达虾夷岛、千岛群岛、库页岛等地，开展地理勘察。最上德内熟知阿伊奴和爱奴人的生活习俗，通俄语，1792年在南库页西岸名寄（那约洛）

雅丹姓姓长府中发现满文文书，系由三姓副都统衙门下发的。1808年，他受江户幕府派遣再到库页岛勘察，由于行进艰难，只到达北宗谷附近就被迫返回，但又一次从雅丹姓长那里见到多种满汉文书，很有文献价值。著有《虾夷草纸》一书。

松田传十郎

松田传十郎（生卒年不详），地理勘测学者。1808年受江户幕府派遣，与间宫林藏一起前往库页岛探险和测绘地形图。二人渡过宗谷海峡至岬角上的白主后分作两路，松田传十郎沿西海岸前进，越过北宗谷，到达拉喀角。此处接近北纬52度线，距黑龙江河口湾已不太远，因为道路难行，就在拉喀立了个木制界标，然后就沿原路返回。间宫林藏本拟沿东海岸前进，因无法绕过北知床岬，不得不横越岛上山岭，到达西岸后再向北走，快到拉喀时与松田相遇，二人共同查看所立界标，然后一起返航。

间宫林藏

间宫林藏（1780—1844），本名伦宗，号芜崇，探险家，地理勘测学者。他出生于今茨城县伊奈町一个农民家庭，天资聪明，在村里的小学接受启蒙教育，16岁前往江户，作为被称为“北海道开拓先驱”的村上岛之允的学生，也参加了其主持的一些土木工程，掌握了测量和绘图技术，同时得到不少地理学知识，曾独自踏勘过九州、四国等地。1799年，间宫跟随村上岛之允第一次踏上了虾夷地（北海道），做了大量勘测和调查，并于次年被幕府正式录用，任职于虾夷地。他在函馆见到了著名学者伊能忠敬，建立了师徒关系。间宫林藏后来参加了对南千岛群岛的勘察，1806年正在择捉岛勘测时，遭遇沙俄海军的突袭，险些丧命。他曾说："我一直十分后悔没能战死在择捉岛，并因此经常夜不能寐，但也因此建立了要前往桦太勘测的必死决心。" 1808 年春，间宫与松田传十郎受命前往库页岛勘察，越过北宗谷至拉喀后返回。间宫林藏心有不甘，当年 7 月再次沿西岸北上，抵达中部时天气已冷，又缺少食物，权且返回南部的真冈越冬。1809 年 1 月末，间宫再行北上，5 月中旬到达了库页岛北端。返程中他在拉喀角的诺垤道停留，住宿于当地乡长考尼家，在他们前往大陆贡貂时跟随前往，将沿途和德楞行署木城的贡貂发放乌林体制记录下来，并描绘了一些人物和场景，收入所著《东鞑纪行》。间宫林藏等人返航时沿江而下，对永宁寺碑做了简单记录，经黑龙江河口湾回库页岛。一些世界地图上将鞑靼海峡标注为"间宫海峡"，就是得自他此次探险的所谓发现。晚年的间宫林藏因高桥泄密事件被指为"告密者"，郁郁寡欢，1844 年病逝。

榎本武扬

榎本武扬（1836—1908），通称釜次郎，号梁川，江户幕府与明治时期的大臣，海军中将。他出身于幕臣世家，先后在昌平坂学问所、长崎海军传习所读书，因订造"开阳丸"号巡防舰留学荷兰，归国后被任命为舰长，不久即为幕府海军的副总裁。1868 年 1 月 3 日，倒幕派发动宫廷政变，宣布"王政复古"，明治天皇颁诏宣布新政，废除幕府，榎本武扬等人率舰反叛，在虾夷地（北海道）建立政权，自称"虾夷德川将军家臣武士团领国"，榎本武扬被选举为总裁，叛乱平复后被捕入狱两年，得到赦免并出任开拓使判官，曾至库页岛做资源调查。1874 年 6 月，他以特命全权公使的身份抵达彼得堡，与沙俄外务大臣戈尔恰科夫签订《日俄桦太千岛交换条约》，商定日本以北纬 50 度以南的库页岛南部，换取俄国所属千岛群岛中的得抚岛及其以北共 18 个岛屿。此人后来曾任日本驻华公使和外相，与李鸿章多有信函往来。

长冈外史

长冈外史（1858—1933），都浓郡末武村（今山口县下松市）人，陆军中将。他曾就读于日本陆军士官学校旧二期、日本陆军大学第一期，并赴德国留学，1902 年任步兵第 9 旅旅团长、陆军少将。日俄战争期间，长冈外史任参谋本部次长，在对马海战获胜后建议占领库页岛，制订了《桦太作战攻略》。此议遭到军中大佬的强烈反对，但长冈始终坚持，后在满洲军总参谋长儿玉源太郎和外相小村的支持下，得到天皇批准。1905 年 7 月 7 日，日北遣舰队运送“桦太派遣军”第十三师团第二十五旅团在阿尼瓦湾登陆，俄军炮台发炮轰击，但很快被打哑，次日即占领科尔萨科夫城。这之后日军海陆配合，一路北攻，当月即占领全岛，俄军司令利亚勃诺夫中将率部投降。9 月 5 日，日俄两国在美国的朴次茅斯签订和约，规定北纬 50 度以南的库页岛土地归属日本。

大谷光瑞

大谷光瑞（1876—1948），日本净土真宗西本愿寺派第 22 代当主，法号镜如，其父明如乃本愿寺第 21 代当主，积极推进教团的现代化，致力于向海外发展，1884 年即在海参崴建寺开教。大谷光瑞也是一个探险家，1902 年曾率队在我国新疆活动，次年因父亲去世回国继位，后来又有两次前往新疆探险。日俄战争期间，本愿寺派出了大量的随军传教僧人，并在大连和库页岛兴建寺院。1913 年，大谷光瑞会见了孙中山，并出任中华民国政府顾问，后因为教团的巨额债务被迫退位，隐居大连。1947 年返回日本，次年病逝。

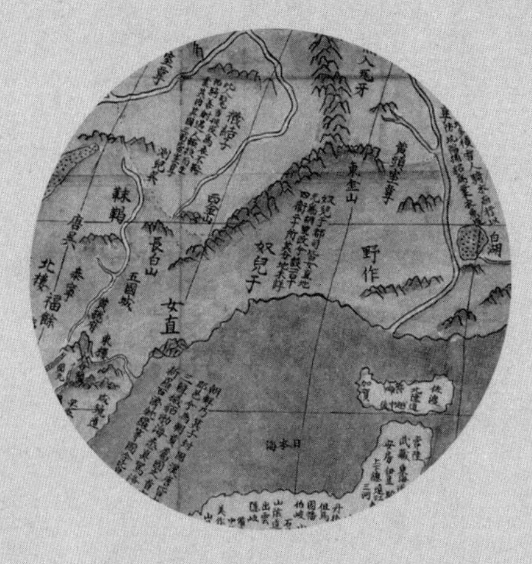

【第一章】

契诃夫为何要去库页岛

1890年1月，在文学界、戏剧界风头正劲的契诃夫突然宣布要去萨哈林，引发沙俄文学艺术圈一片惊诧。[1]不少人知道那是一块极其辽远的苦寒之地，苦刑犯和流放者大量聚集，雪野和密林中凶险四伏；也有较亲近者知晓契诃夫身体素弱，已显现出肺病的征兆，需要的是休息和疗养。亲友大多力加劝阻，列举出各种风险，而契诃夫决心已定。对于他本人，这是一次兴之所至的突然举动，又是一个经过深思熟虑的认真选择。他为此研读了大量资料，做了尽可能充分的准备，甚至设想到种种不测，预先写就了遗嘱。契诃夫本来邀请一位画家朋友作为旅伴，可那哥儿们临时变卦，只好独自一人踏上行程。习惯于单色调描述的我们常会说"义无反顾"，实际上契诃夫在数月旅途中"反顾"了多次——在西伯利亚大道无穷尽的泥淖中，在庙街夜色笼罩的空寂码头，在库页岛阴森凄冷的矿道内……但最终还是坚持了下来。

契诃夫为什么要选择库页岛？

一、"萨哈林岛狂"

1890年2月，契诃夫在给诗人普列谢耶夫的信中写道："我整天坐在家里读书，做札记。我的脑子里和我的纸上没有别的，只有萨哈林岛。这是一种疯狂，*Mania Sachalinosa*。"[2]最后的拉丁文短语，意思即"萨哈林岛狂"。

萨哈林，曾经属于中国的库页岛，对于年轻的作家来说，意味着诗与远方吗？

毋庸讳言，契诃夫对沙俄占领这个遥远的岛屿是赞同的，认为

“做出了惊人的业绩”[3]。但他此行的目标，不是要去为一块新国土唱赞歌，而是要到那里体味世间苦境，察看和揭露沙俄专制制度下的人性之恶。这实际上不能算是一次旅行，而是一次风险极大、指向性明确的专项社会调查。契诃夫极为执着，曾以几个月的时间搜集和阅读各类文献资料，包括所及见的历史档案和贸易史料，也包括前人笔札游记、地理气象、生物矿产等等，力图先对该岛有一种整体了解。在好几封信中，他都提到为此行所做的资料准备与疯狂阅读，如在写给著名作曲家柴可夫斯基的信中说：

> 我待在家里，不出大门，专心读着一八六三年萨哈林岛的煤是多少钱一吨，而上海的煤是多少钱一吨，读着振幅和北风、西北风、南风以及其他的风；等我将来在萨哈林岛岸边观察我自己晕船的情形时，那些风是会吹到我身上来的。我在读土壤、下层土壤，读含有轻砂壤土的黏土和含有黏土的轻砂壤土……[4]

好友苏沃林给他寄来很多相关书籍。此人也是一位文学家，兼以出版报刊，契诃夫的作品当时大多交给他发表，苏沃林内心颇不支持这种心血来潮般的举动，但仍全力帮着搜集资料和筹措经费。是以契诃夫就此行与苏沃林的信函最多，不断提出书单，说点儿心里话，调侃戏谑，偶尔也吐吐苦水：

> 谢谢您的张罗，克鲁森施滕的地图册我现在需用，或者等我从萨哈林岛回来再用，最好还是现在就能得到。您在信里写道，这个地图册不好。正因为它不好，我才需要

> 它；好的地图册我已经在伊林那儿花六十五个戈比买下一本了……我得同时又做地质学家，又做气象学家，又做民族志学家，可是我对这些是不习惯的，心里觉得烦闷。趁现在有钱，我就埋头读关于萨哈林岛的书直到三月，然后再坐下来写小说。
>
> ……我在我的萨哈林岛的工作中成了一个学识渊博的狗崽子，弄得您只有摊开两只手的份儿。我已经从别人的书中偷来许多思想和知识，冒充为我自己的了。[5]

曾读过一些中外作家的旅行记（我说的是作家，不算上意大利的马可·波罗与我们的徐霞客），真的想不起来有哪个像他这样下力气做资料准备。契诃夫寻觅甚至亲自摹绘各类相关地图，自嘲“我为有关萨哈林岛的资料以及其他种种工作忙得要命，简直连擤鼻涕都没有工夫”。说来惭愧，本人也曾多次到国外和异乡考察，先期做点攻略是有的，却从未有过如此这般的郑重。

契诃夫世事洞明，从来都不迂腐和莽撞。鉴于萨哈林的特殊军事管理体制，为使考察能顺利进行，他在年初就特地向沙俄监狱总署加尔金署长写了封信，措辞简明而恭敬：

> 米哈依尔·尼古拉耶维奇阁下：
>
> 今年春天我打算抱着科学和文学的目标到西伯利亚东部去，顺便访问萨哈林岛中部和南部，因此我斗胆请求阁下尽量惠予协助以达到我上述的目标。
>
> 我愿以诚挚的敬意和忠心做阁下的最恭顺的仆人。
>
> 安东·契诃夫[6]

该信写于1890年1月20日。据《契诃夫书信集》俄文本注，作家曾亲自拿着信前往拜会，向署长大人详细讲述自己的旅行目的，“要求发给他一个书面许可证，以便考察萨哈林岛的监狱和矿场”。沙俄有着严格的报刊检查制度，也有着尊崇文学的传统，加尔金友善地接待了契诃夫，认真倾听他的诉求，没有表示为难与阻挠，却也没有提供登岛的许可证。一个以揭露现实黑暗著称的作家要去考察萨哈林监狱状况，能不引起监狱署长的高度警惕吗？在他离开后，加尔金即秘密训令萨哈林驻岛将军，不是禁止契诃夫登岛，而是告诫不得批准他与岛上政治犯接触。

从1825年镇压和惩处十二月党人开始，西伯利亚就成为大批流放政治犯的地方。1886年，美国记者凯南曾访问过西伯利亚监狱，私下里与政治犯交往沟通，写成长篇通讯和人物特写。回到美国后，凯南就沙俄流放制度巡回演讲时，常把自己化装成西伯利亚罪犯，“头上的半边头发剃去了，身穿破衣烂衫，戴着镣铐”[7]，引起了广泛的同情。俄国严厉查禁这些文字，却无法阻断其传播之路（政府禁令常会成为最好的广告，成为作品流行的催化剂）。契诃夫在阅读中被震撼，认为“萨哈林岛是唯一可以研究犯人的集聚的地点”，以之作为这次考察的目的地。通过阅读，契诃夫已对萨哈林的苦役制度有所了解，更加迫切地期待跨越漫漫旅程，身临其境，亲自调查。

那时沙俄正试图将东西伯利亚总督区进一步向中国境内扩张，黑龙江南岸乃至整个大东北地域都已进入其殖民蓝图，横贯欧亚的西伯利亚大铁路正在规划中。1890年4月19日，契诃夫从莫斯科乘火车起程。而就在前一天，光绪皇帝之父醇亲王致电李鸿章，商讨修筑“东轨”事宜。东轨即关东铁路，是为闻知俄国要修筑西伯利亚铁路后，清廷紧急采取的对应性举措。较为务实的李鸿章建议“每年尽部款二百万两造二百里路，逐节前进，数年可成”，慈禧太后与醇亲王担心落在俄人后面，决定借款三千万两，加紧赶工。[8]两国朝廷都意识到铁路对守土开边的重要性，都要将铁轨铺向黑龙江、乌苏里江流域，也都对工程的浩繁艰难估计不足。俄西伯利亚大铁路至 1904 年才勉强开通，清朝的关东铁路更是命运多舛，此为后话。

由于西伯利亚还没有铁路，契诃夫抵达秋明后只能换乘马车。那是一个万物竞生的春天，想象中斜倚在装配着弹簧的车厢里，手持烟斗或来支雪茄，和风拂面，马蹄嘚嘚，沿着西伯利亚大道饱览壮阔景色，该是怎样的惬意。然而且慢，读了契诃夫的《寄自西伯利亚》，你才知道旅途中的种种艰辛困厄。而早于他整整半个世纪，两广总督林则徐因禁烟“启衅”被道光帝遣发伊犁，逐日简记途中经历——尽管在出关前已将马车做了一番升级改造，仍被戈壁乱石颠得肝肠欲碎，折轴脱辐。[9]契诃夫遇到的是另一种情形：桃花水淹没和浸软了道路，没完没了的泥泞与坑坑洼洼，所乘马车被对面狂驶来的邮车撞坏，人和箱包摔落泥水中，然后是在料峭寒夜中徒步跋涉……[10]

行至叶卡捷琳堡时，契诃夫就出现严重的咳嗽，有时咳血，数日不止，只得停下来稍作休整。他是职业医生，不难想到此乃肺结核的症候，但仍坚持前行。然后几经辗转，小船大船，漂江渡海，终于在 7 月 11 日抵达库页岛。对于一个已有盛名的作家，契诃夫的考察之旅低调简朴，没有人陪伴照料，没有人在前站安排，以至于到了黑龙江口的尼古拉耶夫斯克（曾经的我国庙街），居然找不到住宿的地方。来时乘坐的轮船已开走，往库页岛的“贝加尔”号要等几日后才启航，因边区政府南迁伯力，一度繁华的庙街快速萎缩，连个客栈都找不到。契诃夫只能将行李放在空寂的码头上，“在岸上来回踱着，不知如何是好”[11]。就在这时，已经纠结了多日的问题重新浮现：自己为什么要到这里来？这次旅行是否过于轻率？数日后就可以登上库页岛，苦役和流放地已近在咫尺，可契诃夫蓦地想起没携带任何引荐文书，可能会被拒绝登岛，内心充满不安。

为什么非要到遥远的库页岛？

契诃夫将之称为一次朝圣之旅。在与苏沃林的信中，他反驳其“萨哈林岛谁也不需要，谁也不会发生兴趣”的说法，写道：

> 萨哈林岛是一个充满不堪忍受的痛苦的地方，只有心甘情愿和受尽奴役的人才受得了那种痛苦。在萨哈林岛附近和当地工作的人过去就在解决可怕的、极其重要的问题。我感到遗憾的是我不善于伤感，要不然我就会说我们应该去朝拜像萨哈林岛那样的地方，就像土耳其人朝拜麦加一样；航海人员和监狱管理人员尤其应当去看一看萨哈林岛，犹如军人去看塞瓦斯托波尔。〔12〕

此时库页岛被沙俄强行管辖不过三四十年，因其遥远苦寒的生存环境，和对苦刑犯与强制移民的百般虐待，已是恶名远播。契诃夫则认为充满众苦的苦役岛是一块圣域，是文学家了解底层社会或曰特殊人群的厚土，也是认知和揭露制度弊端的窗口。他正是以一种朝圣者的赤诚与坚忍，历经磨难抵达库页岛；再以伟大作家的执着与洞察，逐个监室，逐屯逐户，完成了尽可能详备的考察。在契诃夫的作品中，《萨哈林旅行记》从创意到动笔都显得心血汇聚，得来甚难。它不是一部小说，却也随处可见摹写人物的温情，可见勾画场景的细腻笔触，随处可感知作者的深邃目力和博大情怀。

我国唐代出现过一批优秀的边塞诗人，写金戈铁马、大漠孤烟，也写血沫与死亡，写征人的饥寒与思亲之苦。南宋大文人陆游、辛弃疾都曾卫戍边疆，将真切感受融入诗文，降至明清两朝则难以看到。自清代顺治年间开始，库页岛先后归属宁古塔将军衙门和三姓副都统衙门管辖，距京师五六千里（不到契诃夫此旅的三分之一），不光各级官员极少登岛履职，知名文人更未见一人涉足。阅读晚清史，我们每每对国家的边界被蚕食鲸吞、大块领土沦丧流失扼腕痛愤，感慨其来归之悠远、割离之匆遽，但应知任何突发的重大事件，都有一个积渐而成的长过程，亦不可仅仅视为当政者的责任。这是伟大的契诃夫，留给我们的一道思考题，也是这部谦称“旅行记”的书所内蕴的启迪意义。

二、作家的大悲悯

很难为契诃夫的《萨哈林旅行记》定一个图书品类，是游记随笔，是纪实文学，还是考察报告？归类其实不太重要。重要的，是这部书带给世人的巨大心灵撞击，是它那跨越国界和种族、跨越社会阶层、跨越入侵者和受难族群、跨越不同历史时空的深长影响力。我所深感愧疚的，是一百多年前这部书就震撼与警醒了无数俄国人；可时至今日，理应受到更大震撼和更多警醒的我们，对它的阅读认知与评介仍远远不够。

如果非要找一点理由，也可以说《萨哈林旅行记》是一部人物纷繁、内容庞杂、基调沉重的著作，需要沉潜身心、细细咀嚼方能领悟。在阅读呈现碎片化，在读书的目标性、功利性越来越强的今天，它显得有些不合时宜。

我的阅读在开始时也很不轻松，常战战兢兢，生恐深爱的契诃夫说出一些伤害中国人的话（那是对腐败怯懦的清朝，即便有一些也无可指责），但真的没有。书中无处不在的，是作家对沙俄殖民和苦役制度的尖锐批评，是一种痛切的感同身受的悲悯。在这块陌生的与俄罗斯欧洲部分风光习俗迥异的土地上，契诃夫一路观察和问询，一路记录与书写，笔调仍是一贯的从容平正，字里行间也跃动着他那一贯的批判锋芒。

自见诸记载以来，在有限的零星描写库页岛日常生活的文字中，可见出僻远苦寒，亦可见出安宁与富足。该岛的渔业、皮毛、木材、煤炭和石油，都多到令人艳羡。而契诃夫笔下的岛上生活，却是无处不在的匮乏：缺少食品衣物，缺少医药，缺少文化生活，缺少精神上的安定快乐。不光是苦刑犯，几乎所有人都浸染着一种悲剧色彩。其时沙俄已废除农奴制，而那里存在（应说更严酷地存在）着奴隶和等级制度，存在着肆无忌惮的贪腐与欺凌，命运不公和人性之恶也表露得更为直白。得益于大作家的名头，契诃夫虽没有登岛许可证，仍一路得到各级官员真真假假的友好接待，考察过程中也获得了地方当局的协助，但并不影响他客观记录与评介在岛上的所见所闻。

《中俄北京条约》签订后，沙俄迅速将侵占的清朝土地分为阿穆尔省、滨海省等行政区划，黑龙江下游地区和库页岛在开始时皆属于阿穆尔省。所谓“阿穆尔”，即黑龙江的俄文名称，似乎也是由鄂伦春或鄂温克语言音译的。[13]契诃夫到达时，适逢阿穆尔督军即将莅临，对库页岛作五年一次的巡视，书中写道：“萨哈林正在准备迎接督军，所有人都在忙着。”在该书第二章，作家描述了欢迎督军考尔夫男爵的场面，人们聚集在岛区长官官邸前的广场上，仪仗排列，乐曲奏鸣，一个仪表非凡的老人用银托盘呈上面包和盐。男爵大人温煦可亲，发表了一番富有鼓动性的讲话。而契诃夫则透过热闹表象发现实质，道出“我第一次看到萨哈林的民众，他们那种悲惨的特点并没有掩过我的眼睛：人群中有壮年男女，也有老人和孩子，但是唯独没有青少年，好像从十三岁到二十岁的年龄在萨哈林就根本不存在似的”。这个年龄段的人去哪儿啦？作者也提出疑问，结论是萨哈林不可能留住年轻人。

书中也写了考尔夫督军被移民拦截围堵时的无奈和应付，写其对属下瞒骗行径的心知肚明与姑息迁就。这位督军应该已接到监狱总署署长的秘密指令，知悉契诃夫的萨哈林之行没有官方许可，对他仍很友善，尽可能提供方便。契诃夫称赞考尔夫品德高尚，认真记录了他的一些讲话，却随处加以评点，颇有不认可之处。对苦役犯的生存现状，考尔夫说：

> 任何人都没有被剥夺获取完全平权的希望。不存在终身惩罚。无期苦役不超过二十年。苦役劳作并不沉重。如果说沉重，那只表现在强制性劳动不给劳动者本人提供私利，而不表现在体力强度上。不披枷戴镣，不用人看守，不给剃光头。〔14〕

这场谈话发生于契诃夫抵达之初，也不见得是督军大人蓄意欺骗，而接下来契诃夫笔录的大量文字，都证明这番话浑如梦呓。

“谈吐高雅，文笔优美”的岛区最高长官科诺诺维奇将军又是一种状态，他从不讳言当地生活的艰难枯燥，坦言自己深陷种种琐事的纠缠中，由于整天用脑子想主意，已深感疲倦。将军把契诃夫当成倾诉对象，不停地强调自己很有人道精神，“不断地表示厌恶体罚”，而体罚在岛上几乎无处不在。一位医生因动物检疫与他发生争吵，“结果将军甚至抽了他一棍子，第二天宣布准予他呈请辞职，尽管他本人并没有提出辞呈”[15]。掌握大权的人往往表现得很坦率，也不免借以掩盖真相。科诺诺维奇说“苦役犯、移民和官员，所有的人都想逃出这里”，作者是认同的；科氏复说自己“还不想逃”，则不免矫情，契诃夫也记录下来，显然并不太相信。

在这个天高皇帝远的海岛，契诃夫观察到上级官员对下属的任意凌辱，更痛感于各级官员作为一个管控体系的整体之恶，如大量无偿地役使犯人。他写道：“数不清有多少苦役犯在侍候官员先生们。每一位官员，甚至一个小小的办事员，据我了解，都可以不限数量地使用仆役……一个典狱长按规定可有八名仆役：女裁缝、鞋匠、使女、听差兼信使、保姆、洗衣妇、厨师、清扫工。”[16]那位挨过将军棍子又被褫夺公职的医生，仍然拥有着奴仆，虽仅仅父子二人，却有着厨师、庭院清扫工、厨娘和使女。即便如此，官员们的生活仍然缺少平静和快乐，海军军官的两个小女儿被蚊子叮得满脸是包，倒霉鬼医生每晚都在写控告信，多数典狱长动辄殴打苦刑犯，将敢于反抗者处死或打入黑牢。哪里有压迫，哪里就有反抗，书中至少写到两个典狱长被犯人活活打死。

岛上也有一些自由民，被当局用花言巧语忽悠来的移民，分了大块的土地，贷款建房和买来牲畜，可很快就陷入困顿——冬天漫长的寒冷，夏天的炎热与洪水泛滥，都不利于农作物的生长。在阿尔科沃屯，契诃夫发现所有的农民都欠债，“债务随着每一次播种、每多一头牲畜而日益增加”[17]。而就在契诃夫抵达前不久，二屯饿死了一个叫斯科林的移民，“他三天只能吃上一磅面包，很长时间都是如此”[18]。在另外一个居民点，又是一番景象：27户家庭挤住在一个废弃的大牢房里，环境污秽不堪，人们并排睡在大通铺上，十五六岁的姑娘不得不紧挨着单身苦役犯，铺前是臭气熏天的便桶。作者逐家记录：有苦役犯与自由民身份的妻子儿女，有强制移民，有波兰人和鞑靼人，也有监狱看守与年轻妻子。他用笔简洁冷静，一色白描，写到最后仍是按捺不住，为这些可怜女子的命运大声疾呼："读者可以根据这种野蛮的居住环境判断，妻子和女儿在这里受着怎样的侮辱和损害，她们本来都是自愿跟随丈夫和父亲来到苦役地的，可是这里却无人关心她们。"〔19〕

最苦最惨的还是那些苦役犯，他们又被分为三六九等（等级制带来的幸福感和悲惨命运，皆体现在不断细分中）。该书卷首附了几帧黑白照片，如"为苦役犯上重镣""连车重镣犯人"，皆注明为作者所藏。当时照相技术已发明约百年，但因相机的体积仍较笨重，加上经费拮据，契诃夫没有携带相机，这些照片应是他在岛上收集的。作者专门描写了沃耶沃达监狱的连车重镣犯，笔触入微：

> 他们每个人都戴着手铐和脚镣，手铐中间拖着一根长三四俄尺的铁链，铁链另一端锁在一个不大的独轮推车上。〔20〕

读到此处，自会联想到他们平日怎样脱衣睡觉。作者在后面补了一笔："夜里睡觉的时候，囚犯把推车放在床下。为了减少麻烦，通常让他们睡在通铺的边上。"

是什么样的重罪使他们受此严惩？

作者举了一个海军水手的例子：因为挥拳扑向一位军官，他被流放萨哈林；在苦役地又扑向下令用树条抽他的典狱长，被判处终身苦役，外加鞭刑和连车重镣。这还是仰赖考尔夫男爵的好生之德，否则就是死刑了。仅因不堪受辱、捍卫人格尊严就被押解流放，在萨哈林绝非仅此一例。

三、萨满的诅咒

契诃夫的《萨哈林旅行记》偶尔也写到中国人，通常是汉族人，有时借用当地人的话叫作“蛮子”，着墨虽简，仍能见出善意或同情。

书中写得较多的，是岛上的原住民基里亚克人，即原属清朝的费雅喀族（又作飞牙喀等）。基里亚克，是沙俄侵入早期对库页岛这一主要部族的称呼，后来统称之为尼夫赫。曾见俄苏学者考证这个民族的由来，说其与这一地域的各民族都没有共同之处，应是从堪察加沿千岛群岛过来的，也是信口胡柴，一脑门子的政治意识。实则从萨满教信仰到生产方式、生活习惯，费雅喀与赫哲人都十分接近。契诃夫对基里亚克人做过一番研究说，“这个民族有记载的历史达二百余年”，“有人认为，从前基里亚克人的故乡只有一个萨哈林，后来他们才转移到就近的大陆上，那是受南来的爱奴人排挤的结果”[21]。这种说法来自俄人的著述，现在看来也值得商榷，更多证据说明，费雅喀族的故乡在东北大陆，与赫哲等民族关系密切，应是从黑龙江下游渐次移居海岛，并由北向南发展的。

该书写到基里亚克处甚多，尤以第十一章为主，记述了他们的身体相貌特征与习性，文笔写实且细腻，堪称有关该部族的最为准确鲜活又充满温情的文字。兹略作摘引：

> 基里亚克人的脸，呈圆形，扁平，黄色，高颧骨，经常不洗……表情常常是若有所思，温顺，天真而聚精会神。他或是开朗，幸福地微笑着，或是像寡妇似的，沉思而又悲痛。
>
> 基里亚克人体格健壮、敦实；身材中等甚至矮小……骨骼粗壮，所有的冠突、脊骨和结节都特别发达，鼓着肌腱，由此可以推测，肌肉定会结实有力……碰不到肥胖和大腹便便的基里亚克人。〔22〕

他描写这个民族的善良与忠实，描写他们的勤劳顺从，也描写这个处于半原始状态部族的愚昧落后（或曰混沌未开），如不洗澡，不知敬重老人与善待女性。这些描写大多来自传闻，也有一些个人观感在内，征之于间宫林藏等人的记述，应是不够准确和全面，笔端却读不出有丝毫恶意。

契诃夫到的时候，库页岛上的费雅喀人仍具有一定的主人意识，即便对驻岛长官也无怕惧。有几位部民注意到契诃夫，也觉察到总是拿着纸笔的他有些与众不同，觉得好奇，于是就出现一段有趣的对话：

> “你的当官的？”那个生着女人面孔的基里亚克人问我。
>
> “不是。”
>
> “那，你的写的写的（意思是说我是录事）？”他见我手里拿着纸，就问道。
>
> “对，我写。”
>
> “你多少钱的挣？”

> 我每月挣三百卢布左右。我也就把这个数字实说了出来。应该看到，我的回答产生了多么不愉快的，甚至可以说是痛苦的印象……他们的脸色表现着绝望的神情。
>
> “你怎么可以这样说呢？”其中一个人说，“你说话为什么这样的不好？喂，这很不好！不要这样！”
>
> “我说什么坏话了？”我问道。
>
> “布塔科夫，区长，大官，只得二百，你什么官都不是，小小地写的——给你三百！你说的不好！不要这样！”[23]

哈，淳朴的原住民也了解地方官员的一些情况，尤其是对他们的薪俸差别门儿清，却不知道眼前的是一位大作家，更不能理解他的收入竟远高于区长。契诃夫平等和婉，耐心地加以解释，直到两人大致明白，相信了他的话之后才离开。

契诃夫对费雅喀人充满同情，直写殖民占领对这个善良部族的挤压。他们素来敬畏大自然，尊重山川河流，“认为种地是莫大的罪过”，而今森林被砍伐，高山被凿洞挖矿，土地被翻开，河流被污染，族人被奴役……于是，一个费雅喀萨满法师忍无可忍，摆开一应法器，诅咒罪恶的入侵者，甚至宁愿世代生聚的库页岛毫无出产，“预言以后从岛上不会得到任何好处”，表达了一种“与尔俱亡”的决绝。这是契诃夫上岛之初听到的故事，一个看似玩笑的故事，作者记下这段“荒唐言”，接下来记的便是讲述者的一声叹息——“果然如此”[24]。

契诃夫的踏访笔记，似乎在记述萨满诅咒的应验，殖民者不断遇到灾祸，然而更多更悲惨的报应却体现在原住民身上：异族入侵未久时的天花大传播，夺走了差不多三分之二费雅喀人的性命，很多屯子成为废墟；接下来是白喉、伤寒、猩红热、赤痢等流行病轮番肆虐，原住民对这些外来疾病几乎毫无抵抗力，只能是一个接一个地倒毙。这不是天灾，而是人祸。

更为惨酷的人祸是直接的血腥杀戮，有不少来自逃犯的暴虐凶残。长期被视为老实人的逃犯布洛哈，“在逃跑期间，因杀害许多基里亚克人而名声远扬”。在此，作者忍不住抨击俄国的惩戒制度：“只能使囚犯变成野兽，使监狱变成兽栏。”〔25〕南库页出现过更为惨烈的场景，一群逃出“兽栏”的“野兽”袭击了爱奴人屯落，“大肆蹂躏屯里的男女，全体妇女都遭奸污，最后把儿童吊上房梁”〔26〕。毫无人性的监狱制度，已把犯人锤炼成铁石心肠的恶魔。

没有发现地方当局主导的民族迫害和清洗，应是没有这样的条文和行动，而事实是，原住民一步步成为岛上的贱民。契诃夫的观察是敏锐细致的，不止一处写到平日驯良的看家狗向基里亚克人狂吠，“这些狗不知为什么只向基里亚克人吠叫”，“这里的狗并不凶猛……只咬基里亚克人”〔27〕。书中也提到岛区长官力图使原住民俄国化，雇用他们做监狱看守或巡丁，悬赏格要他们参与追捕逃犯；提到费雅喀人被引诱喝酒作乐，不光将几个刚得到的小钱很快花光，还导致了快速堕落，出现一批卖身投靠者。作者于此慨然写道：“参与监狱事务不能使基里亚克人俄化，只能使他们腐化。”〔28〕

无数中外先例证明，这是民族消亡的另一条路。

四、乌头草

《萨哈林旅行记》着墨最多的，还是库页岛上最主要的俄罗斯人群体，是苦役犯和移民的悲惨情状。托尔斯泰有一句广被征引的名言："幸福的家庭都是相似的，不幸的家庭各有各的不幸。"其实错搭一下也有道理：幸福的家庭各有各的幸福，不幸的家庭都是近似的。如该岛南部一些家庭或个人的悲惨命运，就都与乌头草相关。

乌头草，又作草乌头、北乌头，是一种活力充盈的野生草本植物，我国北方地区多可见到。唐朝人侯宁极已将乌头草列入《药谱》，记其辛，热，茎、叶、根均有大毒。《三国演义》写关羽攻打樊城时右臂中箭，很快青肿乌紫，难以举动，为他治疗的神医华佗说："此乃弩箭所伤，其中有乌头之药，直透入骨，若不早治，此臂无用矣。"〔29〕那时为增加杀伤力，很多箭镞都涂有乌头草之类剧毒，使中箭者皮肉溃烂而死。而所谓刮骨疗毒、壮士断腕，在于表达一种英雄的强大意志，很难说是一种有效的治疗手段。清张志聪《本草崇原》，写到杭人以其花色美艳，种植园圃中，称名"鹦哥菊""鸳鸯菊"等，为乌头草补上了不应忽视的一笔。〔30〕契诃夫在北部考察时未提及此草，而一到库页南部，乌头草便频频出现在笔下，常与叙事连接在一起。

虽说没有任何官方职务，大作家的名头也会点燃受难者的希望。在南部的科尔萨科夫哨所，契诃夫收到一个苦役犯的申请书，信中附了一首短诗，题目就叫《乌头草》。这位遭受冤屈的诗人先写乌头草不择地而生，描绘那蓝叶紫花之美，然后笔锋一转：

> 这种小小的乌头草根，
> 造物主亲手把它栽培。
> 它常常把人们诱惑，
> 让许多人躺进坟墓……〔31〕

俄罗斯真是一个诗的国度，哪里遇不上诗人呢？契诃夫已在岛上结识了一位诗人，身份是邮电所职员，常陪着他散步聊天，给他朗诵自己的作品。而契诃夫对这首诗显然更重视一些，录于注文中。似乎是在这之后，他开始留意乌头草与流人命运的关联，留意那些被乌头草带走的可怜生灵。

这首诗写的是误食，感慨那美艳花朵的诱惑，也感叹其伤人之多。乌头草茎叶鲜亮，花朵淡雅，块根能入药，有镇痛麻醉作用，但毒性极大，几乎无解。作者在本章记录了两例：米楚利卡屯的“科尼科夫老头吃了乌头草，中毒死掉了”，应是当成了野菜；而同屯的一头猪也被这种草毒死，主人塔科沃伊“舍不得扔掉，吃了猪腰子，结果险些丧命”，便与穷困相连接。

这样的情况应是殖民早期所遇，有过几次，口口相警，便不再会发生了。原住民中未见有乌头草中毒者，自是了解了其毒性，当也是先辈从惨痛教训中得来。而契诃夫接下来所记录的更多案例，则是明知乌头草有毒，故意去吃，以求一死：

弗拉基米罗夫卡的乌科尔听说女友“要嫁给别人，大失所望，于是就服乌头草自尽了”[32]；

大塔科伊屯有一名医生，“太太很年轻，在我来的前一周服乌头草自杀了”[33]；

橡树林屯的移民里法诺夫“赌输了钱，服乌头草自尽了”[34]；

科尔萨科夫有十一人被判处死刑，处决前夜，“没有想到，其中两名死囚半夜吞食了乌头草毒药”[35]。

西谚有云：即使是一个心地善良的人，一个不忘在夜间祈祷的人，也难免在乌头草盛开的月圆之夜成为狼。而此处则写二人宁愿服食乌头草自尽，也不去遭受行刑之辱。对于那些失去对人生留恋的主动求死者，乌头草大约是最好的选择，服食后精神恍惚迷离，或能减却离别尘世的痛苦。这些死者各有不同的人生故事，又都深深打上库页岛的烙印，打上乌头草这样一种戳记。

俄治早期的库页岛，笼罩着死亡的气息，几乎成了一个大坟场。作者描写了形形色色的死亡，也很自然地写到坟地和墓碑。多数是苦役犯的坟墓，小十字架“样子千篇一律”，湮没在荒草野蔓中，但也偶尔可见真情流露的例子。在亚历山大罗夫斯克，契诃夫记下一个黑色十字架上的铭文：

> 这儿埋着处女阿菲米娅·库尔尼科娃的遗骨，死于1888年5月21日。她终年十八岁。立此十字架以志纪念，双亲于1889年7月返回大陆。[36]

不知道这个青春女孩因何而死，也不知道她的双亲因何来到库页岛，又因何回到大陆，仅读此短短数行铭文，已觉悲情氤氲。

库页岛也是俄廷关押政治犯的地方，看来岛区当局成功地限制了契诃夫与政治犯的接触，书中见不到这方面的记述。而作家并未停止自己的寻觅，活着的遇不到，就去坟墓中寻找。在一个流放医师墓前的十字架上，他读到这样的诗句：“再会，我们将相逢于欢乐的清晨！”[37]其是逝者的遗言，还是战友的悼词？契诃夫把这句激情不灭的文字抄录下来，写入书中。

契诃夫还描述了一场偶然遇到的葬礼：死者的遗体由四个面容枯槁的苦役犯抬着，急匆匆走向濒临大海的坟场。走得如此急速，可证葬礼已缺少了应有的悲痛与郑重，亦可证明棺木之薄与轻。去世的是一个强制移民之妻，身后遗留下两个孩子，作者记下了这样的场景：

> 拉着女人手的小男孩阿辽沙，年约三四岁，站在那里看着坟坑。他穿着不合身的外衣，两只袖子老长，一条蓝裤子已经褪色，膝盖上打着浅蓝色补丁。
>
> “阿辽沙，妈妈呢？”我的同伴问。
>
> “埋——上了！”阿辽沙说着笑了，用手指着坟坑。[38]

推测死者应是一位年轻母亲。她是因何来岛的？怎么死的？与乌头草有关吗？作家一概未写，似也无须详记，仅此寥寥数笔，已令读者泪水滴沥。

五、“萨哈林”之谬

世界殖民史的一个普遍的标志性行为，是殖民者对所占领土地的重新命名。那些个名称的来源是复杂的，常也是简单的；是处心积虑的，常也是漫不经心的；是掩盖与割断既有历史的，常也是就地取材、以偏概全、张冠李戴的。以沙俄侵占的黑龙江流域为例，海兰泡被改名布拉戈维申斯克，伯力改为哈巴罗夫斯克，庙街改为尼古拉耶夫斯克，完全抹去旧有的痕迹；而称左岸上下游地区为阿穆尔州，称库页岛为萨哈林岛，仍与黑龙江的历史地理有着关联。

萨哈林，是一个强加硬套的岛名，带有鲜明的殖民刻痕。

明清易代之际，崛起于白山黑水、野心勃勃的满洲统治者将目光投向内地，大举入关后定都北京，由一个地域性政权变为大清王朝。而身处外兴安岭之北的沙俄雅库茨克督军戈洛文，则听说了黑龙江流域的富庶，派遣一支哥萨克探险队辗转侵入。文书官波雅尔科夫被任命为队长，率领七拼八凑的132人，携带武器，涉水翻山，一路抢劫杀戮，一路勘测绘图，也不断受到我达斡尔等部族的反击，历时约三年，最后沿黑龙江顺流而下，回到雅库茨克。[39]在黑龙江口驻留越冬时，他们从当地费雅喀人口中得知了库页岛的信息，而离开时也必须驶出河口湾，绕过库页岛北端。费雅喀语的“岛”，俄语音译为“善塔尔”，由此便成为俄国人对库页岛的第一个称呼——善塔尔岛，这一名称据说来自波雅尔科夫匪帮。[40]根据刘远图的研究，除善塔尔之外，俄人对该岛的早期叫法很混乱，如奥斯特罗胡、科里雅克、博利梭伊、卡拉福托等，五花八门，颇为随意，也都是昙花一现。18世纪晚期，基本上统一称为萨哈林。

契诃夫将库页岛称作萨哈林，是当时俄人的正式命名，也是西方通常的说法。实际上，应是法国人较早使用了这一岛名，所依据的则是康熙年间绘制的《皇舆全览图》。通过广泛和认真的阅读，契诃夫已了解到这一岛名的荒唐，在书中写道：

> 这幅地图引起了一番小小的误解，由此产生了萨哈林的名称。地图上，在萨哈林西岸，恰好对着阿穆尔河口的地方，传教士写道：“Saghalien-angahata”，蒙古语，意思是“黑河的峭壁”。这个名称可能指的是阿穆尔河口处某个悬崖或岬角，但在法国却给做了另一种解释，被认为是指岛屿本身。由此产生了萨哈林的名称，并被克鲁逊什特恩所沿用。此后，俄国地图上也就使用这个名称了。[41]

萨哈林的名字来自西方人的误判，但已约定俗成，无可更易，也没人去追究原来的名称。

康熙皇帝亲自规划大清全图的测绘制作，就此揭开东方大国的神秘面纱，也让欧洲知道了“萨哈林”。吊诡的是，英察严谨如康熙帝玄烨，将制成的全国舆图藏入内府，秘不示人，却对聘用的外国传教士全不设防，委托他们把该图带至法国镌制铜板。契诃夫清楚地写到，此一岛名来自黑龙江（满语“萨哈林乌拉”或“萨哈连乌拉”），然后才是传教士领衔绘制成图，法国地理学家的采纳，俄国地图的沿袭。如果说克鲁逊什特恩最先在俄国地图上标注“萨哈林”，则已到了19世纪初。

因库页岛横亘于黑龙江口，更早的时候，也有俄国人经行或到过此岛。《苏联大百科全书》第三版“库页岛”条，提出在波雅尔科夫之前还有莫斯克威金率小股哥萨克人到过库页岛，皆缺少确证。即便如此，又能说明什么呢？那些被称为“阿穆尔歹徒”或“哥萨克匪帮”的亡命之辈，仅从当地人口中知道那是个岛，至于他们是经过还是登临，并不详悉。黑龙江河口湾内小岛众多，令人怀疑是否确实指库页岛，称之为“发现”尤为可笑。一百年后，白令探险队有人到了该岛东北的岬角，但也仅仅是航经时匆匆一瞥，即行离去。

康熙《皇舆全览图》的关外部分以满文标识，库页岛上仅有少量地名，多为山川与屯落，未标注全岛名称。萨哈林，又译作萨哈连，蒙古语、满语皆表达“黑”的意思，以此命名的绝非个例。黑龙江中下游有萨哈连部，即黑水部；在三姓辖区又有“萨哈连窝集”，意谓黑森林。趁着清王朝的战败惊恐，沙俄用各种手段“黑”了一百多万平方公里中国国土，包括库页岛，又给它坐实了“黑岛”这样一个伪名。

注释

〔1〕刁绍华、姜长斌《契诃夫的萨哈林之行》介绍："契诃夫决定赴萨哈林旅行，不晚于1889年夏"，而在1890年1月26日由莫斯科报纸《今日新闻》刊发消息，"著名小说家契诃夫将取道西伯利亚赴萨哈林旅行"。《萨哈林旅行记——探访被上帝遗忘的角落》卷首，湖南人民出版社，2013年。

〔2〕汝龙译《契诃夫文集》第十五卷，"致阿·尼·普列谢耶夫"，上海译文出版社，1999年，第9页。

〔3〕《契诃夫文集》第十五卷，"致阿·谢·苏沃林"，第20页。

〔4〕《契诃夫文集》第十五卷，"致莫·伊·柴可夫斯基"，第28—29页。

〔5〕《契诃夫文集》第十五卷，"致阿·谢·苏沃林"，第13—14页。

〔6〕《契诃夫文集》第十五卷，"致米·尼·加尔金－符拉斯基"，第4—5页。

〔7〕丹尼尔·比尔《死屋——沙皇统治时期的西伯利亚流放制度》，四川文艺出版社，2019年，第363页。

〔8〕《清通鉴》卷二四七，光绪十六年二月二十九日，山西人民出版社，1999年，第8002页。

〔9〕《林则徐全集》第九册，"壬寅日记"，海峡文艺出版社，2002年。

〔10〕《萨哈林旅行记》卷首，"寄自西伯利亚"，湖南人民出版社，2013年。

〔11〕《萨哈林旅行记》第一章，"阿穆尔河畔的尼古拉耶夫斯克城"，黑龙江人民出版社，1980年，第2页。以后引录该书内容除另加标注者，皆用此一版本。

〔12〕《契诃夫文集》第十五卷，"致阿·谢·苏沃林"，第21页。

〔13〕据今人所编《漠河地名志》，漠河等县境内有额木尔河，又称小阿穆尔河，名称相近，可证命名皆出于当地部落。

〔14〕本段与以上引文，皆出于《萨哈林旅行记》第二章，"督军莅临"，第24—26页。

〔15〕《萨哈林旅行记》第二章，"科诺诺维奇将军"，第21页。

〔16〕《萨哈林旅行记》第五章，"仆役"，第57—58页。

〔17〕《萨哈林旅行记》第八章，"阿尔科沃头屯"，第85页。

〔18〕《萨哈林旅行记》第八章，"阿尔科沃头屯"，第84页。

〔19〕《萨哈林旅行记》第八章，"杜厄"，第92页。

〔20〕《萨哈林旅行记》第八章，"沃耶沃达监狱"，第100页。

〔21〕《萨哈林旅行记》第十一章，"基里亚克人"，第129页注②。

〔22〕《萨哈林旅行记》第十一章，"他们的性格"，第131页。

〔23〕《萨哈林旅行记》第十一章，"他们的性格"，第134—135页。

〔24〕《萨哈林旅行记》第二章，"新相识"，第20—21页。

〔25〕《萨哈林旅行记》第二十二章，"逃犯的出身、类别及其它"，第292—293页。

〔26〕《萨哈林旅行记》第二十一章，"侦讯和审判"，第269页注①。

〔27〕《萨哈林旅行记》第二章，"督军莅临"，第22页。

〔28〕《萨哈林旅行记》第十一章，"企图使他们俄化"，第138页。

〔29〕罗贯中《三国演义》第七十五回，"关云长刮骨疗毒 吕子明白衣渡江"，人民文学出版社，1973年，第601页。

〔30〕该书共三卷，张志聪撰于康熙前期，殁后由弟子高世栻续成，此据仲昴庭纂集，孙

多善点校《本草崇原集论》，人民卫生出版社，1997 年。

〔31〕《萨哈林旅行记》第十三章，“落叶松屯”，第 160 页注①。

〔32〕《萨哈林旅行记》第十三章，“弗拉基米罗夫卡屯”，第 163 页。

〔33〕《萨哈林旅行记》第十三章，“大塔科伊屯”，第 166 页。

〔34〕《萨哈林旅行记》第十三章，“橡树林屯”，第 168 页。

〔35〕《萨哈林旅行记》第二十一章，“死刑”，第 279 页。

〔36〕《萨哈林旅行记》第十五章，“向大陆移居”，第 195 页。

〔37〕《萨哈林旅行记》第十九章，“教会”，第 250 页。

〔38〕《萨哈林旅行记》第十九章，“教会”，第 250—251 页。

〔39〕郝建恒等译校《历史文献补编——十七世纪中俄关系文件选译》，第 2 件，“1646 年 6 月 12 日（俄历）以后，关于文书官瓦西里·波雅尔科夫从雅库茨克出发航行到鄂霍次克海的文献”，商务印书馆，1989 年。

〔40〕刘远图《早期中俄东段边界研究》五，“库页岛俄名萨哈林的由来”，中国社会科学出版社，1993 年，第 164 页。

〔41〕《萨哈林旅行记》第一章，“日本考察者们”，第 9—10 页。

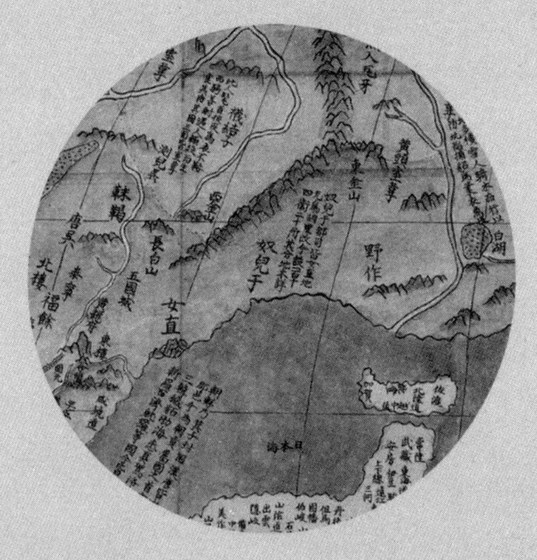

【第二章】

行迹隐显三千年

在奔赴库页岛之前的三四个月，契诃夫用大量时间搜集和研读相关文献资料，读得头晕脑涨，也读得兴致盎然，乃至自嘲已成了那个僻远岛屿的土壤和气象学专家。他的阅读也包括中国史籍的一些记载，但为数不多，且经过了俄国学者译述。其实搜集和拣阅史料，也是本人写作时感触殊深的一个难点，越往前追溯，越是难以找到可信的文献记载，即使有只鳞片羽，也都极为简约，且与传说相缠结，需要下一番考证功夫。这与历代朝廷（也包括崛起于东北的金朝和清朝）的重视不够相关，而根本的原因还在于库页岛原住民的荒昧未开，不立文字。

但在绵延数千年的华夏历史上，不管是汉族王朝还是少数民族政权，库页岛都留下了自己的行迹，时隐时现，或浓或淡，构成一道不容忽视的印痕。前人对此已做过一些辑集编排，如石荣暲的《库页岛志略》有“沿革篇”，引录相关文献，并加以考释辨证。本章即在前辈学者打下的基础上，再作梳理。需要说明的是，因为缺少官私文献，一些地方仍复阙如，留待日后的史料发现。

一、朴素的贡品

正是因其北部正对着黑龙江入海口，库页岛曾被称作“黑龙屿”[1]，清晰表明该岛与这条中国北方的最大河流以及与东北亚大陆的地缘关系和历史渊源。而不甚准确的是，屿者，小岛之谓也，如此称呼，仍属于瞎子摸象，缺少完整的认知。库页岛南北绵延近两千里，东西最宽处逾三百里，面积大约七万六千平方公里，超过台湾与海南岛的总和，曾为我国第一大岛。岛上有高山大川，密林广甸，大量的湖泊沼泽，丰富的煤炭和石油矿藏，尤其是久有渔猎之利。又以东北临鄂霍次克海，南与日本的北海道隔海相邻，有着重要的战略地位。诚一宝岛也！

从幽渺的远古以迄唐朝，库页岛上的部族应是从属于肃慎氏，追溯这个东北大岛的历史沿革，必须与肃慎相联系。而肃慎作为东北地域的一个古老民族，传说在舜帝时即赴中原进贡弓矢，成为朝廷恩泽远被、幅员辽阔的象征。夏代大禹定九州，商周两朝代兴，边远部族“各职来贡”，地处荒僻的东北民族肃慎皆不辞遥远，派人持贡物前来朝贡。周成王时四海臣服，以僻处东北之地的肃慎（又作息慎）前来归顺，命大臣荣伯作《贿息慎之命》。[2]而至周景王十二年（前533），更是让大夫詹桓伯宣称：“肃慎、燕、亳，吾北土也。”[3]此时周室已弱，仍对国家之疆域做出这样的表述。

肃慎氏之部落和地域虽与时加减，而在黑龙江下江地区、乌苏里江流域，包括海中的库页岛，向南至长白山北麓一直较为稳定，所谓“白山黑水”是也。汉武帝曾在下诏举贤时说：“朕闻昔在唐虞，画象而民不犯，日月所烛，莫不率俾。周之成康，刑错不用，德及鸟兽，教通四海。海外肃慎，北发渠搜，氐羌徕服。”[4]

为什么称肃慎为“海外”？注释曰“在夫余之东北千余里大海之滨”。大致指明了其所在方位，却不够完整。海外，古籍中或用指边远之地，但毕竟与“海滨”有别。此处立意，窃以为应与库页岛相关——那个绵延两千里的大海岛，向为古肃慎的重要组成部分。出于东汉的《大戴礼记·少闲》，也以“海外肃慎”的万里来朝，作为皇朝雍熙、政治澄明的实证。[5]

肃慎之地寒冷而不贫瘠，出产多珍异，所贡方物当有多种，如参如貂，如玛瑙和珍珠，但标志性物件则是不起眼的“楛矢石砮”。

曾有一个与孔夫子相关的著名故事，记述孔子在陈国时，有一只鹰隼坠落该国宫苑而死，经过查验，发现隼身被一支箭贯穿，箭头为石块制成，众人不知来历，陈惠公命人拿着死隼到孔子所居馆舍请教，夫子侃侃而谈，讲述楛矢石砮的历史与政治背景。《国语·鲁语下》：

> 仲尼在陈，有隼集于陈侯之庭而死，楛矢贯之，石砮，其长尺有咫。陈惠公使人以隼如仲尼之馆问之。仲尼曰："隼之来也远矣！此肃慎氏之矢也。昔武王克商，通道于九夷百蛮，使各以其方贿来贡，使无忘职业。于是肃慎氏贡楛矢石砮，其长尺有咫。先王欲昭其令德之致远也，以示后人，使永监焉，故铭其栝曰'肃慎氏之贡矢'，以分大姬，配虞胡公而封诸陈。古者分同姓以珍宝，展亲也；分异姓以远方之职贡，使无忘服也，故分陈于肃慎氏之贡。君若使有司求诸故府，其可得也。"使求，得之金椟，如之。〔6〕

尺有咫，即一尺八寸，若说石箭镞达如此之长，令人难以置信，当不乏夸张色彩。推测应是石镞与箭杆合起来的长度，证之以《史记·孔子世家》，作"楛矢贯之，石镞，矢长尺有咫"，是。即便如此，一只受伤的隼由东北极地带箭飞至中原，也堪称神奇了。这里的隼，当是后世所称的海东青。而武王克商后，以肃慎所贡楛矢石砮赐予陈国，珍藏于金椟之中，恰与此隼所中之箭相吻合，也称奇异。诸书收录此事，一以述异志怪，一以推崇圣人之博闻强记与通晓典故，主要则在于阐解西周时边远部族与中央政权的贡纳关系：肃慎氏楛矢之贡的文化意义，所贡楛矢石砮的去向与礼制内涵，讲述得清晰可信，言之凿凿。

石镞，即以坚石制作的箭镞，关乎其材质的说法亦多。有人说是松花江中松脂化石，也有人指为江中松榆等枝干的化石，或说乃玛瑙、燧石、碧玉。《大明一统志》记述：石砮乃“黑龙江口出，名水花石，坚利入铁，可锉矢簇，土人将取之，必先祈神”[7]。而清初流放宁古塔的江南诗人吴兆骞曾随进剿罗刹的官军至黑龙江口，也在当地收集了一些石镞，可相印证。[8] 石镞的产地与材料颇有差异，恰可证明古人随处取材制作，而黑龙江口一带与对面的库页岛即其重要产地。

对于究竟什么是楛矢，说法更多。《史记》集解只说“楛，木名”，后人或指为长白山的桦木，或言乃一种江中树枝化石，或称灌木杞柳。当以后一说近似。楛，粗劣不坚之谓也，此处应指荆条。东北大山中随处可见此类荆条，坚硬挺直，粗细适宜，即便不加石镞，将前头削尖就可以射物。乾隆帝曾有一首小诗《斐兰》，指用榆柳之枝做的小弓，儿童执以嬉戏，骑射技艺也得以养成。尾联“曾闻肃慎称遥贡，可惜周人未解施”[9]，未提到楛矢石砮，而以“蓬矢桑弧”为祖先肃慎氏向周室贡献之物，甚是。

肃慎氏之地后来有所分化，也被强邻兼并，而种族不绝，文化与习俗未变，人们仍习惯于以“肃慎”称之。如《后汉书》卷八十五：

> 挹娄，古肃慎之国也。在夫余东北千余里，东滨大海，南与北沃沮接，不知其北所极。……自汉兴已后，臣属夫余。种众虽少，而多勇力，处山险，又善射，发能入人目。弓长四尺，力如弩。矢用楛，长一尺八寸，青石为镞，镞皆施毒，中人即死。[10]

描述的重点仍在于楛矢石砮。或也正由于其贡物之质朴，古老的肃慎被称为君子之国。《淮南子·地形训》："东方有君子之国。"〔11〕其中最有代表性的，应该就是肃慎氏。

楛矢石砮，既是肃慎部落打猎时所用之箭，也是一种极为朴素的贡品，从而成为东北极地文化的标志物。历朝记载此物，都不在于其自身价值之昂，而在于所来之远、进贡者心念之诚。它是常见的，普通的，随地取材而非统一规格的。颇有些学者非要从价值上寻觅原因，千方百计去证明其稀有和珍贵，应是认差了路头。

二、"海中有女国"

对于库页岛的记述，很早就出现在中国典籍中。可以肯定地说：整个上古和中世纪，直至清朝之前，唯有我国的历史地理文献记载了这个东北方大岛。一些西方尤其是俄苏学者曾讥评中国典籍所记过于简单，且先后不乏重复抵牾处，但还是不得不对这些史料加以引用，还是无法否认其珍贵的文献价值。西周时肃慎部曾抵达长安进贡，表示归附，唐代时已纳入中国版图，见诸中国史著，斑斑可考，是谁也无法否认的。

库页岛位于东北大海之中，故记述该岛的文字，多与"海"相关。《山海经·海外东经》记载："有毛人在大海洲上。"〔12〕大海洲，即海上的大岛屿，虽未详细勾画其高峻袤远，却强调了其面积甚大。正因为冬季的漫长和酷寒，岛上主要部族费雅喀人毛发浓密，被称为毛人。而将岛称为"大海洲"，也形象摹写出库页岛的长条形状，亦觉贴切。至于该海的名称，书中未能给出。

汉代将库页岛归入“东夷”。《后汉书·东夷列传》记载光武帝刘秀即位之初，东北各部族重来朝贡，“时辽东太守祭肜威詟北方，声行海表”，复记北沃沮“海中有女国”[13]。沃沮又称窝集，丛林、密林之谓也，乌苏里江流域原始森林密布，以故标称某某窝集者甚多。北沃沮，所指为黑龙江下游濒海一带，亦即肃慎故地。所谓海中女国，虽出于传闻，提供的信息量亦不少：一指岛之巨大如库页岛者，否则不足以称国；二指岛上原住民女多男少，女子地位较高。至契诃夫登临时，库页岛上的原住民部族早已解析寥落，所记情景已非费雅喀人的全貌，东汉时期的岛上部族应还处在母系社会。

这些记载中的“海”，现在通行的名字是鄂霍次克海，迟至17世纪才由俄罗斯人提出，而在我国典籍中出现甚早，只是没有一个确切的命名。《魏书》曾提到的“小海”[14]，应即黑龙江口与库页岛之间的河口湾与鞑靼海峡。唐人沿袭了这一名称，《唐会要》在描述黑水靺鞨疆域时曰：“今黑水靺鞨界南，与渤海国显德府，北至小海，东至大海，西至室韦，南北约二千里，东西约一千里。”[15]所说“小海”与《魏书》同，而“大海”则指库页岛东北的鄂霍次克海。

唐朝立国未久，黑水靺鞨的首领即来朝贺，而在贞观二年（628），“臣服，所献有常，以其地为燕州”。唐玄宗开元年间，设置黑水府，“以部长等人为都督、刺史，朝廷为置长史监之，赐府都督姓李氏，名曰献诚，以云麾将军领黑水经略使，隶幽州都督”。唐朝同时组建了黑水军，将这里的土地和人民正式纳入中华版图。黑水都督府地域广袤，“西北又有思慕部，益北行十日得郡利部，东北行十日得窟说部，亦号屈设”[16]。窟说、屈设，当为部族语言关于地名的记音，与“库页”相近，应为当日库页岛之名。同卷记载北狄诸部仍沿承肃慎古法，用石块磨制箭镞，长达两寸（不再说一尺八寸，比较靠谱了）。而据东北历史文化学者王禹浪介绍，在今天的萨哈林博物馆中，大量收藏此类石箭镞，可证持续到清代一直为岛上部民狩猎时使用。

因大量出产鲸鱼，库页岛所处的鄂霍次克海域，包括鞑靼海峡向南的日本海又被叫作鲸海。《元一统志》又称那里是“鲸川之海”，说辽阳行省的开元路“南镇长白之山，北浸鲸川之海”[17]，不仅仅是形容其管辖地域之广阔，而且特别强调北部大海中的岛屿。所谓鲸川之海，应是鄂霍次克海与日本海的合称，在我国史籍中通称为辽海、东海或大东海。北宋大中祥符元年（1008），知制诰路振奉诏使辽，到达位于今内蒙古赤峰市境内的中京，一路留心观察问询，归来作《乘轺录》，记录辽国军政人事与城阙道里，兼及辽国东北边地的女真族，曰：“又东至高丽、女贞四千里”“东北至辽海二千里，辽海即东海”[18]。此东海非今天的东海，应即鲸川之海，在朝鲜半岛迤东，韩国人至今仍称之为东海。库页岛在其中北部偏西海域，紧邻着大陆，一向有大护沙之称。

库页岛，的确自古以来就是肃慎氏之地。肃慎的族名后世多变，曰挹娄、勿吉、靺鞨，但自辽代开始就较为固定，通称女真（或女贞，以避辽兴宗耶律宗真之讳改为“女直”）。女真族部落众多，散居地域甚广，辽廷分而治之，大加迁徙，予以熟女真、生女真、野人女真等名目。所谓野人女真，也包括东海女真，有乌苏里江迤东、黑龙江口与库页岛等各姓部众。清礼亲王昭梿《啸亭杂录》中有“和真艾雅喀”一则，所记即赫哲、费雅喀二部落习俗，曰：

吉林东北有和真艾雅喀部，其人滨海而居，剪鱼皮为衣裙，以捕鱼为业。去吉林二千余里，即金时所谓“海上女真”也。[19]

他没有提到库页岛，但必然包括在内，否则怎可称“海上女真”？这位号称渊博的王爷显然对此地情形不甚了然，接下来写到当地旧俗：父母满六十岁时将被杀掉，割其肉招待宾客，然后把骨头埋在门前……纯属猎奇志怪，以讹传讹。

三、大辽鹰路

《国语》与《史记》所写的死于陈国宫苑之隼，颇有学者征引考证，认为是来自肃慎之地的海东青。而海东青之得名，又在于其幼雏多育于库页岛的密林广甸之中[20]，颇有道理。至于这只受伤的矛隼如何能带箭飞翔数千里，直至中原陈地才终告不支，那倒也不烦猜测，自来史书多有演义成分，大自然中也多有难解之谜，更何况是号称鸟中神骏的海东青。

不管猛禽还是凡鸟，所有的羽族都是天性自由的，却会被人类选择性捕捉与驯化，海东青亦其一例。矛隼活动区域甚为广阔，从欧洲的冰岛到北美都可见到它们的矫健身影，其强悍凶猛、扑击迅疾的形象，被不少王朝或豪门作为徽章。海东青作为矛隼的东北亚种，体型壮大，爪利喙尖，很早就被驯化为猎鹰。在我国唐代，东北部族酋长和渤海国就曾频频向朝廷进贡白鹰。唐苏颋《双白鹰赞》曰：“开元乙卯岁，东夷君长自肃慎扶余而贡白鹰一双。其一重三斤有四两，其一重三斤有二两，皆皓如练色，斑若彩章，积雪全映，飞花碎点。”[21]据其记述，必为海东青无疑。

契丹辽国崛起于北地，从皇室到贵胄将帅，都有一种对海东青的狂热追逐。辽国仿唐朝制度于内廷设鹰鹘五坊，部伍中有“鹰军”，春天的捺钵（即狩猎）最重要的项目是到鸭子河（今松花江扶余段）放海东青捕天鹅，而宫廷乐师奏之于场上，逐渐形成一支著名的乐曲《海青拿天鹅》。[22]

宋朝自建国之初，就将北方的辽国视为重大威胁，战争频仍，互有胜负。虽在景德元年（1004）签订“澶渊之盟”，仍时时打探收集各种北地情报，也注意到辽国君臣对海东青的痴迷习好。徐梦莘《三朝北盟会编》卷三：

> 天祚嗣位，立未久，当中国崇宁之间，漫用奢侈，宫禁竞尚北珠……北珠美者，大如弹子，小者若梧子，皆出辽东海汉中……又有天鹅能食蚌，则珠藏其嗉。又有俊鹘号海东青者，能击天鹅。人既以俊鹘而得天鹅，则于其嗉得珠焉。海东青者出五国，五国之东接大海，自海东而来者，谓之海东青。小而俊健，爪白者尤以为异。必求之女真，每岁遣外鹰坊子弟，趣女真发甲马千余人入国界，即海东青巢穴取之，与五国战斗而后得，女真不胜其扰。[23]

明确说“自海东而来者，谓之海东青”，应是将库页岛当作海东青的故乡。在宋朝使者看来，这种“沈珠热”“海东青热”都是朝政奢靡腐败的征兆，而由此引起对女真人的苛索欺压，引发其激烈反抗，也在情理之中。所谓沈珠，此处指东珠，又称北珠，即产于牡丹江、镜泊湖、松花江、黑龙江等处水域的野生珍珠，以圆润饱满、色泽澄莹著称。至于说天鹅食蚌后把珍珠藏在嗉子里，驯养海东青的目的在于扑击天鹅，“于其嗉得珠”，则不无讲故事的夸张渲染，其实当地人很早就知道从河中捞蚌取珠，辽时也有女真人被逼跳入冰水捞蚌的记载，哪里需要加上天鹅和海东青的两道程序，搞得如此辗转繁复！

辽国也曾出现过几位有识之君，或是一些有识之臣的劝谏起了作用，如天赞四年（925）十一月，太祖阿保机下旨“纵五坊鹰鹘”，后来的辽穆宗、辽兴宗也都有过放生五坊鹰鹘之举。但在二百多年辽国历史中较为少见，皇室与王公贵胄存在着持续的“海东青热”。这也催生了一条特别的道路——大辽鹰路。其是一条水陆转换衔接的交通要道，应也是库页岛和黑龙江下江部族连接东北腹地乃至中土的古道。对辽代鹰路的起点与终点，学术界做过一些探究，也存在争论。景爱《辽代的鹰路与五国部》认为：“五国部隶属于黄龙府都部署司，当时生女真各部，均归黄龙府都部署司管辖。辽代的黄龙府即金代的隆州，其故址在吉林省农安县。辽代征收海东青的‘天使’、官吏是从黄龙府出发，经过完颜部女真进入五国部。因此，辽代的鹰路是以黄龙府为起点，渡过第二松花江和拉林河进入松花江，然后顺流而下，经盆奴里部、奥里米部、剖阿里部，直到黑龙江下游的越里笃部、越里吉部。作为鹰路起点的黄龙府，同时又是通过陆路南下中原地区交通线的起点。由黄龙府向南经上京临黄府，直达南京析津府（今北京），把黑龙江流域同黄河流域联系起来。”[24]景爱先生研治辽代史地成果丰厚，所说很有参考价值，管辖五国城和东海女真的黄龙府诚为鹰路上的一大重镇，唯觉不一定是鹰路的起点。李健才先生以上京为鹰路起点，认为从上京通往五国部和东海女真有两条道路：西路经长春州到达，南路经信州、黄龙府抵达。所谓“贡鹰道”者，是指向大辽皇帝进献海东青，派出监鹰使者的地方应是辽帝所在的京城，自要由上京临潢府或中京大定府（均在今赤峰境内）启程，也应是收缴鹰鹘后回归之处。[25]

值得强调的是，不管起点是上京中京，也不管所走为南路西路，鹰路的主线都通向黑龙江的下游。不是一些人所说的五国城，而是五国城之东黑龙江口与濒海地区。那些人烟稀疏的辽阔大地，是海东青最喜爱的觅食育雏的地方。它们从哪里飞来？辽宋之际的多数文献均记载其来自海外。海东，有人猜度是鄂霍次克海北面的堪察加等地，当属舍近求远，全不计隔着一道窄窄海峡的库页岛，起伏的山岭森林密布，应就是海东青的故乡。《东都事略》记述辽末代皇帝耶律延禧荒于畋猎，喜爱海东青与玉爪骏，“命女真国人过海，诣深山穷谷，搜取以献”[26]，所指就是库页岛，亦即诸书所说的海东。

四、一个女真王朝的诞生

在篇帙浩繁的“二十四史”中，封建王朝的代兴似乎总与皇帝的个人品德和才能挂钩：末代天子大多昏庸荒淫，辽天祚帝耶律延禧即是；而开国之君又必然天纵神武，且上苍加佑，万民拥戴，金太祖完颜阿骨打即如此。这样的历史演进逻辑过于简单化，有时甚至失之荒谬，国家沦亡的原因很多，君主个人品行固然重要，可当大势已去之际，亦无可奈何。但若说开创一个王朝的基业，必有出类拔萃之领袖人物，那倒是一定的。

阿骨打就是一位不世而出的女真首领。对于女真叛辽与金朝肇兴的原因，宋代人及后世著述大多归结为压迫与反抗，归罪于辽帝追索海东青，以及银牌使者在鹰路上的胡作非为。如洪皓《松漠纪闻》载：

> 大辽盛时，银牌天使至女真，每夕必欲荐枕者。其国旧轮中下户作止宿处，以未出适女待之。后求海东青使者络绎，恃大国使命，惟择美好妇人，不计其有夫及阀阅高者。女真浸忿，遂叛。[27]

这里的“女真”，指阿骨打所在的完颜部，居于黄龙府与五国城之间的松花江流域，是为大辽鹰路之咽喉。那些过往的监鹰使者颐指气使会有的，作践下人也会有的，但每个人每晚都要女真姑娘陪睡么？未见金人记述，只是宋朝使者耳闻之事，未必可信。以此作为官逼民反的由头，不太可信。

叶隆礼在《契丹国志》中提供的是另一种说法：

> 女真东北与五国为邻，五国之东邻大海，出名鹰，自海东来者，谓之“海东青”……辽人酷爱之，岁岁求之女真，女真至五国，战斗而后得，女真不胜其扰。及天祚嗣位，责贡尤苛。又天使所至，百般需索于部落，稍不奉命，召其长加杖，甚者诛之，诸部怨叛，潜结阿骨打，至是举兵谋叛。[28]

宋人陈均在《皇朝编年纲要备要》政和四年小注中也有近似文字。[29]两书也都写到海东青，写了捕鹰使者之恶，却未提“荐枕”之说。有一点值得注意：说是辽廷向女真索要名鹰，女真再去五国部以武力博取，年年为此而战斗。有关鹰路的记述多来自宋朝使臣的记述，但也不应一概相信，一则是道听途说，二则又要拣一些皇上爱听的说，臆想与夸大之词在在有之。所谓五国，即原属黑水靺鞨的剖阿里、盆奴里、奥里米、越里笃、越里吉五部，与完颜部同源同种，而实力远逊之。五国诸城在鹰路上，却远非其终点，故也不存在只向完颜部索取海东青一说。若说终点，应是黑龙江口对面的库页岛，所以才需要命女真人过海搜求。

客观来看待鹰路，绝不仅仅是一条掠夺和凌暴之路，对于东北边远地区的开发、三江流域各部族的发展，对于女真部落的勃兴，应也有着不容忽视的推助作用。而历史地考察，对这条道路的袭扰拦截，也不一定都出于反抗暴政的民意，更多在于部落酋长的利益考量。依宋人所记，因天祚帝耶律延禧的荒淫无度，完颜部奋起反抗，阻断了鹰路，留心中国历史的人都清楚，此乃文人墨客曲解臆度的惯常套路。殊不知早在辽国强盛时，五国部就多次切断这条通往下江的道路，倒是完颜部自告奋勇，发兵用计，去打通大辽鹰路。如辽道宗咸雍八年（1072），“五国没撚部谢野勃堇畔辽，鹰路不通”，阿骨打的祖父乌古迺（金朝立国后追谥为景祖）任节度使，带着本部人马前往讨伐，击溃谢野后，即去找辽边将报功。十余年后的大安三年，鹰路又出现状况，“纥石烈部阿阁版及石鲁阻五国鹰路，执杀辽捕鹰使者”，完颜部节度使换成了穆宗盈歌（景祖第五子），接到辽帝谕令后率兵进击，攻入其城寨，解救了几名幸存的辽使。[30]

是他们甘愿效力辽廷，杀戮同胞么？那倒也不一定，他们要的是借以扩大地盘、掳掠生口和提升影响力。阅读《金史·世纪》，触目皆是完颜氏的同室操戈、骨肉相残，是他们窘急时向辽廷借兵和立功邀赏，令人感慨万端。就是那位兵不满千的挂着大辽节度使名号的盈歌，已然不受羁束：攻占纥石烈部的阿疏城，辽廷派员前来调解，要他的人退出，即在辽使面前演了一出双簧，挺刃杀马，血流满地，使者吓得面无人色。为巩固自己的霸主地位，盈歌曾亲自导演了一次阻断鹰路事件：

> 乃令主隈、秃答两水之民阳为阻绝鹰路，复使鳖故德部节度使言于辽曰："欲开鹰路，非生女真节度使不可。"辽不知其为穆宗谋也，信之，命穆宗讨阻绝鹰路者，而阿疏城事遂止。[31]

盈歌先命人假装断路，使得辽廷忧急；再统率所部到土温水地方游猎一圈儿，回奏鹰路已打通。辽廷大喜，不仅不再要他退出该城，还以讨平鹰路大加赏赐。而盈歌让人将赏赐之物都送给主隈、秃答二部，威望与控制力大涨。

也许这才是较为真实的辽金史，由鹰路映照出的一段史实。

我们看到的是一个部族豪门的志向与心机，他们以卖身投靠、英勇效力、伪装忠诚、狐假虎威等各种招数换来发展壮大，也由残酷血腥的同族兼并确立威权，而一旦时机成熟即悍然反叛（六百年后的努尔哈赤差不多是同样的路数）。大金崛起后势不可当，1125 年灭辽，1127 年攻破北宋，南北两大王朝的崩塌相隔不到三年。两朝亡国之君的情形也差不多：辽天祚帝被俘后封了个滨海侯，大约在东海女真的地面上便于掌控；北宋徽钦二帝连带宫眷子女人等经数千里流递，最后解送至五国城安置。他们的最后归宿竟都在鹰路上。耶律延禧还会喜爱海东青么？无从猜度。而宋徽宗的画作中倒是有一帧飞鹰，看不出是否海东青，也不知是啥时候所作。出于南宋的讲史话本《大宋宣和遗事》提供了一些生活细节，甚至写到耶律延禧与赵佶在燕京相会，聊天中彼此倾诉抚慰，晚上同床而眠，还被迫在完颜亮面前打了一场马球，双双惨死场上。[32]纯属小说家言，当不得真的。

金代立国120年，传10帝，基本国策是向南发展，争夺中原和江南富庶之地。由于族人较少，在金廷的提倡和主导下，不仅是一路南征的军中将士，也不仅是那些宗室勋戚与各类官吏，普通女真人也大量举家南迁。包括居住在库页岛上的东海女真究竟有多少人离开家园，由于缺少文献佐证，很难推定，但深受大迁徙影响是必然的。《金史·地理志》曰："金之壤地封疆，东极吉里迷、兀的改诸野人之境。"而彼时此"野人之境"属于上京胡里改路，金廷称为"内地"，后来见村墟空寂，也曾由被占土地迁徙数十万的辽宋百姓予以充实，是否也有的抵达了偏远的黑龙江下江地区和库页岛？

这里的部族当时被称作兀的改，或乌底改，并非一味顺服金朝的统治，也曾出现过激烈反抗。开国功臣阿离合懑的次子完颜晏，就曾率舟师平叛：

> 天会初，乌底改叛。太宗幸北京，以晏有筹策，召问，称旨，乃命督扈从诸军往讨之。至混同江，谕将士曰："今叛众依山谷，地势险阻，林木深密，吾骑卒不得成列，未可以岁月破也。"乃具舟楫舣江，令诸军据高山，连木为栅，多张旗帜，示以持久计，声言俟大军毕集而发。乃潜以舟师浮江而下，直捣其营，遂大破之，据险之众不战而溃。月余，一境皆定。[33]

可知当时下江地区人烟较为密集，部族武装也有一定的战斗力。库页岛上的"苦兀"，依稀与乌底改反叛者有所关联，或属同一族裔。

依据所能得见的史料，可知金朝时鹰路仍在，宫廷对海东青的喜爱仍旧延续。《金史·百官志二》项下有"鹰坊"，设鹰房提点、正使、副使、直长、管勾等，职责为“掌调养鹰鹘海东青之类”。前辽的皇家畋猎活动即“四时捺钵”略有省减，通常为春秋两次，所谓“春水秋山”是也。大儒赵秉文曾作《春水行》：

> 内家最爱海东青，锦鞲掣臂翻青冥。
>
> 晴空一击雪花堕，连延十里风毛腥。[34]

岁月不居，情景则仿佛，仍是大辽盛世时那个调调，只是此内家已非彼内家了。

不管是大辽或大金，春捺钵都未曾越海抵达遥远的库页岛。但据俄国学者的考古发掘，该岛南部和北部都发现过金代遗址：北部靠近河口湾的亚历山大罗夫斯克有金代古城址一处；而南端也有一处称为“卡拉霍通”的城寨遗址。霍通，女真语指城。这是金代建造的城池吗？是何年何月由何人主持修筑的？城内城外是何等景象？一切都不得而知。

五、东真之痕

其实，说库页岛上的古城遗址属于金代则可，而说它一定属于金朝，怕也未必。

金朝晚期，暴起于白山黑水之间的女真王朝已呈衰势，成吉思汗的蒙古铁骑突入界壕，金军惨败，东北大地上一时群雄并起：先是契丹后裔耶律留哥率族众造反，自立为辽王；接着是汉人张鲸在锦州起事，自称临海王；不久连奉旨平叛的辽东宣抚使蒲鲜万奴也步其后尘，宣布建立大真国，改元天泰。大真，又作东夏、东真，或寓有东部女真之义，创立于金贞祐三年（1215），属地最大时西北至上京，东北越过黑龙江口，西南至婆速路，东南到曷懒路与恤品路，海中的库页岛亦在版图之内。阅读俄苏在滨海地区的考古发现，如诺沃聂任斯基古城、赛金古城、新波克罗夫卡-2古城、斯莫尔宁古城等遗址，都有东真国文物（如官印、器物铭文）的发现，可证该政权虽存续时间不长，仍有过认真的经营。[35]

东真国主蒲鲜万奴，亦作完颜万奴、富鲜万奴、布希万奴、秃珠大石、万家奴、萧万奴等，祖籍和家世均不详；由于依违于金元之间，叛服不定，以至于在当时和后世的评价都不高。贞祐二年（1214），金宣宗命蒲鲜万奴任辽东宣抚使，为大金根本之地的最高军政长官，倚信有加。而他得知中都（北京）陷落，宣宗南逃开封，加上与耶律留哥两战不利，遂发动兵变，分兵抢占地盘，亲自率部北上，图谋攻取上京等地，未料耶律留哥趁机突袭东京（辽阳），其妻李仙娥落入对方手中。艰难收复东京后，蒲鲜万奴意识到金朝摇摇欲坠，靠着一个宣抚使的名义已难服众，即在贞祐三年（1215）十月，宣布在东京建都称王。那实在不是一个好时机，金廷“诏谕辽东诸将共讨之”，东辽与之仇怨深不可解，更为严峻的是蒙古名将木华黎率大军杀到，蒲鲜万奴只得递上降表，并以儿子帖哥作为人质。降后不久，趁着元军的防范松懈，蒲鲜万奴来了一次军事大转移，“率众十余万，遁入海岛”[36]。此事载入《元史·木华黎传》，多被解释为故作蜷伏之态，且主动去剿平地方上的动乱；而《蒙兀儿史记·蒲鲜万奴传》则说其子帖哥从蒙古大营逃回，遂杀蒙兀所置辽东行省右丞耶律捏儿哥，复叛去，“帅众十万栖遁海岛”[37]。

这个能容得下十万之众的海岛在哪里？

是库页岛吗？

相关著述有的不加解释，有的笼统称为海边，王禹浪和王宏北所撰《蒲鲜万奴与东夏国》则确指该岛为鸭绿江口的椵岛[38]，亦即明末之际毛文龙所据守的皮岛。其说很有道理，却也存在一个疑问：若是蒙军统帅木华黎在辽东时，此类举部大迁徙当会引发追击，椵岛并不安全；若在木华黎离开后，则蒲鲜万奴的主要目标是北上和东迁，正欲大展拳脚，怎可能率大军僻居椵岛？

根据已有的考古发现，东真国曾在原属金朝的曷懒路、速频路地方大肆营建，设官理民。虽说其王城开元的位置难以确定，但规格很高，城墙坚固，布防严密的大城远不止一座两座。如果说金朝君主建国后一直盯着关内繁华地域，对白山黑水无暇兼顾，蒲鲜万奴在数年厮杀之后，应已见出辽西南为争战之地，制定了巩固北方的方略。其营建当也是由曷懒路渐次向北，在速频路、胡里改路均有营建，《黑龙江通史》记述该国设尚书令或左右丞相，以下有六部及各监司，军事系统有元帅、都统、副统、万户、兵马安抚使等，地方上则有路、府、州各级文官，建制齐整，俨然一小朝廷。速频路、曷懒路皆森林茂密，滨海地方河道众多，便于造船，蒲鲜万奴还拥有一定规模的造船业，并组建了自己的水师。

通过《高丽史》的记述，我们得知东真国与蒙古曾有过一段蜜月期，共同迫使朝鲜纳贡，蒙帅哈真曾要朝鲜官员“先遥礼蒙古皇帝，次则礼万奴皇帝”[39]，对其地位表示承认。这当然不意味着双方的平起平坐。东夏曾遣使携带重礼，前往成吉思汗西征的驻跸之地朝觐，行藩国之礼，极力维持这种友好关系。而蒙古皇太弟斡赤斤对东真肆意苛索，臣服纳贡实非该国所愿，1224年年初，蒲鲜万奴闻知成吉思汗西征受挫，立即宣布与之绝交。这之后成吉思汗逝于军中，窝阔台即位，金国奄奄一息，或也正是东真国大发展的好时光。元太宗五年

（1233）二月，“诏诸王，议伐万奴，遂命皇子贵由及诸王按赤带将左翼军讨之”[40]，当年九月元军生擒蒲鲜万奴，进占开元、恤品等地。未见元廷对蒲鲜万奴做出何等处置，亦不知这个伸缩自如的女真枭雄是否又降了一次，但东真国不仅未就此灭亡，且存在了相当长时间。王国维《黑鞑事略笺证》指出：“《高丽史》多记东真即大真与高丽交涉事，自太宗癸巳（1233）以后，至世祖至元之末（1294），凡二十见。意万奴既擒之后，蒙古仍用之，以镇抚其地，其子孙承袭如藩国然，故尚有东真之称。”[41]由当地出土的多枚不同年份的“大同”官印证明，东真国的年号仍在继续使用，而元朝设立开元和南京两个万户府，所用也多为东真国旧属。此后数年间，元军不断入侵高丽，常以东真的军队作为前导，而据朝鲜典籍所记，自1249年至1259年十年间，东真兵马连年入境滋扰，有时竟达三千余骑。《高丽史》卷二四：

> 东真国以舟师来围高城县之松岛，焚烧战舰。[42]

虽未见详细记载，仍可推想东真国舟师当为适于海上航行的大舰，如此才能使朝鲜战舰无还手之力。

东真国地域辽阔，库页岛也在其管辖之内。蒲鲜万奴在悉心经营自己的王国时，派船队前往库页岛，在南北要地兴建城池，实在是顺理成章。那些个金代古城遗址，应出于东真国存续时期。

六、征东元帅府

公元10世纪至12世纪，欧洲的莫斯科公国还没有出现，我国的几个北方部族已相继崛起，先是契丹族的大辽，接着是女真族的大金，然后是蒙古族的大元，皆可谓飙风迅雷，轰轰烈烈，享国两百或一百余年。这些少数民族政权的兴起有一个近似的模式：部落内出现杰出领袖——排除异己和凝聚人心——对周边部落的血腥兼并——建立政权并侵入富庶地域。此类模式具有强大的传染力，一个王朝兴起，其他民族在忍受征发欺凌之下积聚能量，也跟着有样学样，图谋一逞。至于能否成功，那就要看天时、地利、人和了。

1234年春，起家于鄂嫩河的大蒙古国在河南蔡州攻灭金朝，金哀宗自缢，临危继位的完颜承麟同日战死，所有的大金国土在理论上也就归了蒙古人，即后来的元朝。库页岛与下江地区先是划归辽阳行中书省的开元路，如果说元代的行省相当于后来的行政大区，当时的“路”即为省一级建置。《元一统志》这样介绍开元路：

> 南镇长白之山，北浸鲸川之海，三京故国，五国故城，亦东北一都会也。〔43〕

五国即原来的五国部，毋须解释；三京，则是指渤海国上京龙泉府、金上京会宁府和东真国都南京。它们散布在辽阔的肃慎故地，南面为长白山，北临鲸海，即鄂霍次克海。整个地域实在是太大了，后来为管理方便，析出黑龙江下游、北部濒海之地与海中诸岛为水达达路。水达达，通称女真水达达或水达达女真，应包括以渔猎为生的费雅喀、赫哲和诸多小部落。因这里的原住民身穿鱼皮衣，冬季乘坐狗拉的爬犁，又称“鱼皮韃子”“使犬部”。水达达路境内有五个万户府，而其治所未见详细记载，有学者推定在距黑龙江口约三百里的特林。果真如此，与一般的首府尽量居于辖区中心不同，该路衙门偏于一隅，滨江近海，自然是为了便于控驭海东。此时已是忽必烈时代，蒲鲜万奴的东真国已然不复存在，高丽也成了大元的藩属。元朝的“征东元帅府”，号称是为征服库页岛而设，衙署应该更靠近海口。此处用“号称”，是因为有人提出其设置可能与远征日本相关联，应也不无道理。

征东元帅府的设立，要早于女真水达达路。元代大文人黄缙《札剌尔公神道碑》作“东征元帅府”，对帅府所在的山川形势和居民生活情况描述如下：

> 东征元帅府，道路险阻，崖石错立，盛夏水活，乃能行舟；冬则以犬驾耙行冰上。地无禾黍，以鱼代食。乃为相山川形势，除道以通往来，人以为便。斡拙、吉烈灭僻居海岛，不知礼义，而镇守之者抚御乖方，因以致寇。乃檄诸万户，列壁近地，据守要冲，使谕之曰：朝廷为汝等远人不教化，自作弗靖，故遣使来切责，有司而存等令安其生业。苟能改过迁善，则为圣世之良民，否则尽诛无赦。由是胁从者皆降，遁于岛中者则遣招之，第戮其渠魁，余无所问。[44]

清晰说明这个元帅府的使命与职责，都在于攻取海峡之东的库页岛。那时对原住民的称呼很混乱，种族、部落、姓氏之间常难分辨。斡拙，即吾者；吉烈灭，又作吉列迷、吉烈迷。他们还处于原始部落的阶段，与下江各部血缘近同，同属于东海女真，并不为一条窄窄的海峡所隔断。

元代史籍所记载的“骨嵬作耗”，怎么解读也只是小打小闹，试想小小“黄窝儿”能乘坐几人，载回多少物件？而朝廷为筹备越海征讨大费周章，聚集甲兵粮饷，一千余艘战船，还远程调来一支新归附的南宋军队——手记军，特诏编入军籍，并命以后不得在手上刺字。组建这支大军的目标应是先拿下库页岛，再南攻日本。两次对日越海用兵的失利，忽必烈自然咽不下这口气去，一直惦念着第三次东征，不光在江淮征集民船，在江南、山东和高丽制造大型海船，也“命女直、水达达造船二百艘及造征日本迎风船”〔45〕。库页岛位于日本列岛北方，无疑具有着重要战略地位，大元君臣应能注意到这一点，以故在黑龙江口和濒海地区厉兵秣马。

元初以“征东”为名的元帅府，今知至少有三个，而以设在高丽的规格最高，针对的正是日本列岛。元世祖忽必烈登基不久，即多次遣使诏谕日本国君臣，命其降服，日人不从，甚至屠杀整个使团。元廷定议发兵征讨，在高丽设立征东行中书省，亦称都元帅府。至元十一年和十八年，元军两次越海进击日本，皆不利。尤以第二次东征损失惨重，14 万大军死伤与被俘大半，其中至少有 3000 人为在开元路征调的女真人。那时的肃慎之地虽悉归大元版图，各偏远部族还谈不上驯顺，反叛事件时有发生，库页岛上的部落被称作骨嵬，经常滋扰下江地区。这种袭扰从至元一直持续到大德年间，据《元史·世祖纪三》记载：

> 辛巳，征骨嵬。先是，吉里迷内附，言其国东有骨嵬、亦里于两部，岁来侵疆，故往征之。〔46〕
>
> 三月癸酉，骨嵬国人袭杀吉里迷部兵，敕以官粟及弓甲给之。〔47〕

骨嵬，文献中又记作“嵬骨”。一般认为即居于库页岛的东海女真之一部，也有研究者以为是该岛南部的爱奴人，此处则作为库页岛之名。元廷设征东招讨司，曾发兵做过清剿，但即便费力渡过海峡，岛上高山深涧，追缉和捕捉也大不易。至元十年九月，时任征东招讨使塔匣剌奏报渡海征剿事宜，《元文类》卷四一：

> 至元十年，征东招讨使塔匣剌呈，前以海势风浪难渡，征伐不到解因、吉烈迷、嵬骨等地。去年征行至弩儿哥地，问得兀的哥人厌薛，称："欲征嵬骨，必聚兵候冬月赛哥小海渡口结冻，冰上方可前去。"[48]

赛哥小海，研究者指为鞑靼海峡，更具体说应是黑龙江河口湾，那里江水与海水相混合，由秋至春有很长时间的冰期。不知什么原因，这次用兵未被朝廷批准。

至元二十年（1283）春，第三次征伐日本的军事规划启动，元廷开始调集军队，操练水师，配属在大都制造的新式火炮（回回炮），并在多地打造舰船；几乎在同时，对库页岛的东征也展开部署，"命开元等路宣慰司造船百艘，付狗国戍军"[49]。两大军事行动的策划应有密切关联，即指向忽必烈一直耿耿于怀的日本，一南一北，两面夹击的意图甚明。所谓"狗国"，即黑龙江下江地区的使犬部，其时为进攻库页岛的基地。而两方面的进展都不顺利，对库页岛用兵一拖再拖，《元史·世祖纪十》：

> 辛亥，征东招讨司聂古带言："有旨进讨骨嵬，而阿里海牙、朵剌带、玉典三军皆后期。七月之后，海风方高，粮仗船重，深虞不测，姑宜少缓。"

此奏在至元二十一年（1284）八月，忽必烈为此役不仅设立了专门机构——征东招讨司，还征调了杰出将领阿里海牙等三路大军。而实际上，真正的登岛作战应是在第二年才展开，征骨嵬招讨使也换成杨兀鲁带与塔塔儿带，“授杨兀鲁带三珠虎符，为征东宣慰使都元帅”“以万人征骨嵬”〔50〕。至于这次征东之役的过程和细节，几乎没看到什么记述，但可确知的是：元朝大军攻占了库页岛，并在岛上长期驻军。《高丽史》忠烈王十三年九月有一条记载：

> 东真骨嵬国万户帖木儿，领蛮军一千人，罢戍还元。〔51〕

此年为元至元二十四年（1287），距元军登岛作战已过去两载。蛮军，指的是汉人的军队，与前面提到的“狗国戍军”应为同类。这位帖木儿应是元朝领兵大员，被冠以“东真骨嵬国万户”的头衔，说明高丽人对东真国印象极深，也把库页岛视为东真的辖区。

东真之地，元初作为成吉思汗幼弟斡赤巾的封地，此际为其后裔乃颜领有。乃颜对朝廷颇有异心，加上女真人对繁重徭役的不满，一场酝酿已久的变乱终于在至元二十四年四月爆发。忽必烈虽然御驾亲征，迅速粉碎了东道诸王的叛乱，但由于政权内部不稳，东征日本也就不了了之。因为有不少女真人为乃颜旧部，参加了叛乱，平定后被分批流放至扬州、滨州等地屯田。而下江一带也成了流放犯人的地方，不断有些官员“杖流奴儿干之地”“窜于奴儿干地”，即征东元帅府所管地面，似乎也有的流遣至库页岛。山海相隔，元军对库页岛的征剿不易，驻扎戍守更难。帖木儿所率一千蛮军是岛上驻军之一部，还是总数，他们是轮休还是撤防，已难厘清端绪。

大德年间，岛上部众仍常乘黄窝儿（吉烈迷人所造小船）来陆上劫掠，也有下江的吉烈迷百户逃亡岛上，“投顺嵬骨作耗”。透过有限的记载，可了解到库页岛已有城镇和村寨，而岛上部落与下江吉烈迷人关系复杂，联系颇多。元武宗至大元年（1308），正是通过吉烈迷人传话搭线，骨嵬首领归降元朝，上交了部族武装的刀箭铠甲，承诺每年向朝廷贡纳珍异皮毛。库页岛上的部族归顺朝廷，征骨嵬之事后来也就不再出现。至于那些迁徙内地的女真人，以及流放到奴儿干的汉族人，很少能看到他们的下落，所有的流人，无论发配北疆还是编管于中土，都毫无声息地消失在漫漫岁月中。

注释

〔1〕《清史稿校注》卷六三《地理三·吉林》：“又东北海中库叶岛，一曰黑龙屿，广三四百里，袤二千余里。”台湾商务印书馆，1999 年，第 2245 页。

〔2〕《史记》（点校本“二十四史”修订本）卷四《周本纪》：“成王既伐东夷，息慎来贺，王赐荣伯，作《贿息慎之命》。”息慎，即肃慎。中华书局，2013 年，第 171 页。

〔3〕《左传》（春秋经传集解）第二十二，“昭公三”，上海古籍出版社，1997 年，第 1320 页。

〔4〕《汉书·武帝纪》所引“举贤良诏”，事在元光元年（前 134）五月，中华书局，1962 年。

〔5〕《大戴礼记·少闲》称在虞舜、禹、成汤、文王时期，“民明教，通于四海，海外肃慎、北发、渠搜、氐羌来服”。

〔6〕《国语》卷五《鲁语下·孔丘论楛矢》，上海古籍出版社，1998 年，第 214—215 页。

〔7〕《大明一统志》卷八九《女直》，三秦出版社，1990 年，第 136 页。

〔8〕吴兆骞后得纳兰性德等人资助返回内地，在京师受到隆重接待，即以石砮为礼物，赠予友朋。王士禛《池北偶谈》卷二三《吴汉槎》：“吴江吴孝廉汉槎兆骞，以顺治十五年流宁古塔二十余载。康熙辛酉，归至京师，相见出一石砮，其状如石，作绀碧色，云出混同江中，乃松脂入水年久所结，所谓肃慎之矢也。”

〔9〕《乾隆御制诗》二集，卷五十二，“吉林土风杂咏十二首”，《文渊阁四库全书》第四三五册《集部·别集类》。

〔10〕《后汉书》卷八五《东夷列传》，中华书局，1965 年，第 2812 页。

〔11〕张双棣《淮南子校释》卷四《地形训》，北京大学出版社，1997 年，第 451 页。

〔12〕袁珂《山海经校译》，上海古籍出版社，1985 年。

〔13〕《后汉书》卷八五，第 2809、2817 页。

〔14〕《魏书》卷一〇〇《百济国传》：“其国北去高句丽千余里，处小海之南”，中华书局，1974 年，第 2217 页。

〔15〕《唐会要》卷九六，“靺鞨”条，中华书局，1960 年，第 1723—1724 页。

〔16〕《新唐书》卷二一九《北狄传》，本段落引文皆出于此，中华书局，1975年。

〔17〕 孛兰肹等编纂，赵万里校辑《元一统志》卷二，中华书局，1966年。

〔18〕 路振，以文章名世，宋真宗时任知制诰，奉命出使契丹，凛然拒绝契丹提出的领土要求，所著《乘轺录》，曾收入《续谈助》《指海》等书，有辑本，见中华书局1991年版。

〔19〕 昭梿《啸亭杂录》卷九，中华书局，1980年，第271页。

〔20〕 尚永琪《欧亚文明中的鹰隼文化与古代王权象征》，《历史研究》2017年第2期。

〔21〕《全唐文》卷二五六，上海古籍出版社，2016年。

〔22〕《海青拿天鹅》，中国古代琵琶曲。杨允孚《滦京杂咏》："为爱琵琶调有情，月高未放酒杯停。新腔翻得凉州曲，弹出天鹅避海青。"自注："《海青拿天鹅》，新声也。"

〔23〕 徐梦莘《三朝北盟会编》卷三，《文渊阁四库全书》第350册，上海古籍出版社，2003年，第23页。

〔24〕 景爱《辽代的鹰路与五国部》，《延边大学学报》（社会科学版）1983年第1期，第94页。

〔25〕 李健才《东北史地考略》，吉林文史出版社，1986年。

〔26〕 王偁《东都事略》，《中国野史集成》第七册，巴蜀书社影印光绪淮南书局刊本，1993年，第478页。

〔27〕 洪皓《松漠纪闻》，车吉心总主编《中华野史》第六卷，泰山出版社，2000年，第396页。

〔28〕 叶隆礼撰，贾敬颜、林荣贵点校《契丹国志》卷十《天祚皇帝纪上》，上海古籍出版社，1985年，第102页。

〔29〕 参见该书第二十八卷，中华书局，2006年，第711页。

〔30〕《金史》卷一《世纪》，中华书局，1975年，第13页。

〔31〕《金史》卷一《穆宗纪》，第14页。

〔32〕 参见该书第296、298页，岳麓书社，1993年。

〔33〕《金史》卷七三《完颜晏传》，第1672—1673页。

〔34〕 赵秉文著，马振君整理《赵秉文集》，黑龙江大学出版社，2014年，第58页。

〔35〕 参见胡凡、盖莉萍编著《俄罗斯学界的靺鞨女真研究》，黑龙江人民出版社，2015年。

〔36〕《元史》卷一一九，第2932页。

〔37〕 屠寄《蒙兀儿史记》卷三一《蒲鲜万奴传》，中国书店，1984年。

〔38〕 王禹浪、王宏北《蒲鲜万奴与东夏国》，《哈尔滨师专学报》1999年第3期。

〔39〕《高丽史》卷一〇三《金就砺传》，第210页。

〔40〕《元史》卷二《太宗纪》，第32页。

〔41〕 许全胜校注《黑鞑事略校注》，兰州大学出版社，2014年，第209页。

〔42〕《高丽史》卷二四《高宗世家三》，第375页。

〔43〕《元一统志》卷二，中华书局，1966年，第220页。

〔44〕 全名为《朝列大夫佥通政院事赠荣禄大夫河南江北等处行中书省平章政事柱国追封鲁国公札剌尔公神道碑》，见于《丛书集成续编》第136册，新文丰出版社，1989年，第208页。

〔45〕《元史》卷十三《世祖纪十》，第277页。

〔46〕《元史》卷五《世祖纪二》，至元元年十一月条，第100页。

〔47〕《元史》卷六《世祖纪三》，至元二年，第106页。

〔48〕苏天爵《元文类》卷四一，上海古籍出版社，1993年，第590页。另《元经世大典·征讨·辽阳嵬骨》，所记同。

〔49〕《元史》卷十三《世祖纪十》，第265页。

〔50〕《元史》卷十三《世祖纪十》，第273、280页。

〔51〕《高丽史》卷三十，第469页。

【第三章】

亦失哈的“东巡”

元代在下江设置征东元帅府的方位，多数历史地理学者认为在奴儿干之地，再具体一点就是黑龙江口上溯约三百里右岸的特林。其实仍存在很大疑问。做出这样的推定，乃因矗立于江畔崖岸上的两块石碑，碑文记载明朝的奴儿干都司衙门就设在附近；由此逆推，再证以黄缙文中描绘之景色相近，论断元朝的征东元帅府亦在此地。史料匮乏，证实与证伪都不易，但疑问是难免的：既然是准备攻打库页岛，为什么要将元帅府设得那么远呢？且它并非一个普通的帅府，而是佩三珠虎符的宣慰使司都元帅府，文武属员众多，拥有数万精兵、千艘以上舰只，特林岬下河滩狭窄，水流湍急，又怎能容纳得下？

那两块石碑属于明朝兴建的永宁寺，清晰记载着太监亦失哈率领舰队航行至此地，宣布朝廷旨意，建立奴儿干都司的过程，其中也有关于库页岛的内容，极为珍贵。19世纪初，日本人间宫林藏航经此地返回库页岛时，于江中望见高崖上的石碑，同船的费雅喀人虔诚施礼，给他留下深刻印象，但也只是遥遥一望而过，没有读到碑上文字。而契诃夫乘坐“贝加尔”号沿江下行之时，岸上已没有了石碑。沙俄当局在据有下江地区后，应是注意到二碑在原居民心中的地位，以及中国人的重视，遂将它们从原址移往别处。所可庆幸的是，潜入侦察的清朝官员曹廷杰此前已拿到了拓片！若非有此两篇碑文，那段历史可就更难说清楚了。

一、开赴东海的明朝舰队

从读初中开始，我们就知道“郑和下西洋”。那是中国航海史上的一段佳话，熙朝盛事，扬我国威，研究和赞誉的文章甚多。而多数人不知道的是，就在明永乐年间，还有一位叫亦失哈的宫中太监，多次受命率员开赴东北海疆，规模虽不如郑和，但亦是大型船队、一千至数千官兵。郑和的大航海由于耗费巨资，难免遭受“武力游行”“奢华演出”之讥；亦失哈的奉命出巡则是实实在在地经略边疆，宣抚与开发治理东海少数民族地域。东海，又作奴儿干海，当时指清朝大东北的外海，库页岛坐落其中，与之相联系的“北海”（鄂霍次克海）和“南海”（日本海），其命名皆留下辽金两朝的历史刻痕，值得作一番认真梳理。

亦失哈，又作亦信、易信，明朝内廷太监，生卒年与生平事迹皆不甚详，仅知为海西女真人，历经永乐至景泰五朝，一直颇受重用，最后做到辽东都司镇守太监。他是一个有贡献也有故事的人，其籍贯、家世等曾长期失考，令人欣喜的是，就在最近，万明先生依据明天顺元年状元、南京礼部尚书黎淳的《荣禄大夫中军都督府同知武公墓志铭》，查明了亦失哈的家世：

> 洪武初有讳武云者，率其子满哥秃孙、可你、亦失哈慕义来归。太祖高皇帝嘉其一门敬顺天道，尊事朝廷也，赐姓武氏，授田宅，给饩廪，恩养甚厚。[1]

黎淳还写明亦失哈家族为“海西木里吉寨人”。该地应由“木里吉河”得名，属于嫩江流域的一条支流，永乐七年设木里吉卫，后又有木里吉河卫。而武云一家在此前就投至朱元璋麾下，与长子、次子都在军中效力，至于小儿子因何净身入宫，依然是一个谜团。

这位中军都督府同知大名武忠，为亦失哈之侄，洪熙元年（1426）年方 14 岁时，即随小叔叔前往奴儿干地方，以军功授职锦衣卫百户。

武忠状貌魁伟，精骑射，后来接替大叔叔乃当哈（黎淳文中称作可你）的海西都指挥佥事，渐升同知，署都指挥使。他娶了孙皇后之兄会昌侯孙继宗的女儿，仕至正一品的中军都督府同知，与皇亲国戚联络有亲，一门贵显。孙继宗因参与“夺门之变”封侯，掌领锦衣卫，在朝中炙手可热，也许正是亦失哈在辽东失事后未受惩处的原因。

亦失哈一生的主要业绩，是作为钦差首领太监，率领庞大船队抵达黑龙江下游的恒滚河口，宣读朝廷恩命，宣布建立奴儿干都司。他还在那里兴建寺院，颁赏粮米布帛，抚慰各族百姓。东北史专家杨旸根据残缺碑文，推定他驻扎奴儿干时巡视所属各地，曾到过江口对面的库页岛。[2]当然有这种可能，遗憾的是无以知晓其登岛的细节。

由于先后出现过王振、刘瑾、魏忠贤，明代太监广受非议与憎恨，其实因人而殊，充满正义感和责任心者不乏其人。亦失哈是一个普通的女真名字，检索《明实录》，宣德间东宁卫指挥使、正统间辽东自在州指挥等皆与之同名。令人稍觉好奇的是：海西女真人武云是怎样领着三个儿子投到朱元璋军中，亦失哈在多大岁数被阉割入宫，何时被重用，皆难以查询。而入宫未几年，亦失哈就由小太监升为钦差内官，受命统率数十名文武官员与大队官兵出巡东北边疆，必有过人之聪明才智。

明成祖朱棣堪称视野开阔的一代英主，登基当年，诸事未定，便规划开疆拓土，经略大东北。行人司邢枢与知县张斌受命前往奴儿干地方，招抚当地部族。据《明史·职官三》：行人，“职专捧节、奉使之事。凡颁行诏赦，册封宗室，抚谕诸蕃，征聘贤才，与夫赏赐、慰问、赈济、军旅、祭祀，咸叙差焉”，“非奉旨，不得擅遣”[3]。二人不负使命，所至之处的女真部族酋长先后归附，次年返回时，首领把刺答哈、阿剌孙等也相随入京输诚。成祖大喜，命设立奴儿干卫，赐予来京各首领官职。此乃明朝在黑龙江下江地区的第一个卫所，当地部族首领受封后衣锦还乡，也起到很好的示范作用。此后黑龙江流域各部落纷纷归附，晋京朝贡者不绝于途，接受朝廷封赐，很快建立了一百三十多个卫所，更偏远的精奇里江与乌第河地区都有建置。

永乐七年（1409），明成祖决定在此基础上设立一个军政一体的省级机构，以相统摄，地址就选在奴儿干。对于这一广阔区域的各族百姓，这是一件大事，朝廷也极为重视，打算派遣钦差内官前往宣抚。由于对北方的蒙古用兵，也因需要做各方面的准备，至两年后才得以成行。在选派人员上，明廷颇费心思——

因为是前往东海女真地区，挑选深受信任的女真族首领太监亦失哈为钦差，统领大型船队前往宣抚，同时送新组建的奴儿干都司官员上任；

为显示朝廷尊威，加强驻防实力和预防不测，从辽东都司调用一千多名官军随行护卫，由一批辽东女真族将领负责带兵，同船前往；

充分重视该地域的历史与民族背景，为奴儿干都司配备了一个较强的班子，辽东都司东宁卫千户、鞑靼人康旺为都指挥同知，东宁卫千户王肇舟和佟答剌哈为指挥佥事。东宁卫设于辽阳，由于大量接纳安置下江等地来归的女真人，应是辽东都司所属卫所中较熟悉那边情形的，从东宁卫选调官员，也是一种明智的决策。

所有这些决定，当然要经过永乐皇帝的御批。至于东巡所用大小舰船，先期已传旨在松花江畔的“船厂”制造。那里采伐大木方便，往黑龙江有水路可通，也是元代征东元帅府的主要造船基地，大批物资由陆路转输而来，人员亦在此集结登船，催生了后来的一大都会——吉林，也曾是大东北造船业的中心。

永乐九年（1411）春，亦失哈率领船队出发，号称“巨船二十五艘”，沿松花江先向西北，至肇州折向东北，入黑龙江，然后顺流而下。这是亦失哈的第一次奉旨往奴儿干之地，主要目的是宣布诏谕，设立奴儿干都司，送都指挥同知康旺等人上任。以常理推测，先期应有人打前站，也会搭建一些屋宇，做一些布置。亦失哈似乎没待太久，举行过都司的成立仪式，将所带绸缎银两等物颁赏当地首领和普施众庶，即回朝复命去也。康旺等人会随他返回吗？应该不会。猜想亦失哈会给都司衙门留下一些船只，仍从水路返回，以后的每一次往返，应也都是乘船从辽东都司出发，走同样的路线。元代曾在松花江的大曲折处设“辽东海西道提刑按察司”“海西辽东鹰坊万户府”等，此地的女真部落遂有“海西女真”之称。宣抚海西与沿途的各部族百姓，亦是亦失哈东巡的任务。

亦失哈二下奴儿干是在次年冬天，依据的是《敕修奴儿干永宁寺记》的“十年冬，天子复命内官亦失哈等载至其国”。细思有些不合常理，松花江冰期很长，黑龙江下游在暮秋即有冰凌出现，船只在冬季根本无法行驶，如何“载至”？是否那年气温较高，亦失哈等冒险抵达？还有一种推想，即碑记所说为永乐帝降旨之时，或是亦失哈等人离开京城的时间，由是也知每一次东巡都需要很长的筹备期。亦失哈等人这回驻留较久，深入各地方抚恤部民，还将已有的观音堂扩建为永宁寺。在前往奴儿干的途中，亦失哈也会宣抚省察，但最主要的还是继续建设和稳定这个地处偏远的都司。在永乐朝后来的十余年间，亦失哈大约还有过三次东巡，其中一次在十八年，第三次在二十二年。那一年的八月，明成祖于北征途中崩逝，皇太子朱高炽登基后，即降诏开列应停之前朝弊政，第一条便是叫停郑和下西洋，见即位诏第六款，曰：“下西洋诸番国宝船悉皆停止，如已在福建、太仓等处安泊者俱回南京，将带去货物仍于内府该库交收。”〔4〕而对亦失哈的东巡与奴儿干都司的设置，不仅未加限制，还于次年再派亦失哈率军前往。

明仁宗朱高炽在位仅十个月，能见出对辽东和奴儿干之地的关注，其间都指挥同知康旺派遣儿子进京贡马，照例受到奖赏。[5]

宣宗朱瞻基继位后，“敕辽东都司赐随内官亦失哈等往奴儿干官军一千五百人钞有差”[6]，对奴儿干都司和东北海疆的重视程度不亚于前朝，亦失哈又有数次遵旨东巡，几乎是隔年一次。随行的军队仍由辽东都司选派，返回后也由该衙门代发朝廷赏赐。对于亦失哈究竟几次东巡，学术界说法不一，有七次、九次、十次诸说。最后一次应是在宣德七年（1432）春夏间，奴儿干都司都指挥使康旺以老疾辞职，请求让儿子康福代理，有旨任命康福为奴儿干指挥同知，仍由亦失哈带领前往莅任。根据《重建永宁寺记》的记述，可知此次东巡阵容宏大，“率官军二千，巨船五十再至”，随行将士与舰船都超过首次一倍。受命陪同亦失哈前往奴儿干的，还有辽东都指挥使康政，正二品武大臣，也只能列于他之后，可知其地位之尊崇。

有人说此后亦失哈还曾率舰队东巡，但无可靠史料证实。

二、奴儿干都司

在明代，库页岛归属奴儿干都司管辖。

都司，全称都指挥使司。明朝在内地和边疆普设都司，“掌一方之军政”[7]，又因所在地域不同，在职能上大有差别：内地省份的都司，与布政使司、按察使司合称“三司”，负责所属卫所的管理，隶属五军都督府；少数民族地区的都司，如辽东都司，实行军政合一，与清朝的驻防将军衙门近似；还有一种较松散的管理模式，即以羁縻招抚为主的都司，奴儿干都司应属于最后一类。

奴儿干的名称来自当地部族，又被写作弩尔哥、耦儿干、纳里干等等，据说是图画的意思，可知自然景色之美。黑龙江经过数千里东趋，在奇集已接近出海口，却被连绵不断的大山阻挡，转向正北、西北，至奴儿干再折向东北、正东入海。此一转弯处叫作特林，有一个巨石构成的高崖直插江中，后来被俄人标注为“特林岬”，永宁寺即建在岬角之上。而大江的左岸，是由外兴安岭辗转流来的恒滚河（又称亨滚河、兴衮河、恨古河，俄语称阿姆贡河），明朝在河水汇合处北侧设置满泾卫，附设满泾站，是为大明驿路15狗站的最后一站。此地有一些军事设施，以便扼控海口与两河汇合处。沿江往下，还有哥吉河卫、野木河卫等卫所，越过河口湾至库页岛，也建立了一些卫所。奴儿干是古肃慎北方各部族的一大交会聚集之地，有着向睦中原文化的悠久传统，又得水陆交通之便，选择于此建置都司是明智的。

考虑到元代曾在辽东设置征东招讨司和征东元帅府，一些学者认为明代的都司衙门即在其旧址之上兴建，其实很难确定。明朝对各地王府建设规制掌控甚严，省级衙署的建设也有一个大致规格，此地虽属偏远，也不会太过草率，唯不见于记载，难得其详。

清光绪间，黑龙江左岸与乌苏里江迤东皆落入沙俄之手，清廷与吉黑将军仍怀抱恢复之志。曹廷杰时任吉林靖边军后路军营文员，奉命潜入俄境侦察，发现俄人已在特林的永宁寺原址建了一座“喇嘛庙”（即东正教教堂），在禀文中描述：

> 永宁寺基今被俄人改为喇嘛庙，二碑尚巍然立于庙西南百步许。庙后正东二十余步山凹处，有连三炮台基一座，南向据混同江之险。壕堑皆在。庙西北约百步，有土围一道、土壕二条，周数百步，中有土台，亦似炮台基，西北向可堵

> 海口及恒滚河口水道来路……[8]

对于这里的炮台壕堑，俄国神甫铺拉果皮与原住民说是康熙帝发兵进剿罗刹时所留，未辨真伪；进而说永宁寺碑也是那时所立，则属于不知乱讲。

沿江向北不远处，曹廷杰发现有一个古城遗址：

> 由特林喇嘛庙西北下山，沿江行里许，有石岩高数丈，上甚平旷，有古城基，周约二三里，街道形迹宛然，瓦砾亦多，今为林木所翳，非披荆履棘不能周知。[9]

曹廷杰似乎曾登上石岩上的城址，又像是匆匆一望，没有指明其为何代留下来的，应是一时无从考证。后人综合考量，论为明代奴儿干都司衙署的遗存，有着较大影响，谭其骧先生主编的《中国历史地图集》第七册亦据此标注。老实说，我对这段文字的真实程度有些怀疑，以之与鸟居龙藏的实地考察比较，所记相差很远。

到目前为止，史学界对奴儿干都司的研究仍嫌不够，存在着很多问题：它是一个常设衙门，还是时开时关的临时驻地？在两篇"永宁寺记"中读到，亦失哈几次前来，主要职责都是送都司官员莅任，那么他返回时这些人是留下来，还是随同返回？是留下来多待上一段，还是坚持职守？还有那些大型舰船与随扈将士，有多少驻扎在此地，又有多少跟随亦失哈回还？

可依据的史料实在是太少了，更为缺乏的是各种细节。《敕修奴儿干永宁寺记》在记述亦失哈至此"开设奴儿干都司""大赉而还"之后，有"以土立兴卫所，收集旧部人民，使之自相统属"一句，不容忽视。《重建永宁寺记》也说：“其官僚抚恤，斯民归化，遂捕海青方物朝贡。”以此推定康旺、王肇舟等应是留在当地，联络各部落首领，着手建设卫所与缴纳实物贡之事。这几位显然也做了不少实事，在当地享有一定威望，曾亲自带领部族酋长进京献呈贡品，分别加官晋级。这样才符合朝廷设官治民的初衷，才像个都司衙门的样子，否则浩浩荡荡而来，呼呼啦啦而去，又成何体统！

边地与边情的常态是复杂多变的。所谓闻风归附，包括《敕修奴儿干永宁寺记》借东海女真之口所说“吾子子孙孙，世世臣服”，都不可完全当真。通过武忠墓志铭的记载，可知亦失哈在洪熙朝的那次出巡，实际上是一次兴兵东征：

> 洪熙乙已，奴儿干梗化，命亦失哈招抚，公从之有功。宣德丁未归，授锦衣卫百户（原文“百”字缺，据武忠传记补）。戊申再随亦失哈往奴儿干，中道奉敕谕山后有功，赏彩币。辛亥复随亦失哈往奴儿干，癸丑归献海青三百余，赏金织袭衣及彩币。[10]

梗化，即不服法度，不遵教化。虽与叛乱有区别，却也是明摆着不听招呼了。而亦失哈的招抚，应是恩威相济，以抚驭为主，该出手时就出手，平复了奴儿干的变乱。

随着奴儿干之地出现动荡，都司衙署在永乐末年应有过一段暂时关闭，官员与驻军撤出。亦失哈率大军再次开来，此地的秩序才得以恢复。这一状况在《明宣宗实录》中也有反映，宣德三年（1428）正月，“命都指挥康旺、王肇舟、佟答剌哈往奴儿干之地，建立奴儿干都指挥使司，并赐都司银印一、经历司铜印一”。17个春秋过去了，还是当年的老班底，还是由亦失哈带领，还是要去那里建立奴儿干都司。结合武忠的墓志铭，可知这次重建颇费时日，从宣德元年到三年，亦失哈都在操持此事，终于不负使命。

杨旸先生《明代辽东都司》一书，辟专章介绍东北两都司的密切关系，很有意义。元明易代未久，道路始通，明廷即派员招降辽东的前朝地方大员，和平接受东北，首先建立辽东都司，数十年后又设立了奴儿干都司。不管是选调官员，派拨士兵，制造船舶，聚集物资粮饷，奴儿干都司都非常依赖辽东都司。辽东是奴儿干的后勤保障基地和大本营，而奴儿干官员和军队多数自辽东各卫选调，总觉得二者之间有些像后来的宁古塔与瑷珲：清廷在宁古塔将军衙门的基础上增建黑龙江将军衙门，兴建之初，多数官员从宁古塔调来，军队的主力也是宁古塔兵，冬季大多轮流撤回原籍修整，派驻奴儿干的将士或也如此。

奴儿干都司是大明鼎盛时的产物，持续行使管辖权约计 25 年，除在永乐末年出了些状况，大体稳定，远在海中的库页部族亦在辖区之内。宣德朝，海西女真大多驯顺，但也有侵扰边境、收纳藏匿逃军等事，使得向奴儿干的人员与粮饷输送受到影响。而朱瞻基英年早逝，驾崩的前一天传谕将官署军队撤出奴儿干："凡采捕造船运粮等事，悉皆停止，凡带去物件，悉于辽东官库内寄放；其差去内外官员人等俱令回京，官军人等各回卫所着役。"[11]之后，奴儿干的官员将士回到辽东地面，亦失哈并未返京，接着担任辽东都司的镇守太监。

永乐帝胸襟开阔，东北极边皆在视野之内，奴儿干都司的治理也显得颇有生气；而毕竟花费巨大、所获有限，守成之君仁宗即位后，应不太感兴趣，或也是奴儿干人心浮动的原因。而很快轮到酷似乃祖的明宣宗朱瞻基，又有一番振作，再令亦失哈率众东巡，命康旺等随往任职。至于他在逝前下诏撤回奴儿干都司官员和驻军，大约仍是出于经济的考量，或也很难说是他的本意——大多数遗诏并非出于皇帝本人，清醒时不觉大限将至，濒死时又失去系统交代的能力，只能由近臣代为撰拟。

三、永宁寺与它的两块碑

明代的宫中首领太监多喜欢建造寺庙，并利用职事之便请求皇上赐予“敕修”，亦失哈也是如此。应是在第一次抵达奴儿干时，有备而来的他，在兴建都司衙署的同时，就近在特林建造了一个观音堂。[12]此地荒僻，所用工匠皆随船而来，砖瓦就地起窑烧制，门窗桌几等伐木打造，一些特殊建筑和装饰构件应是随船运来的。

永乐十一年亦失哈等再至奴儿干，开始塑造佛像，装饰大殿和山门，题名“永宁寺”，并请随行的文官邢枢撰写了《敕修奴儿干永宁寺记》[13]，镌刻于碑，背面以女真文节译，竖立在江畔高崖上。碑石虽多有剥蚀，在几代学者包括日本学者的持续研究释读下，仍可提供大量难得的历史信息：如说此地“道在三译之表，其民曰吉列迷及诸种野人杂居焉，皆闻风慕化”“其地不生五谷，不产布帛，畜养惟狗……或以捕鱼为业，食肉而衣皮，好弓矢”；如记述明廷对此地的关注，“皇帝敕使三至其国，招安抚慰”，又命亦失哈率员前来，开创奴儿干都司；如提到亦失哈等人的相关举措，不光是宣布诏谕，设立奴儿干都司，更重要的是在各部落组建卫所，代表皇帝“授以官爵印信，赐以衣服，赏以布钞”；也特别提到亦失哈对库页岛上各族百姓的抚慰赏赐，“海外苦夷诸民”，毫无疑问是指库页岛的部族。不管亦失哈是否亲自登临抚恤，明朝官员曾到岛上招抚，应无疑问。

元朝曾在下江地区设立征东招讨司和征东元帅府，着眼点是海口对面的库页岛，或是更远的日本，意在用武。比较起来，明朝的政策更能凝聚人心，稳定一方，而永宁寺功不可没。这座寺院显然成了一个文化标志，“形势优雅，粲然可观。国之老幼，远近济济争趋”。于是，亦失哈的奉旨出巡，奴儿干都司指挥同知康旺等人的莅任，便以永宁寺为中心，形成一个欢快的各族大和会。以后的每一次到来，亦失哈等人应有一些整修增饰，在此大会众庶，赏赐丝绸钱谷，与部落首领及姓长屯长欢宴，以酒醉人，以文化人，起到了极好的团结凝聚作用。对于永宁寺，周边的部落民众也由好奇而喜爱和向往，渐渐产生了宗教般的虔诚。

这样的效果，必也遭到个别部族人物的抵触排拒。亦失哈在宣德七年率队再至，发现永宁寺已被破坏，只剩寺基。经追查，很快就抓到几个毁寺的费雅喀人，“皆悚惧战栗，忧之以戮”。亦失哈颇有政治家胸怀，下令释放了他们，对赶来谒见者仍设宴招待，赐以布帛诸物，于是诸部归心，一片称扬。在远近民众的热情支持下，该寺很快在原址重建，“遂委官重造，命工塑佛，不劳而毕。华丽典雅，尤胜于先”。亦失哈又命作《重建永宁寺记》，立于前碑之侧。文末列名除各官外，还有画匠、木匠、石匠、泥水匠、铁匠多人。这些工匠才是重建寺院的具体实施者。毁寺是一个意外，却能证明亦失哈的随行人员中，也是什么人才都有。

永宁寺为该地有史以来第一个寺庙吗？两通碑文录引当地百姓的说法，皆称“亘古以来，未闻若斯”，“我地亘古以来，未□有此□□也”，似可证实。然据几位早期亲临踏勘者的记述，此处又有辽金时期的八角陀罗尼幢残存底座，临江崖壁上还有一座完整的大石经幢，都不属于永宁寺。辽金奄有此地数百年，崇尚佛教，有所营造亦在情理之内，待考证。

随着奴儿干都司的名存实亡，女真各部的势力再次崛起，互相攻杀争雄。明朝对东北的管辖先是收缩至辽东，再由辽东撤退入关，最后连北京和内地也失去。重建后的永宁寺不知何时再次被毁，但两方寺碑长期矗立于江畔，成为一个重要标记。清代乾嘉两朝出版的《大清一统志》，都将这座江侧高崖称作“殿山”〔14〕，虽然永宁寺的佛殿早已消失在岁月中，而一段文化记忆却融入地名中。

咸丰年间，黑龙江航道被沙俄舰队强行闯入，美国派驻黑龙江的商务代表柯林斯借机穿越西伯利亚，由尼布楚顺流而下，一路考察，也专门登上了特林岬。那是1856年夏天，崖顶的永宁寺碑仍在，当地百姓对永宁寺的虔敬祭祀亦在。他在《阿穆尔河纪行》中做了较细致的描述，说：“这些土著居民对这个地方及其在古代的用途，怀有一种神圣、持久和强烈的信仰，这种木片制成的花朵无疑是一年一度的献礼，还可能加上一头牲畜作为向这个地方的神祇赎罪的牺牲。”〔15〕

四、“苦夷”与“库野”

库页岛与东北大陆实在是相距太近了，冬月海峡结冰，更是浑若一体，以至于我国史料中多将二者视为一体，综合记述。这里为古肃慎地，周朝时就开始与内地交流，所贡“楛矢石砮”，今人因周天子之珍视，极力往贵重上扯，什么江中阴沉木，玛瑙翡翠，实则就是以荆条为箭杆、硬石为箭镞，盖言其民风质朴与贡品之简陋。楛，字义为粗劣，“与苦同，恶也”〔16〕。这是先秦典籍对此地方物的描述，也传递出其时内地人的看法，代名词是寒恶、荒远、困苦。

在后来的官方史志与一般文献中，述及这块东北极边之地与岛上居民，常也难免一个“苦”字。唐代的“窟说”，语意来源不明，或指该岛民人穴居的特点，读音与“库页”略同。到了明朝，干脆径称为苦夷，或苦兀，由是有了“苦夷岛”之名。此说见于亦失哈在永宁寺所立二碑，两篇碑文中都提到库页岛，称为苦夷：

> 十年冬……天子复命内官亦失哈等载至其国，自海西抵奴儿干及海外苦夷诸民，赐男妇以衣服器用，给以谷米，宴以酒馔，皆踊跃欢忻，无一人梗化不率者。〔17〕

> 惟奴儿干……道万余里，人有女直或野人吉列迷、苦夷，非重译莫晓其言，非威武莫服其心，非乘舟难至其地……洪武间，遣使至其国而未通。永乐中，上命内官亦失哈等锐驾大航，五至其国，抚谕慰安，设奴儿干都司，其官僚抚恤，斯民归化，遂捕海东青方物朝贡。〔18〕

苦夷，被一些研究者视为岛名，其实主要指岛上的原住民，如费雅喀（吉列迷、吉里迷）、鄂伦春和爱奴人等，以状其生存之凄苦万状。后来的清朝崛起于东北，或觉得明代的说法不雅，且有贬损之义，改称“库页”“库野”或“库叶”，字面不同，读音则一仍其旧。从《永宁寺记》，能看出亦失哈等人的确乘船驶出黑龙江入海口，登临库页岛抚谕穷黎。可知库页岛属于奴儿干都司，明朝声教和行政及于岛上部落，信乎不虚。

至于碑文所说的“非重译莫晓其言，非威武莫服其心，非乘舟难至其地”，概指都司所辖的整个奴儿干地域，又觉特别符合库页岛的情况。岛上的吉列迷人，清代称费雅喀，与下江的吉列迷为同一部族，该族与赫哲人也有许多共同点，尤其是语言习俗相通，而在外人听起来，还是要辗转翻译（即重译、三译）；元朝文献曾记载岛上族群有登岸抢掠之事，数经征剿，可知民风之彪悍，必须慑以军威；元代将河口湾称为赛哥小海，浅滩与礁石密布，对岸高崖壁立，其他地方隔着一道波涛汹涌的海峡，亦知登岛大非易事。

苦夷与苦兀，是官方或者外人的叫法，非其本名。也有人试图了解岛上原住民的说法，想知道他们怎么称呼自己的岛。据刘远图的研究，费雅喀人的叫法有特罗－米胡、达拉凯、却卡、诺姆、西让、特列普恩－莫斯普勒等〔19〕，多得让人眼花缭乱，恰也说明没有一个定名。而居于南端的爱奴人，据说称为“kamuy kar put ya mosir”，意为“神在河口创造的岛”，词义甚美，却显得不太靠谱。没有资料能确定原住民公认的叫法，没有人能准确解释一些叫法的含义，甚至也不知道初民是被迫还是乐于居住在这里。漫长严冬的冰雪，夏季肆虐的蚊虫，他们会把本岛当作洞天福地么？怕也未必。西谚有云：上帝不能赐予人类幸福，就用习惯来替代它。费雅喀、爱奴等民族世代居住于此，应已习以为常，在习惯中觅得安适与快乐。沦为沙俄苦役地和殖民地之后，备受入侵者挤压欺辱，不少人离开了，还是有不少人留了下来。

五、库页岛上的明代卫所

永宁寺碑的存在，确定了明朝奴儿干都司的大致方位。这里得水陆交通之便，北可至北山女真，东经黑龙江入海口可达库页岛，南则溯乌苏里江、松花江直至满洲腹地，诚为一战略要地也。明朝在下江地区卫所密集，而沿海向北至乌第河，河口湾对面的库页岛也都设有卫所，钦差内臣不断巡视其地，显示了几代皇帝非比寻常的重视。

吉列迷、乞列迷，是明代文献中对库页岛上主要民族的称呼。此类生活在极偏远之地、自身没有文字的民族，其名称只能是随人记音，化身多种，呈现一种错综混乱的状态。元人呼作吉里迷、吉烈灭，至清代又称费雅喀，契诃夫在《萨哈林旅行记》中名之为基里亚克，难以理清其间演变之端绪。明景泰间出版的《寰宇通志》卷一一六："乞列迷有四种，曰囊家儿、福里期、兀剌、纳衣"[20]，应指的是同族中较大的姓氏，而卫所正是在部族大姓的基础上建立的。囊家儿，又作囊哈儿、囊加儿，大约居住在库页岛西岸对着黑龙江口不远的地方。亦失哈第一次东巡返回，奴儿干女真各部首领近二百人陆续进京朝觐，贡献方物土宜，其中就有囊哈儿一支。永乐帝大喜，各赐官职和印信，赏给冠带袭衣等，钦命分别建立卫所。《明太宗实录》卷一三一：

> 奴儿干乞列迷伏里其、兀剌、囊加儿、古鲁、失都哈、兀失奚等处女直野人头目准土奴、塔失等百七十八人来朝，贡方物，置只儿蛮、兀剌、顺民、囊哈儿、古鲁、满泾、哈儿蛮、塔亭、也孙伦、可木、弗思木十一卫。命准土奴等为指挥、千百户，赐诰印、冠带、袭衣及钞币有差。[21]

这里正可见出亦失哈的招抚之功，见出设立奴儿干都司的成效。此谕发布于永乐十年八月丙寅，引领他们进京陛见的应是亦失哈，接下来也是亦失哈送他们返回，因此才有了不无仓促的二赴奴儿干之行。想想吧，这么一大批来自东北极边的土酋，怎能老是留在京城的馆舍吃喝呢？而冬月将临，相距遥远，应是水陆兼程，以在坚冰封江前返回。这一路必也有无数艰辛曲折，有许多精彩故事，可惜无人记录下来。

他们并非朝廷在奴儿干的第一批卫官，囊哈儿也不是库页岛上的第一个明朝卫所。据学者研究，永乐八年底批准设立的兀列河卫，就在库页岛中部的奴列河畔。谭其骧先生主编的《中国历史地图集》明代卷，将库页岛标名“苦兀”，与永宁寺碑记所称“苦夷”相类。其在岛上标注了三个卫所，除前面提到的囊哈儿卫、兀列河卫，还有中部偏南的波罗河卫，括注“1449 年后置”。1449 年为明英宗朱祁镇正统十四年，八月间发生了震惊朝野的“土木堡之变”，英宗被蒙古也先部活捉，皇弟郕王由监国取而代之，是为景泰帝。经此一役，明朝国势大挫，而在库页岛仍有新的建置。此时奴儿干都司已经停摆，所属卫所交由辽东都司管领。亦失哈在做了 16 年镇守太监后回京，而多数东海女真首领仍然按时入贡，忠诚未改。

很多年之后，当沙俄染指库页岛之初，俄军中尉鲍什尼亚克在该岛中部徒步考察山川河流，记下了所经过的村屯，如乌德列克卫屯、季法茨卫屯、契哈尔卫屯、达马瓦赫卫屯、塔克尔卫屯……〔22〕都有一个“卫”字。这当然不能说明它们曾作为明代的卫所，第一是经过重译后原意很难确定，二则也不可能如此密集。但仍可寻觅到一些历史关联：当年明廷在库页岛设立卫所，给所在村屯带来了繁华与荣光，以至于“卫”字深入人心，后世各屯竞相用在屯名中。

是耶？非耶？

注释

〔1〕万明《明代永宁寺碑新探——基于整体丝绸之路的思考》,《史学集刊》2019年第1期。

〔2〕杨旸等《明代奴儿干都司及其卫所研究》第六章载,“库页岛明代称苦兀。当时钦差内官亦失哈等曾亲莅岛上抚谕海外苦夷诸民”,中州书画社,1982年,第181页。

〔3〕《明史》卷七四《职官三·行人司》,中华书局,1974年,第1809—1810页。

〔4〕《明仁宗实录》卷一,永乐二十二年八月丁巳,中华书局,2016年。

〔5〕《明仁宗实录》卷六,洪熙元年十月,“丁卯,奴儿干都司都指挥同知康旺遣子贡马,赐之钞币”。

〔6〕《明宣宗实录》卷十一,洪熙元年十一月己卯,中华书局,2016年。

〔7〕《明史》卷七六《职官五·都指挥使司》,第1872页。

〔8〕丛佩远、赵鸣岐编《曹廷杰集》卷下,“西伯利东偏纪要”六六,中华书局,1985年,第100页。

〔9〕《曹廷杰集》卷下,“西伯利东偏纪要”六七,第101页。

〔10〕转引自万明《明代永宁寺碑新探——基于整体丝绸之路的思考》。

〔11〕《明宣宗实录》卷一一五,宣德十年正月甲戌。

〔12〕一些学者认为此观音堂为元人所建,亦大半属于臆测,没有提供有力证据。而细读《敕修奴儿干永宁寺记》所载:“先是已建观音堂于其上,今造寺塑佛,形势优雅,粲然可观”,应是同出于亦失哈之手,大约成于永乐十年,且那时已有了造寺的整体规划。

〔13〕此节所引《敕修奴儿干永宁寺记》和《重建永宁寺记》碑文,均见于丛佩远、赵鸣岐编《曹廷杰集》卷下所载《敕修奴儿干永宁寺碑释文》《永宁寺碑释文》,不再一一出注。

〔14〕嘉庆《大清一统志》卷九七《吉林》,上海古籍出版社,2008年。

〔15〕[美]查尔斯·佛维尔编,斯斌译《西伯利亚之行——从阿穆尔河到太平洋(1856—1857年)》四十七“古碑”,上海人民出版社,1974年,第259—266页。

〔16〕出自《荀子·劝学》:“问楛者,勿告也;告楛者,勿问也;说楛者,勿听也。”唐杨倞注:“楛与苦同,恶也。”

〔17〕邢枢《敕修奴儿干永宁寺记》,转引自《明代奴儿干都司及其卫所研究》,第55页。

〔18〕《重建永宁寺碑记》,转引自《明代奴儿干都司及其卫所研究》,第64页。

〔19〕刘远图《早期中俄东段边界研究》五,“库页岛的历史主权·库页岛异名考”,中国社会科学出版社,1993年。

〔20〕《寰宇通志》,明景泰七年五月成书,以陈循等为总裁,共119卷,记载舆地事迹较详,英宗复辟后被禁,有少量刊本藏内府,郑振铎等收入所编《玄览堂丛书续集》。

〔21〕《明太宗实录》卷一三一,永乐十年八月丙寅,中华书局,2016年。

〔22〕[俄]涅维尔斯科伊《俄国海军军官在俄国远东的功勋》第十四章,“继续考察”,商务印书馆,1978年,第176—179页。

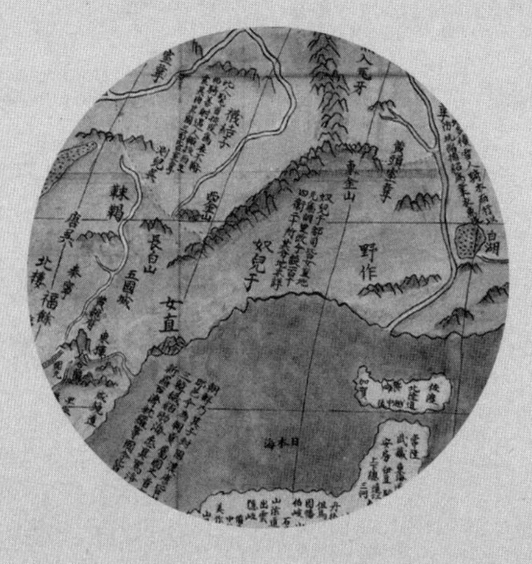

【第四章】

皇清舆图第一帧

明朝于万历末年快速走向衰败，建州女真的努尔哈赤家族渐渐壮大，走的路数也与金太祖阿骨打约略相同：先是在本部落统一号令，然后攻掠吞并周边各部，一旦觉得机会到来，便举起叛旗，对明朝开展一波又一波的攻势，宣布建立新的王朝。而不管是金朝还是后金，都面临着一个绕不过去的短板，那就是本族人口太少，缺乏可靠的兵源。他们也都采取各种举措，包括向更远的东海、北山女真部落搜拿壮丁，从而造成了原奴儿干都司地域的人口锐减，在大海中的库页岛也无以幸免。一个奇怪的状况发生了：东北大地先后崛起了辽金王朝，隔数百年又出现后金和大清，而黑龙江流域的人口密度却呈现下降趋势，出现严重的民众外流浪潮，尤以清朝为最。

与此同时，沙俄的哥萨克匪帮却盯上了黑龙江，首先是临近库页岛的下江地区。他们由更北方冻土地带的雅库茨克翻越外兴安岭而来，携带小炮和火枪，烧杀抢掠，被部族居民称作罗刹。黑龙江口与库页岛北端皆是这些殖民者的盘踞与经行之地，一些俄苏学者也推测他们曾经登岛。

一、努尔哈赤“抓壮丁”

奴儿干地域的部族众多，其名称或来自种姓，或来自山川湖海等地名，族群构成难免交互掺杂，生活习俗则大致近同。他们大多是肃慎氏的后裔，唐以后出现女真之称，辽代又分为熟女真、生女真，意在区别，却也反证了各部族的共同特征。扯旗造反的大金完颜家族本属生女真，起于今哈尔滨附近的按出虎水一带，在明代属于海西女真。而奴儿干都司撤销后，《大明会典·礼部》又将“去中国远甚，朝贡不常”的北山、下江与库页岛各部族，通称为野人女真。[1]努尔哈赤祖上即属于野人女真，其所在的建州女真散居于长白山、牡丹江与松花江流域，据考证多数也是由更北之地渐次南移的。迁徙的人群以大族和富户为主，原因很多，有辽与元的征发和强制移民，有女真政权扩军争战的需要，也有大小野人女真部落对较为温暖富庶地域的向往。明代在辽阳建安乐州、自在州，招徕那些苦寒之地的民众，效果很不错。

努尔哈赤家族从哪里、怎么到的建州一带，历来存在不同说法，大清立国后，编写了一个仙女佛库伦在长白山布儿里湖意外受孕的神话，自然是当不得真的。较为真切记录下来的，则是几段爱新觉罗的家族痛史：

六世祖猛哥帖木儿在永乐间被封为建州卫指挥使、都督佥事、右都督，“赐印信、鈒花金带”，看似威风，却被其他部落攻破大寨，死于非命，子嗣女眷除战死外多被掳掠；

五世祖董山被“七姓野人”掳去为奴，受尽屈辱，返回后由指挥使升为都督同知，因纵兵劫掠，被明廷诛杀于京师；

到了他的祖父和父亲，也在建州左卫挂名指挥使之类，在为明军做向导时被误杀，又一次一门危殆。东北大小部族多数类此，你攻我杀，兴灭无常。只因爱新觉罗家族出了个努尔哈赤，毅然以“遗甲十三副”起事，临战奋勇，惨淡经营，终至于勃兴。

建州女真的崛起，不乏温情，不乏兄弟子侄并肩对敌的记载，更充满血腥，由一次次家族之内、同族之间的杀戮和兼并构成。努尔哈赤很早就派属下大将额亦都、费英东、扈尔汉等去征服东海女真各部，所至主要目的不在地盘，而在收取民众：“命弟巴雅拉、额亦都、费英东、扈尔汉征窝集部，取二千人还”“命额亦都率师征窝集呼野路，尽取之”“命额亦都、何和里、扈尔汉率师征窝集部虎尔哈，俘二千人，并招旁近各路，得五百户”“遣兵征窝集部雅揽、西临二路，得千人”“遣将征窝集部东格里库路，得万人”“命扈尔汉、安费扬古伐东海萨哈连部，取三十六寨”……[2]东海女真当然会有反抗，细节已不可晓，只知其村寨一个个被攻破，部众被迫离开祖居之地，抵达建州后被编入八旗。而对于海西女真的哈达、辉发、乌拉、叶赫四大部，攻打吞并的过程更加激烈，取胜后一般也不采取赶尽杀绝的手段，说到底还是在于扩大兵员。征与抚，都在于“得人”，以造成远近部落的望风投顺。周远廉先生曾将率众投效者汇录一表，大大小小有二十多部。[3]努尔哈赤也未忘生活在海岛上的族裔，派员前往招徕。魏源说：“清太祖遣兵四百收濒海散各部，其岛居负险者刳小舟二百往取，库页内附，岁贡貂皮，设姓长、乡长子弟以统之。”[4]明确指称所登就是库页岛。

一旦与明朝大军对垒，后金的人数劣势就会凸显，用各种办法大量吸收“新满洲”参加，便成为当务之急。而不管是投奔来的，还是捉拿裹挟来的，包括世仇阵营的俘虏，只要成为自己的属民，努尔哈赤待之似乎都不错，曾一次为两千名光棍配发老婆，同时发给安家费。[5]清初也仿照明朝在辽东建立安乐自在州之例，筑三姓等城以招徕和安置东海女真的民众。三姓者，得名于最初迁来此地的三个赫哲氏族，后来逐渐增多，名字倒也未改。[6]

凡此种种，使黑龙江下游、乌苏里江以东包括库页岛的人口急遽减少。很难确知这是此一区域第几次大的人员流出，至少在金朝崛起和进占中原后，就有过一次女真族群的大迁徙，大量青年走出屯落，走向温柔富贵之乡，多是有去无回。清朝统一中国后，仍不断从东北调兵和移民戍边，不光这里，就连辽宁也是四望萧疏，村墟无人。胜利者最容易忘记的就是故土，清廷也如此，嘴上总在说不忘根本，有时也搞一些回迁举措，而实际上早已淡漠。至于大多数内迁的满人，更是宁愿在京师闲逛受穷，也不愿返乡务农，尽管国家提供住房、耕牛、种子、农具等补贴。

二、波雅尔科夫匪帮

后金时期的大迁徙，以及清朝入关后的统治重心向内，破坏了奴儿干地域的人文生态，造成当地村寨的空心化，而随之而来的便是沙俄的武装侵入。

自 17 世纪初年，一批批寻找财富的沙俄探险家和殖民者就不断涌向东方：北面的一路占领雅库茨克，占领堪察加，然后越过白令海峡，占据阿拉斯加和阿留申群岛；南边的一路则先是进至贝加尔湖，建立伊尔库茨克，越过该湖建立赤塔和尼布楚，甚至在额尔古纳河东侧修造了城堡。北路殖民者从原住民口中闻知了黑龙江的存在，“靠海地方有个契尔科尔河，两岸住着许多种庄稼的定居人民”“河附近有山，山中出产银子”〔7〕，点燃了殖民者的欲望。那里是汉族文人笔下的苦寒世界，即便是生长于斯的满洲人，一旦入关后也不愿返回，而对于北极冻土上的殖民者，对于那些不惧艰险、热衷于杀人越货的哥萨克来说，简直就成了洞天福地。于是，负有特殊使命的探险队、政府资助的哥萨克武装接踵而来，打破了这里的静谧安详。

根据雅可夫列娃引用的沙俄档案，1638 年，布塔尔斯克堡总管组建了一支 30 人的哥萨克队伍，艰难越过朱格朱尔山脉的隘口，在距鄂霍次克海不远处建立冬营，修造船只，次年春出海，贴着海岸南行，“到达了尼福赫人居住的善塔尔群岛，看到岛上炊烟四起，但未敢下船登岸”。善塔尔群岛在库页岛西北的乌第河口外，而这批哥萨克在抢掠时被鄂温克杀死 9 人，加上极度饥饿，不敢贸然登岛，只得返航。类似的“探险”还有多次，虽未能深入黑龙江地方，却也抢掠到一些貂皮和银饰、铜器，建立了一些营地或堡寨。

1643 年冬，就在清朝大举入关、定都北京的前一年，雅库茨克督军戈洛文组织了一支约 130 人的队伍，由督军府书记官波雅尔科夫率领，穿越外兴安岭，前往黑龙江流域探查。戈洛文绰号“一视同仁的施虐者”，只要完不成赋税，不管是土著还是俄罗斯人，都有可能被挂在肉钩子上示众。强横残暴几乎是所有殖民头子的脾性，有着极强的震慑作用，从而保障掠夺的效率。这支队伍中有流民、猎人、渔民、地质测绘学家，主体则是武装哥萨克，配备枪械弹药和一门火炮。因为携带粮食辎重较多，他们尽量走水路，沿勒拿河转入阿尔丹河，再转乌楚尔河、戈纳姆河，一路辗转向南，直到作为分水岭的外兴安岭。急流险滩、冰雪严寒与一道道山梁，影响了他们的前进速度，抵达分水岭已是隆冬时节。波雅尔科夫就地设立冬营，命病弱队员看管辎重与船只，自己则带领 90 名哥萨克继续向前。他们用雪橇拉着枪支弹药和粮食等，艰难翻过大雪弥漫的外兴安岭，终于抵达精奇里江的上游。得知向南可通黑龙江后，波雅尔科夫等安营扎寨，兴建“上结雅斯克堡”，成为哥萨克在山南最早的据点。

精奇里江又叫结雅河、吉河、黄河，是外兴安岭南麓最重要的河流，源于此山脉的许多河先是汇入精奇里，再南下流入黑龙江，而瑷珲就在两江交汇处。居住在精奇里两岸的主要是达斡尔族，一般认为属于大辽遗民，辽亡后逃避金国追杀，迁徙于此。不管怎么说，达斡尔属于此地文明程度较高的民族，农业发达，生活安定，房舍整洁，各村寨也有较强的防护自卫能力。

自这伙哥萨克翻山前来，达斡尔人的噩梦就开始了。波雅尔科夫以交朋友、做生意为名，诱捕了酋长多普狄乌尔。这位酋长已在清朝治下，拘禁期间对俄国人讲了许多有关中国的事情：将军府（应是指宁古塔的官署）的豪华与财富，木石结构的坚固城池，清朝军队的武器装备、火枪与大炮，每年要派兵两三千人巡边与征收贡赋……这些情况应是波雅尔科夫逐项讯问的，回答则有真有假，所谓两三千人的巡边军队，大约是想要吓唬对方，实际上不到此数。推想他还会说将军很快就来巡视，意图令入侵者知难而退。岂知波雅尔科夫全然不惧，将他戴上镣铐，派人告知其部落缴纳贡品和赎金。一百年前西班牙殖民者在南美的印加等地，使的就是此等黑招。

眼看着自带粮食越来越少，波雅尔科夫派出 70 人，开往距离最近的达斡尔城寨摩尔德基德奇。两地相距约 10 天路程。哥萨克抵达后，也是故伎重施，奉上礼物，好言相诱，抓获了出城迎接的多西伊等三位酋长。其中一人是多普狄乌尔的儿子，被放回筹集粮食，派人送上燕麦与 10 头牲畜，可哥萨克的胃口岂止于这些，执意要进入城寨，被拒绝后押着人质开至寨门前。未等他们发起进攻，愤怒的达斡尔勇士便从门洞与地道涌出，一批猎人也骑马赶来助战。多西伊酋长杀掉看守逃回，指挥部众四面围攻，哥萨克拼命抵抗，总算侥幸逃脱。原本嚣张蛮横的侵略军，一变而成为惊慌失措的逃亡者，在密林中历尽艰险，总算返回上结雅斯克。堡寨中也是一团糟，多普狄乌尔已经解锁脱逃，粮食几乎告罄，波雅尔科夫极为不满，对受伤士兵毫无怜惜，内部冲突一触即发。而达斡尔勇士已跟踪前来，向堡寨发起进攻，由于哥萨克火器精良，死伤惨重，几天后只好撤围而去。见士兵饥饿已极，波雅尔科夫命将达斡尔人尸体割肉而食，自此被称为“吃人的生番”。就这样硬撑到暮春，待运粮船只赶来，已有约 50 名哥萨克被活活饿死。[8]

波雅尔科夫整顿残部，乘船顺流而下，越是向南，精奇里江两岸越是庐舍密集，阡陌相连。但当地民众严密监视，不许他们靠岸，高声斥骂他们是吃人的恶魔。他们到达瑷珲后意图驻留，江右有一片断壁残垣被称作“老枪堡”，或许就是他们的作品。而瑷珲人显然不欢迎这伙吃人的老枪，波雅尔科夫派出一个小队外出侦察，26 人中只有 2 人生还，其余全部被消灭。数日后，这拨子心惊肉跳的“哥萨克匪帮”乘船进入黑龙江，离开瑷珲向下游行驶。他们沿江走走停停，一路勘测记录，到达入海口附近，再次抓了 3 个当地头领作人质，逼迫原住民缴纳食物和贡品，并在那里过冬。

波雅尔科夫帮伙应是第一批顺航黑龙江的俄国人，由精奇里江转入黑龙江，再抵达黑龙江口。他们一路建立了几座冬营或堡寨，向原住民征收实物税，烧杀掳掠，也遭遇激烈抵抗，死伤惨重。1645 年的冬天，波雅尔科夫与残余的部下在江口一带结寨盘踞，“抓到了 3 个基里亚克人扣作人质，征收到 12 捆貂皮和 6 件皮衣的实物税”[9]。他们是在次年春经由库页岛北端，走海路返回的，曾在海冰上漂泊数月。一些俄苏学者以此作为俄国人发现库页岛的证据，有些荒唐。不要说这些人没留下登岛的记载，即便他们做过短期停住，也只能作为沙俄侵略库页岛的史证。

三、恒滚河口

波雅尔科夫匪帮的侵入历时三年，返回雅库茨克后，向长官献上掠夺的珍贵毛皮，详细报告经停之地的丰饶物产，再次激起一股南下的探险热。至于所部成员死亡约三分之二，除了那些悲悲戚戚的遗属（不少哥萨克光棍一条，也不知道从哪里来的），没有几个人会去理睬。探险小分队接连组建，易主后的督军府继续提供支持，波雅尔科夫被冷落，新的带头大哥显然远不如他能干，连外兴安岭都没有越过就畏难而回。

那时哥萨克已在黑龙江上游之北的图吉尔河设立冬营。1649 年 3 月，该冬营头目尤里耶夫派遣拉尔卡等 4 人侦察通往黑龙江的道路，并寻找达斡尔酋长拉夫凯的部落。后来他在呈雅库茨克督军的报告中说：

> 拉尔卡走了 3 个半礼拜去寻找通古斯人和达斡尔人，结果任何人也没有找到，尔后，他到了石勒喀河……拉尔卡沿石勒喀河下行，走了两个深水航段，发现达斡尔人的一些踪迹。岸边有一木筏，经测量长 4 官定俄丈，俄国式构造，横柱亦按俄国方式嵌入，并用大麻绳捆绑，连桨也是俄国式的。拉尔卡由此处顺石勒喀河下行，走了一个深水航段，发现一条马行的道路，蹄迹杂沓，是沿石勒喀河通向上游方向的。拉尔卡在该处测量石勒喀河冰面的宽度，不包括沙滩在内，河宽约为 200 官定俄丈。如将沙滩包括在内，石勒喀河两岸之间的距离为 500 官定俄丈。石勒喀河两岸陡峭，岸旁山上森林茂密……[10]

在俄国文献中，石勒喀河有时作为黑龙江的北源，有时则代指黑龙江。拉尔卡似乎只到达上游一带，“怕与达斡尔大批人马遭遇，被后者俘虏或打死，便率领手下人等由石勒喀河该处折回”。而就在这一年的 5 月，哈巴罗夫从雅库茨克出发，率领 70 名哥萨克沿着奥廖克马河直接南下，“行军速度很慢，河流急湍，妨碍行军。每到一处石滩，都是筋疲力尽，一直到夏末时节终于到达土吉尔河口，并在那里过冬”[11]。引证这些记录，乃因此年有人登上特林岬，并在永宁寺的石柱上刻下年号1649，应为入侵的哥萨克干的。但拉尔卡等人不可能走这么远，哈巴罗夫一伙当年也未抵达黑龙江，又会是谁呢？

次年1月，哈巴罗夫匪帮即开始攻掠达斡尔人的城堡村寨，头领拉夫凯率领部族提前撤走，留下一座座空城。哈巴罗夫在一座达斡尔城寨的基础上建立了雅克萨堡，作为盘踞黑龙江的基地。此后数年间，沿江逐节向下，闯入达斡尔、赫哲、费雅喀人生活的地方。由于有明朝奴儿干都司的底子，下江地区的村屯相对密集，加上地理位置重要，对殖民者有很大的吸引力。哈巴罗夫等将此地部族称为阿枪人，一路上“到处遇到英勇的抵抗”[12]，当地居民不许他们登陆，最后在左岸一个叫乌扎拉的村屯旁停下来。他们在这里建造了一座木城，称作阿枪斯克，以作为类似雅克萨那样的堡垒，四处强征实物税，屠戮当地部民，并派出“一百名哥萨克，乘两只帆船顺阿穆尔河下航，向居民搜刮尽量多的鱼”[13]。此地属于宁古塔衙门管辖，总管海塞曾命翼长希福率部征剿，先胜后败，损失惨重。哈巴罗夫所部也颇有死伤，不敢久留，拔营而去。[14]这个帮伙很快分崩离析，接着是季诺维耶夫和斯捷潘诺夫率更多人赶来，流窜劫掠的哥萨克匪帮有零星也有大股，没有吃的就抢，不让抢就施暴，一旦顺从就必须缴纳貂鼠皮毛等所谓实物税。

顺治十五年（1658）夏，清廷调集兵力，又从朝鲜征发200鸟枪兵，由继任宁古塔总管沙尔虎达统领，击溃溯松花江而上的哥萨克，炸死其头领斯捷潘诺夫，取得一场大捷。[15]沙尔虎达逝后，其子巴海继任。不久后清廷设立宁古塔将军衙门，管辖区域包括整个黑龙江两岸，命巴海为第一任宁古塔将军。巴海乃顺治九年壬辰科满洲榜第三人，钦赐探花，任秘书院侍读学士，受命接替父职。他每年都率兵巡边，水陆兼行，直抵外兴安岭与黑龙江口。没有看到巴海登上库页岛的记载，而岛上部族与下江息息相关，都在宁古塔将军衙门的辖域之内。

进入康熙朝，二十一年（1682）三月，年轻的大清皇帝玄烨刚刚平定南方的三藩之乱，即东巡祭告三陵。他特别远行至吉林，在松花江检阅水军，显示出收复黑龙江左岸被占领土的决心。阅示军伍时，玄烨见一队禁卫亲军个个臂鹰而立，当场赋诗：

> 羽虫三百有六十，神俊最数海东青。性秉金灵含火德，异材上映瑶光星。[16]

玄烨笔下的海东青，已成为一种勇猛健捷的象征，一种昂扬奋发的精神力量。康熙帝此时已决意出兵进剿雅克萨，驱逐入侵的哥萨克，故以此诗激励将士。

对侵入黑龙江流域的哥萨克匪帮，康熙帝痛恨至极，二十二年七月，降谕历数俄人的暴行：

> 鄂罗斯国罗刹等无端犯我索伦边疆，扰害虞人，肆行抢掠，屡匿根特木尔等逃人，过恶日甚。朕不忍即遣大兵剿减，屡行晓谕，令其自释过愆，速归本地，送还隐匿逃人。前次所差彼使尼过来，亦经晓谕。但罗刹尚执迷不悟，遣其部下人于飞牙喀奇勒尔等处肆行焚杀，又诱索伦、打虎儿、俄罗春之打貂人额提儿克等二十人入室，尽行焚死……[17]

所说的这些灭绝人性的暴行，很多发生在黑龙江的下江地区，与库页岛隔着一道窄窄海峡。

下江有一条从外兴安岭蜿蜒而下的大河，名叫恒滚河，是黑龙江下游左岸最为重要的支流，交汇处就在满泾，即明朝水陆驿站的最后一站。该河流域广阔，为达斡尔、费雅喀、赫哲等部族世代繁衍居住之地。当地部族备受哥萨克匪帮欺压掠夺，早已满怀仇恨，此时为朝廷派大军前来清剿的消息所鼓舞，纷纷主动杀敌。据黑龙江将军萨布素奏称："牛满河之奇勒尔奚鲁噶奴等杀十余罗刹，携其妻子来归；鄂罗春之朱尔铿格等于净溪里乌喇杀五罗刹，获其鸟枪来报；又闻飞牙喀之人，击杀罗刹甚众。"[18]飞牙喀，即费雅喀，为黑龙江下江、入海口与库页岛等地的主要部族。迫于清军的搜剿和部民的主动出击，哥萨克武装沿江往下游败退，就在恒滚河口一带与从海上来的罗刹会合一处，不得不躲在江中小岛上，但仍不愿离开。

黑龙江将军萨布素闻讯后，派出两名得力下属，率领300名官兵，携带四门红衣大炮，前往讨伐盘踞在牛满江口岛屿的哥萨克。时值隆冬，江冰坚厚，清军在费雅喀勇士引领下将入侵者围住，喝令投降。这伙子哥萨克见势不好，乖乖地放下武器，"取其鸟枪二十具，并鄂罗春留质之子三人，招抚罗刹米海罗等二十一人"[19]。鄂罗春，即我国东北民族鄂伦春，被迫将儿子作为人质，亦见侵略者之恶。而清军对降人一律善待，将他们送到北京或盛京安置。

四、克复雅克萨

清剿整个黑龙江流域的入侵者，关键在于克复雅克萨。

从哈巴罗夫开始，雅克萨就成为罗刹侵入黑龙江的一个重要据点，由雅库茨克南下与经尼布楚西来的两路哥萨克在此会合，然后顺流劫掠，直至与库页岛毗邻的河口湾。正因为如此，康熙帝在规划收复大计时，决定首先拿下雅克萨堡。

康熙二十四年（1685）四月二十八日，清军自黑龙江城和额苏里出发，水陆并进，前往征讨雅克萨之敌。玄烨为此役调集了精兵良将：钦定都统朋春为此役水陆统帅，护军统领佟宝、副都统班达尔沙为参赞，另有在瑷珲督办屯田的户部侍郎萨海，在索伦的理藩院侍郎明爱、副都统马喇，加上黑龙江将军萨布素与两位副都统，堪称大员云集。康熙帝期于必胜，布置极为周密，不仅从京师派发火器营和前锋营精锐，还专门组建了一支福建藤牌兵。这支奇兵在实战中发挥了很大作用，尤其是潜入江中，拦截从尼布楚来的沙俄增援船队，从水底突然冒出，以藤牌护顶，挥刀横扫船上敌人之腿，哥萨克惊呼“大帽鞑子”。

哥萨克精于筑垒，经过几十年经营，雅克萨已被建成一个坚固的木城，四面有配备工事的塔楼，主塔楼下是城门，外面有五米宽的壕沟，壕外竖着六排木栅，并有尖桩防御工事。就在一年前，沙俄决定在雅克萨设置督军辖区，并授予城徽，一只展翅雄鹰，左爪执弓，右爪握箭，分明寓意着杀戮与攫取。首任督军托尔布津受命组建一支正规军，委托被俘的德国中校别伊顿负责招募、训练与装备枪炮火药，赶往任所后加固城堡，焚毁周边村舍，将俄人全部撤入堡内，并命令将未成熟的麦子尽快收割。清军迟迟未来，而别伊顿招募的600名新军已在途中，托尔布津应是心情渐渐放松，开始允许农民出堡种地，就在这时，大批清军来了。

五月二十二日，清军骑兵与水师舰队抵达雅克萨。朋春派人向城内守军宣读皇帝诏令，历数其罪恶，命他们立即从中国领土上撤走，承诺保全其性命。堡内有六七百人，三百支枪和三门炮，托尔布津决意抵抗，拒不回应。清军随即展开攻势：朋春与萨布素率主力在城南，郎谈与副都统温岱率兵在城北，皆排列红衣大炮，发炮猛轰；而来自福建的水师将领何祐统领舰船，扼守江面，以防俄军从尼布楚增援。雅克萨城本来有八只船，早被马喇派索伦骑兵毁坏。后来他们又造了一些船，哥萨克乘坐下行侦察时，在瑷珲附近被清朝水师俘获了一些，还有的不知道藏到哪儿去了。虽然都是在东北就地伐木造船，但哥萨克的简陋小船毕竟不能与大清水师相敌，所以除了尼布楚来的那支一触即溃的援军，再也没发生江上厮杀的场景。

清军的攻势持续了三天，密集炮火之下，雅克萨的几座塔楼、城门上的议事厅全被轰垮，城墙也多处残破，一百多人死亡。据俄人记述，哥萨克也组织了几次反击，此类集中兵力的反冲锋过去屡屡奏效，这一次则被迎头打了回去。官军与索伦勇士纷纷越过外围木栅与深壕，将柴草运到敌堡的木墙下，三面点燃焚烧。敌人不愿束手被焚，从地道中冲出阻拦，而福建藤牌兵大展身手，滚地挥刀而进，杀得敌人屁滚尿流。雅克萨城内死伤惨重，弹药用尽，更被大火烧得焦头烂额，只好投降。据说托尔布津还打算用石块死拼，经堡内的神甫马克西姆说服，只得举起白旗，献出城池。

清军对投降俄人一个不杀，愿留愿走也完全听从每人的意愿。有45人表示归顺清朝，多数人愿意返回俄国，托尔布津带领约400人离开，被要求留下枪支炮具，沿江步行去尼布楚。走了一天之后，他们遇上尼布楚督军派来的100名援军，“携带两门铜炮、三门铁炮和三百支火枪和炮弹而来”。而为防止路上生变，朋春派出军队持枪跟在后面监督押送，俄军不敢造次，乖乖离去。

雅克萨重回祖国怀抱，但朋春等人目光短浅，并未留兵扼守，也没有动员达斡尔部落回归故土。他们认真搞了一些“破坏”，尽可能地将城堡夷为平地，看到附近田地里的青苗，也命骑兵去反复践踏几遍，然后就得胜还朝。康熙大帝得悉获胜后格外兴奋，却也没有明令派兵驻守。

二十七年四月，玄烨在谕旨中论说黑龙江的重要性：

> 黑龙江之地最为扼要：由黑龙江而下可至松花江，由松花江而下可至嫩江；南行可通库尔瀚江及乌喇、宁古塔、席北、科尔沁、索伦、打虎儿诸处；若向黑龙江口，可达于海。又恒滚、牛满等江及净溪里江口，俱合流于黑龙江。环江左右，均系我属鄂罗春、奇勒尔、毕喇尔等人民及赫哲、飞牙喀所居之地。若不尽取之，边民终不获安。朕以为尼布潮、雅克萨、黑龙江上下及通此江之一河一溪，皆我所属之地，不可少弃之于鄂罗斯。[20]

这种胸襟视野，皆非其子孙所能及。恒滚河与黑龙江入海口均被提及，近在咫尺的库页岛自不能外。两征雅克萨和《尼布楚条约》的签订，给中国东北边疆带来一个多世纪的安宁。

五、《尼布楚条约》留下的尾巴

第一次雅克萨之战后，哥萨克很快卷土重来，修建了更为坚固的城堡。清军闻讯再来清剿，一时难以攻下，改为围困。这期间，两国在尼布楚进行边界谈判，是为中国外交史上的重要一幕：俄全权大使戈洛文要的大阴谋与小伎俩，清钦差大臣索额图的轻易出牌和醒悟后绝不退让，所聘传教士穿梭其间的反复斡旋，强硬派郎谈提议派骑兵渡河，叛贼根特木尔配合俄军的武力表演……

两次正式会谈，一次比一次效果差，而颇具喜感的是，可读到一个耳熟能详的词汇——“自古以来”。此语在古代汉籍中并不罕见，用于两国边界谈判，大约是老索开创的先例。索额图等没有留下详细记录，两位担任清方翻译的传教士都有日记，主要记俄方的狡辩和本人的辛勤奉献，倒是戈洛文在向沙皇的密报里详述清方观点，“自古以来”频频出现在报告中：

对于雅克萨与左岸达斡尔人居住地区，索额图强调自古以来就归中国管辖；

对于贝加尔湖以东的蒙古领地，索额图坚持蒙古人自古以来就是中国皇帝的子民；

对于整个黑龙江流域，索额图声明自古以来便归中国所有；

对于额尔古纳河南岸，索额图说自古以来就为中国所领有，且一直有中国人居住。

索额图也列举了其他一些史料记载，但“自古以来”给对手的印象实在是太深刻了。戈洛文虽不免诘问自何时以来，在何处土地，也针锋相对地狡辩，说江左的罗刹城堡“从久远的年代就为沙皇陛下臣民所占有”，却显得冗长累赘，苍白无力。于是这个一脸庄重的矮胖子开始有样学样，说左岸是“自古以来沙皇陛下就占有的土地”，劝中国使团不要“向沙皇陛下强求自古以来就有的领土”。咦！堂堂大使竟拾人牙慧，无理反缠，大清钦差与众官不禁相视莞尔。

那时的清朝大员缺少对国际公法的了解，缺少谈判经验，却不缺少自信。他们不太会也不屑于在谈判桌上兜圈子，认为签约只是军事实力的比拼，也清楚所率水陆官兵远多于罗刹。索额图临行前得到皇上密谕，是以在第二次会谈时就表示可以把尼布楚给予俄国，以利于两国的贸易往来。其也正是沙俄君臣的“练门”，是他们心中最没底的地方。老索岂能猜想不到，干脆向对方交个底，以令俄使感动敬服，也好早日缔约回京。戈洛文等人听后当心中狂喜，却“以哈哈一笑作为答复，并且说他们真是应当感谢我们的钦差大臣把这样一处无可争辩的地方给了他们”〔21〕。热脸贴了人家的冷屁股，老索气得七窍生烟，当下拂袖而去，随即下令撤除己方的谈判帐篷——不谈了。

清朝为谈判聘为翻译的两位传教士都留下了日记，录下那些明里暗里的交锋，记述自己的折冲樽俎之功，也描述了清军的大举渡河与兵临城下。事件发生在索额图等再次被戈洛文的出尔反尔激怒之后，就连传教士也大为生气，张诚在日记中写道：

> 他们（指清朝大员）立即召集会议。所有的部队统帅，正副军官全体出席。会上决定我方军队渡河，对尼布楚建立封锁，同时我们要召集所有愿意挣脱俄国枷锁的鞑靼人都来归附大皇帝。因此下达了命令，当夜就把我们的士兵运到河的那边，并令一百人乘坐木船赶去雅克萨，会同留驻那地方附近的四五百人，毁掉田里的一切庄稼，不许任何东西进入那个要塞。〔22〕

看来清军动真格的了，不光要包围尼布楚，还再次发兵到雅克萨设围与铲除田禾。戈洛文等不免惊慌，连夜派员过河请求重开谈判，被驳回后清晨又跑来，表示愿放弃雅克萨与额尔古纳堡，只是还有一些小条件。索额图一概驳回，却也和颜悦色地告诉对方，军队过河只是寻找合适的营地与牧场，马儿总要有吃的啊。哈，玩点儿外交辞令，对老索来说也是一学就会。

两个小时后，索额图等人登船过河，清军水陆并进，将尼布楚的交通完全切断，将士擐甲持械，排成作战行列。俄国代表匆匆奔来，“带着他们主子的决定”，几乎同意了清使的每一项要求。为慎重起见，张诚再次入城核实，也看到街上部署的长管铜炮，一一记了下来。十天后，两国在尼布楚签署了正式的边界条约。[23]

中俄《尼布楚条约》是一个划时代的边界协约，也是当时局势下所能达到的较好结果，从而保障了我东北边疆160余年的和平安定。但，尼布楚失去了，色楞格失去了，连带外贝加尔湖的大块地域也随之失去。那些地方属于蒙古喀尔喀部，每年向清朝进呈“九白之贡”，曾坚持反抗沙俄的入侵，明确表达了归附与内迁的愿望。戈洛文派兵在黑龙江岸边阻拦，仍是拦不住。结果是人（当然不是全部，或也不是大部）回来了，山川与牧场丢了。

更为严重的是，这份条约留下一个尾巴、一个巨大的隐患，那就是最东端乌第河一带的待议地区。该河由外兴安岭流出，东趋约900里入海，纬度与库页岛北端大致相同，主要生活着靠打猎为生的鄂伦春人。明朝于此地设有卫所，归属奴儿干都司管辖，至清初部族多数内迁，来自雅库茨克的哥萨克乘虚而入，设立了乌第堡。罗刹以此为据点，渐次侵入下江地区，不断滋扰兴衮河两岸的部族，强逼他们交出人质，收取实物税。因距离遥远且道路难行，黑龙江将军萨布素未对乌第堡用兵。第二次雅克萨之战前夕，萨布素派人到乌第堡，命罗刹立即交出人质，退回雅库茨克，大兵不到，这些话只是说说而已。

因为有了这样一颗钉子，戈洛文在谈判中有了借口，坚持作为未决事项，于是有了条约中这样一段文字："惟界于兴安岭与乌第河之间诸川流及土地如何分划，今尚未决，此事须待两国使臣各归本国，详细查明之后，或遣专使，或用文牍，始能定之。"[24]这段话引自拉丁文本，满文本的表述是"乌第河以南、兴安岭以北"，俄文本则说"俄国所属乌第河和大清国所属靠近阿穆尔河之山岭之间"，不光将固有领土的归属模糊化，更为日后的沙俄入侵留下口实。

六、皇舆第一图

在康熙帝决定驱逐罗刹、收复黑龙江左岸之前，不少大臣力图阻拦，也的确有一些理由：当地根本没有一支守边军队，调兵进击的过程漫长而又周折，加上军费高昂。临时受命组建的黑龙江水师，是获得战争包括谈判胜利的重要力量，沿松花江经黑河口西进，虽说距下江和库页岛尚远，却极大提振了费雅喀等部族的士气，以及对清王朝的归属感。

正是由于这次进军和交战，康熙帝发觉西方地图更为实用，开始酝酿聘请外国传教士，使用西方先进技术和仪器，绘制中国地图。回国筹办此事的法国传教士白晋不负重托，说动法王路易十四，提供了一批优秀专家和必要设备。清廷也在国人中选配助手，再令各地官员通力支持，终于纂成《康熙皇舆全览图》。由于图幅巨大，制版时以纬差 8 度为 1 排，共分 8 排，41 幅。特别要说明的是，库页岛作为全图之始，列在第一排第一号和第二号，明确作为一个独立岛屿，绘于黑龙江口对面。对大东北的测绘在康熙四十八年（1709）三月底开始，由传教士雷孝思、杜德美、费隐负责测绘吉林。因库页岛荒远难行，时间也不充分，他们大概没能登岛，只有一个满人小分队到了岛上，显然没有通勘全岛。《皇舆全览图》上的库页岛，北粗南细，呈蝌蚪状，以满文标示主要的山川屯落，也能证明确曾有过实地勘察，只是比较匆促粗疏，只测了局部地区。

将库页岛置于全览图首幅，似也不必过度解释：以 8 排单页拼成全图，其恰在东北极边之地也。然大清将该岛载入版图，并开列在岛噶珊等地名，主权意识毋庸怀疑。该图很快就传到欧洲，法国地理学家丹维尔将之选录入地图册时，不知何所依据，在海峡较窄处将岛屿与大陆连成一体，即加了一个地峡。[25]这种不审慎的做法造成了西方人的误解，也较多影响到后来的欧洲航海家。

雍正和乾隆两朝增修《皇舆全览图》，库页岛皆被清晰标示出："雍正十排图"，在四排东三、东四；"乾隆十三排图"，在四排东三、东四，七排东三。两图的岛上地名基本没有增加，岛的形状也没有变化，可知只是沿承了康熙朝的初步测绘成果，未能再次派员登岛，进行全面的实测。三朝的"全舆图"均未见标注全岛的名字，但乾隆图由满文增注了汉文，标明在东西两岸由北至南的一些地方行政机构。在三姓衙门保存下来的档案中，能看到其中一些地名。

契诃夫在书中记述了康熙朝绘制库页岛地图之事，却误认为该图"使用了日本的地图"，并说"日本人是最早考察萨哈林的"[26]。日本松前藩第一次派人登上库页岛，进行实地勘察，是在乾隆二十三年（1758），比康熙时的测绘晚了几乎 50 年。这是由于契诃夫未能阅读中国图典所致，证明西方科学界对中国的隔膜，也证明以天朝和天下之中自居的大清，与外部世界有多么疏离。

注释

〔1〕《大明会典》卷一〇七《礼部六十五》，广陵书社，2007年。

〔2〕《清史稿校注》卷一《太祖纪》，台湾商务印书馆，1999年。

〔3〕周远廉《清朝兴亡史》第一卷，北京燕山出版社，2016年，第32—33页。

〔4〕出自《近代中国史料丛刊》第479册中《库页岛志略》第46页转录，台湾文海出版社，1970年。而《圣武记》只有“清太祖遣兵四百收濒海散各部，其岛居负险者刳小舟二百往取”，无后面的文字。

〔5〕《清史稿校注》卷一《太祖纪》，第9页，“辛亥春二月，赐国中无妻者二千人，给配与金有差”。

〔6〕即依兰哈喇，故址在今黑龙江省依兰市。满语依兰为三，哈喇指姓氏。清初将归顺的赫哲克宜克勒、努雅勒、祜什哈哩三个氏族安置此地，故得名。雍正间于此设副都统衙门，下江地区与库页岛皆归其管辖。

〔7〕［苏］雅可夫列娃《一六八九年的第一个俄中条约》，转引自《十七世纪沙俄侵略黑龙江流域史资料》，黑龙江教育出版社，1998年，第2页。契尔科尔河，即石勒喀河，黑龙江的北源，当时亦指整条黑龙江。

〔8〕《历史文献补编——十七世纪中俄关系文件选译》第2件，1646年6月12日以后，商务印书馆，1989年，第10—12页。

〔9〕［俄］A. п. 瓦西里耶夫著，徐滨、许淑明等译《外贝加尔的哥萨克（史纲）》第一卷，“波雅尔科夫从雅库次克出发远征阿穆尔河”，商务印书馆，1977年，第88页。

〔10〕《历史文献补编——十七世纪中俄关系文件选译》第6件“1649年3月12日”，商务印书馆，1989年，第33—34页。

〔11〕《外贝加尔的哥萨克（史纲）》第一卷，“1649年哈巴罗夫的第一次远征”，第97页。

〔12〕《外贝加尔的哥萨克（史纲）》第一卷，“1651年在阿枪人地区”，第115页，“在右岸，有一座山上有一个‘大而壮观的兀鲁斯’。从这个地方起便是阿枪人的住区了”。

〔13〕《外贝加尔的哥萨克（史纲）》第一卷，“1651年至1652年阿枪城的过冬地”，第116页。

〔14〕海塞，又作海色，时任宁古塔衙门总管，兵败后被杀。《清世祖实录》卷六八：“以驻防宁古塔章京海塞遣捕牲翼长希福等率兵往黑龙江与罗刹战，败绩，海塞伏诛，希福革去翼长，鞭一百，仍令留在宁古塔。”

〔15〕《外贝加尔的哥萨克（史纲）》第一卷，“哥萨克从雅库次克出发远征阿穆尔河·1658年斯捷潘诺夫英勇牺牲”，第144页。

〔16〕爱新觉罗·玄烨《海东青》，《清圣祖御制诗文》卷七，《故宫珍本丛刊》第542册，海南出版社，2000年，第80页。

〔17〕《清圣祖实录》卷一一一，康熙二十二年七月丁丑。

〔18〕《清圣祖实录》卷一一三，康熙二十二年十一月癸未。

〔19〕《清圣祖实录》卷一一四，康熙二十三年二月辛酉。

〔20〕《清圣祖实录》卷一三五，康熙二十七年五月癸酉。

〔21〕［法］张诚著，陈震飞译，陈泽宪校《张诚日记（1689年6月13日—1690年5月7日）》，商务印书馆，1973年，第33页。

〔22〕《张诚日记》，第36页。

〔23〕 该条约以满文、俄文、拉丁文三种文字写成，双方共同签署的是拉丁文文本，时间为公元 1689 年 9 月 7 日，通常译作《尼布楚条约》,《东北国际约章汇释》作“尼布楚界约”。

〔24〕 本段关于《尼布楚条约》的文本比较，参考了《一六八九年的中俄尼布楚条约》附录二。

〔25〕《萨哈林旅行记》第一章，“萨哈林半岛”，湖南人民出版社，2013 年，第 9 页。

〔26〕《萨哈林旅行记》第一章：“1710 年中国皇帝敕令在北京的外国传教士绘制一幅鞑靼地区图；传教士们在绘制这幅地图时使用了日本的地图，这一点是显而易见的，因为当时只有日本人才知道拉彼鲁兹海峡和鞑靼海峡是可以通行的。”第 9 页。

永宁寺记石碑，明永乐十一年（1413）首领太监亦失哈奉敕建造永宁寺后所立，碑文中提及库页岛。此为美国人柯林斯于1856年7月登临时临摹，载氏著《阿穆尔河行纪》（英文）

重建永宁寺记石碑，亦失哈于宣德八年所立。此为柯林斯登上特林岬时所绘，载《阿穆尔河行纪》（英文）

特林岬上的古塔，不详是否永宁寺附属之物，至曹廷杰来考察时已不存。此图为柯林斯手绘，载《阿穆尔河行纪》（英文）卷首

特林岬上的石柱残迹，载《阿穆尔河行纪》（英文）

尼古拉·彼得洛维奇·列扎诺夫（1764—1807），男爵，探险家，曾任驻日全权大使、俄美公司总裁。1805年夏，他在外交受挫后，乘“希望”号经日本海贴岸北上，察看日本各岛与库页岛南端，在阿尼瓦湾登陆，而于到达彼得罗巴甫洛夫斯克后，即下令攻击日方在岛上的机构设施

根纳基·伊凡诺维奇·涅维尔斯科伊（1813—1876），俄国海军上将。1849年6月率“贝加尔”号运输舰绕行库页岛北端进入河口湾勘察，发现黑龙江通海航道，后派员登上库页岛勘察，并于1853年在阿尼瓦湾设立军事哨所

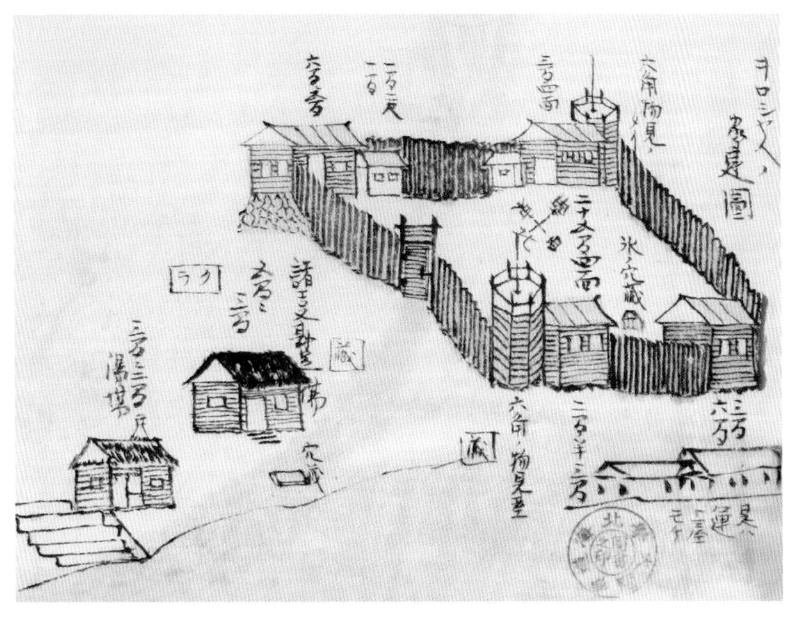

1853 年，俄军在阿尼瓦湾建立的穆拉维约夫哨所，日本人绘，现藏北海道大学图书馆

1890 年，亚历山大罗夫斯克监狱的大院，契诃夫曾考察过这座监狱

布拉戈维申斯克旧海关墙上的标牌，契诃夫赴库页岛时曾在此小住

轮船上被押往库页岛的苦役犯

岛上运木头的苦役犯

亚历山大罗夫斯克的契诃夫博物馆，相邻的即契诃夫大街

铁匠正在为重犯钉镣铐，契诃夫在库页岛收集到的照片

1891年，监狱中的祈祷活动

1891 年，岛上俄军在操练

1894 年，亚历山大罗夫斯克邮局前即将出发的狗拉爬犁（邮车）。据萨哈林岛地方志博物馆馆藏资料

1896 年，杜厄港的教堂。此港位于库页岛西海岸中部重要产煤之地，契诃夫曾在这里考察

间宫林藏（1780—1844），本名伦宗，19世纪初曾两次受命踏勘库页岛，并随岛上贡貂户前往黑龙江下游的满洲行署，著有《东韃纪行》等书

1896年，俄国人重回库页岛，此为主教马车到访都督府时情景

1896年，从亚历山大罗夫斯克监狱中出来的行进队伍，可知苦役犯随着俄军返回库页岛，契诃夫曾考察过这里。引自伊万·尼古拉耶维奇·克拉斯诺夫《1875—1906摄影集》

日本浮世绘上的箱馆之战，榎本武扬的幕府残军惨败。

榎本武扬等所建虾夷政权的印章，明显包含着对库页岛的吞并之心

所谓“虾夷共和国”的旗帜

日据时期的真冈，为重要的造纸基地

日本工人在库页岛的森林中伐木

长冈外史（1858—1933），陆军中将，日俄战争期间任参谋本部次长，对马海战获胜后建议占领库页岛，并制订了《桦太作战攻略》

日俄战争期间，日本净土真宗西本愿寺派第22代当主大谷光瑞随军进入库页岛传教，陆续建立了30余座寺院或布教所

日本人在库页岛上建设的灯塔

日据时期建造的铁路桥和涵洞，系征用韩国人做苦力，现已废弃

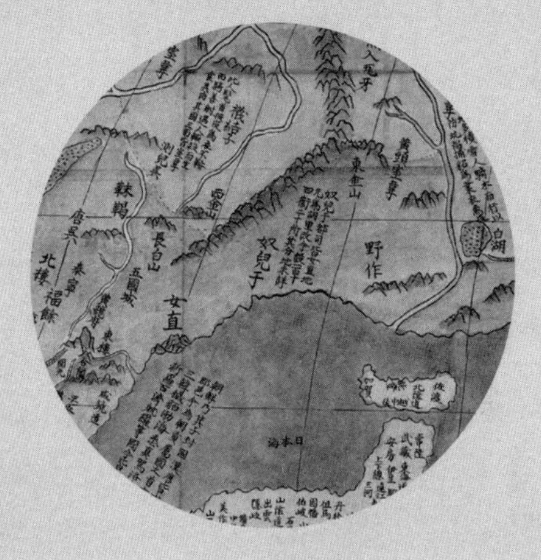

【第五章】

盛世的疏失

从雍正改元开始，养心殿就成为清帝在皇宫处理公务的地方，紧靠着庭院南墙外的即军机值房，颇便召对问询。该殿东暖阁的紫檀书案上，陈设着一只錾金镶玉的三足龙耳杯，上铸“金瓯”二字，称“金瓯永固杯”。金瓯永固，象征国家疆域完整无缺。大清前四朝于此皆足自豪，嘉庆帝亦称守成之君，至道光朝遭英舰残破，风雨飘摇，总算没有大面积失地。到了咸丰朝，侵占和割让国土的噩梦开始了，而最先失去的就是黑龙江下江地区和库页岛。

我们习惯于炫耀盛世之“烈火烹油，鲜花着锦”，习惯于谴责西方列强的野蛮侵略，也惯于斥骂当政者在衰世的懦弱无能、丧权辱国，此皆失之于简单化，更应该做的是在纷纭史料中厘清端绪。笔者曾逐页拣读《咸丰同治两朝上谕档》，再参照相关密折及俄国的档案文献，痛切感知什么叫内忧外患，什么叫大厦将倾，也能发现清廷君臣对沙俄的竭力抗争。略如“明不亡于崇祯，而亡于万历”之说，库页岛的失去，或也可说不失于咸丰，而失于嘉道，甚至失于更早的乾隆。

一、库页岛的归附

应该说，就在努尔哈赤派兵登岛抓壮丁时，库页岛已在新崛起的后金政权管辖之下。后来的皇太极和顺康之世，清朝统治者与太祖皇帝一样，将岛上部落视为同种同族，认为乃大陆生女真部众移居海岛者，多加招徕。黑龙江下江与库页岛氏族也颇有主动归顺和赴京进贡者，其中就包括库页岛人。《清圣祖实录》卷一四九：“归顺奇勒尔、飞牙喀、库耶、鄂伦春四处头目进贡。赏赉如例。”[1]库耶，即库页。此前数年间清军水陆并进，收复雅克萨，扫清窜扰黑龙江左岸的哥萨克，也拔除了其在下江盘踞的据点，迫使沙俄签订了《尼布楚条约》，声威大震，极大增强了国家的凝聚力。

此类投顺一般以氏族村屯为单位，而库页岛上费雅喀、库页、鄂伦春等各有聚居区域，互不统摄，是以各有各的选择，归顺新朝的事件续有发生。雍正间总理户部事务的和硕果亲王允礼，也曾在一件题本中提及“康熙五十一年库页费雅喀初来投顺”[2]，当是指其他氏族的前来。那时的下江地区与库页岛隶属宁古塔将军衙门，实施较为松散的管理，但也不是完全不管，虽尚未见高官登岛抚民的记载，但可确知一般官员兵役时常越海而来，处理各项事务。库页岛氏族首领前往京师进贡，必也有宁古塔等衙门所做的大量工作，招抚，引导，乃至派人一路护送，否则也不能成行。久而久之，衙门中也就有了熟悉岛上情况的人员，时常登岛办理各项事务。

雍正十年（1732）春，三姓副都统所属骁骑校伊布格讷提出请求，表示愿意去库页岛收服尚未归顺朝廷的特门、奇图山等村屯，他说：

> 我从前渡海效力二十八次，原居住海岛未降服之特门、奇图山等十四屯，俱曾到达。我愿前往招降此等人等。[3]

骁骑校，乃八旗佐领之副手，正六品，协助管理户籍、田宅等。据文中透露的信息可知，伊布格讷不知犯了什么事，正处于革职留任期间，提此建议显然是想立功赎过。宁古塔将军常德显然很支持这一想法，即行飞奏朝廷。雍正帝于四月二十三日收到密奏，命内阁大学士、军机大臣鄂尔泰主持讨论拟议，而鄂尔泰仅隔一天就奏称此事可行，曰：

> 查得，于特门、奇图山等屯居住者，俱系满洲，此等人等居住海岛后，相距窎远，未曾内附。今三姓骁骑校伊布格讷既呈文该将军称，伊从前曾亲自渡海效力，今情愿前往招抚此等生人，即照伊所请，前往说服可也。

在鄂尔泰等人认为，岛上的部落不管是库页，还是费雅喀，“俱系满洲”，即都属于女真的分支，而且也都是从大陆移居到海岛的。而称其为“生人”，当为生女真之义。众大臣还特别提出，伊布格讷此行若能成功收服六姓之人，即请将他的处分撤销，雍正帝当即批复。

当年五月，伊布格讷自三姓城出发，以当地赫哲人推色尼克奇等为向导，前往该岛招抚，七月间抵达库页岛的特门、奇图山等地。据伊布格讷报告，他在抵达后——

> 召集绰敏姓、陶姓、苏隆古鲁姓、雅丹姓之库页人，并耨德姓、杜瓦哈姓之费雅喀等，将皇帝养育万民施恩之处一一传谕。四姓库页人达哈塔塔等人及二姓费雅喀瓦哈布努等皆欢喜，告称：愿依附圣主，每年进贡貂皮。其六姓十八村一百四十六户四百五十丁，每年进贡貂皮一百四十六张……[4]

由于记载欠详，无法得知伊布格讷此行带了多少兵丁，推想不会不带，也不会太多，参考后来乾隆年间公务登岛之例，大约二三十人。以这样一个较短的时间，他们应该是直趋文中提到的六姓十八村等地。此时生活在下江地区的赫哲、费雅喀部落已经归顺清朝，库页人属于新附部族，以故鄂尔泰特地补充说明：“库页人达哈塔塔等既与赫哲、费雅喀一样每年贡貂，于此等人，亦请照赫哲、费雅喀之例赏给财物衣服等。”表示要一视同仁。

应该注意的是，此处点名归附的岛上六姓，为“四姓库页人”与“二姓费雅喀”。伊布格讷招抚成功的主要标志，或者说库页岛上部族归附清朝的必要程序，是贡缴貂皮，每户一张，当年便如数上缴。转过年来，常德调往北路军营任靖边副将军，署任宁古塔将军杜赉奏报库页六姓“倾心归化”，军机大臣提出以姓长制为核心的管理模式，雍正帝予以批准，正式纳入国家治理体系。《清世宗实录》记载：

> 办理军机大臣等议复：宁古塔将军杜赉奏称“海岛特门、奇图山等处绰敏等六姓，仰慕皇仁，倾心归化，每年纳贡貂皮，请施恩赏，以示奖劝”，应如所请，照例赏给。嗣后六姓之人，交该将军处每姓各立头目一人，以为约束。每年所贡貂皮，分别解送。从之。[5]

文中所说的“海岛”自然是库页岛，而“六姓”，指的是岛上四姓库页人与二姓费雅喀氏族。至于“特门、奇图山”等地名，难以具体考定，但知雅丹氏在库页岛南部地区的西岸。这是清廷对库页岛正式实行管辖的记录，经过三姓副都统衙门派员招抚，宁古塔将军呈报，军机大臣合议，最后由雍正帝御批，程序严格，载入实录。

二、颁赏乌林

由于地缘关系，日本人较早与库页岛有了商贸联系。一方面是因为虾夷阿伊努人与南库页的爱奴人族属相近，另一方面则因库页岛长约两千里，不仅本岛南北部族要互通有无，中国大陆和日本商人也常会前来交易。新井白石《虾夷志》记载：库页岛“产青玉雕羽，杂之以蟒缎文缯绮帛，即是汉物，其所从来盖道鞑靼地方而已”[6]。作者分得很清楚，玉石和羽毛产于当地，蟒缎绮帛则出自中国，系从东北地区辗转运来。有些学者提出“东北亚丝绸之路”的说法，勾画出很长一条路线：北京—盛京—吉林—三姓，然后由三姓副都统衙门，再运送到具体的颁赏地奇集、普禄或德楞等地，从那里随进贡岛民过海，到库页岛，再到北海道，最终抵达日本本土。日本学者所称的“山丹贸易”，论题亦相近，其核心都是清朝的颁赏乌林体制。贡貂赏乌林的地点建有木城，被称作行署，也由于各种原因，其地址有过变动。

乌林，又作乌绫，俗称“穿官”，指从上到下一整套的衣帽鞋袜，也包括针线、梳篦、棉花、纽扣、漆箱、皮箱、桐油匣子等物。发放时按姓长、乡长、子弟、白人分别等级，大致类似官吏士民之区别，姓长之服为蟒缎朝衣，所以称为“穿官”，即身穿官服或官府所赐之服也。明朝对于建州等地女真，就曾采取过类似做法，使之由“生女真”到“熟女真”，迅速崛起。努尔哈赤将“野人女真”视为同族部落，对收服的使鹿部、使犬部民众大加笼络赏赐，钦赏之物不光衣饰，还包括田庐器具，无妻者更是集体配发老婆。顺治间，下江各部落皆被招抚，称为“初顺使狗地方”，对贡貂屯落一般不再强令迁徙，赏赐以衣物为主，姓长为“披领”，乡长为“缎袍”。穿上这样的官服，仪态举止自与原来的披张熊皮和鱼皮不同，等级的差异也更明显，对朝廷的忠诚和依赖都得以提升。穿官成为时髦，更成为权势与财富的象征。据档案记载，有时会发生争议，也有姓长提出自己年龄大了，请求由儿子继承披肩之服。那时的盛京，已有了专门的服装加工厂，制作四季袍服、皮袄棉裤，以供颁赏之需。

至乾隆初年，颁赏乌林已成定制。有鉴于做成服装既费工时，又难以做到大小合身，改为折算绸缎布面，倒也是一项便民措施。兹引三姓副都统衙门在乾隆二十五年八月的一份呈文，以见其详：

> 三姓地方贡貂之库页费雅喀六姓之人额定为一百四十八户，约定于奇集噶珊进贡貂皮。故应备辛巳年颁赏用乌林一百四十八套，其中姓长之无扇肩朝衣六套、乡长之朝衣十八套、姓长及乡长之子弟所穿缎袍二套、白人所穿蓝毛青布袍一百二十二套，折成衣料为蟒缎六匹、彭缎四十六丈三尺、白绢一百一十六丈、妆缎二十丈四尺四寸、红绢三十七丈、家机布七丈四尺四寸、蓝毛青布二百四十四匹、白布五百九十二丈即一百四十八匹、棉花二百四十斤八两、毛青布九百二十匹、高丽布五百一十四丈折细家机布二百五十七匹、每块三尺之绢里子二百九十六块……〔7〕

以下还逐项罗列梳篦针线等物，不赘述。发放之物具体到一寸布、一两棉、一根针，也显示出考虑到偏远之地的实际使用，且处处从宽。虽也收取贡貂，却是赏赐的价值高于岁贡，应存在一种美好期待：费雅喀人由穿着衣饰开始，渐渐脱离半原始的“鱼皮鞑子”状态，跟上新满洲的发展步伐。

为了方便库页费雅喀人跨海前来，贡貂和颁赏乌林定于每年夏天实行。而当年秋天，三姓要将发放数额汇总上报，以领取次年备赏物品。所需绸缎布帛等由吉林将军转报盛京，由盛京礼部备办，户部核发，程序很严格。届时两副都统衙门派出员弁领取，车载船运，抵达后先行贮存，次年再分运各行署发放。路途遥远，水路难测，多次出现过沉船伤人、乌林漂没的情况。

年复一年的颁赏，大量绸缎布帛的涌入，的确使岛民的生活有了较大改变。契诃夫写克鲁逊什特恩于1805年在北端的岬角间登岛，“见到过一个有二十七所住房的屯落”“基里亚克人穿着华丽的绸缎衣服，上面绣有许多花”[8]。那是在嘉庆十年（1805），在该岛生存条件较为艰苦的最北端，出现这种数十户的屯落和讲究的服装，当与赏乌林制度相关联。而将成衣折为衣料，应也有一些人转手卖出，或交换一些急需的东西。清廷在赏乌林的同时，严禁钢铁和兵器入岛，连官差不经报批也不许携带腰刀之类。上岛执法的官员若发现当地部民有穿甲挎刀之人，也要特别呈报。这造成了岛民对铁器的渴求，俄日人员登岛，常以匕首、小刀之类为诱惑，大受欢迎。若说有些人家会将绸缎衣料用以交换，倒也顺理成章。

颁赏乌林是为了解决费雅喀人的穿衣难题，总数毕竟有限，即便有一部分被用于贸易，怕也支撑不起一条丝绸之路。此时日本长崎久已是贸易中心，福建浙江商船直航可至，自库页岛辗转而来的物品应无足轻重；而俄国已成为纺织大国，俄人抵达黑龙江和库页岛常也会携带布匹，不需要在这里获取。赏乌林自具有积极意义，与是否构成一条“丝路”关系应不大。

三、有这样一次登岛执法

那时的库页岛静谧安宁，岛上以氏族、村屯为二级行政单位，岛民每年六、七月间渡海来大陆，向清廷贡缴貂皮，同时接受朝廷赏赐的乌林。这种贡赏关系是有很大政策倾斜的。清初哥萨克匪帮闯入黑龙江流域，强行向达斡尔等部族收取实物税，通常索要每人三张貂皮，毫无回馈，纯属掠夺。而清廷则是每户一张，赏赐整套衣饰针线等物，还要发放米粮，供往返途中用度。那时在清朝君臣的观念中，他们是被作为满洲人来对待的。

对下江地域与库页岛，清廷先是由宁古塔将军直接管辖。康熙五十三年（1714），在向北约500里的松花江畔设立三姓协领衙门，雍正十年升格为副都统衙门，又在下江的奇集或普禄设立行署木城，以便就近办理贡赏和地方管理。虽未在岛上建立常设机构，也时常派官吏登岛处理公务，本章第一节写到的骁骑校伊布格讷就是其中之一。

30年之后的乾隆八年（1743）二月，由三姓副都统崇提的一份报告可知，伊布格讷仍然活着，仍然是骁骑校。此年伊布格讷已69岁，声称自上年十月起手脚麻木，双目失明，请求退休。崇提为此行文将军衙门，说伊布格讷通晓费雅喀和鄂伦春语，从康熙二十九年始随长官登岛，由通译升至骁骑校，数十年间“渡海赴岛计三十八次”[9]。他们当然是在行使管辖权，这个数字仅限于伊布格讷参与的公务，并非当地官府员弁上岛的次数。

更多时候是库页人来大陆，主要路径有两条：一是由黑龙江河口湾进入，经庙街、特林、普禄溯江而上；二是由鞑靼海峡较窄处的拉喀岬出发，横渡海峡后近岸航行，经塔巴湾登陆，拖着小船翻过山岭小径，经奇集（又作奇吉、奇咭）湖转入黑龙江。费雅喀人船只较小，逆流而上比较危险，是以多选择奇集一路。三姓衙门在此设立行署，颇便岛民。每年六、七月间，库页岛六姓十八噶珊的首领率众而来，缴纳规定的毛皮，领受朝廷奖赏和宴请，顺便走亲串朋，洋溢着一种节日气氛。一些外国和内地客商也远道赶来，私下的交易更为热闹，奇集噶珊借以走向繁华。19世纪50年代初，涅维尔斯科伊也是看重那里的地利与人气，以货栈名义设立了一个据点，不久后即发展为俄军哨所与兵营，自此切断了清军往海口的通道。

乾隆八年夏天，三姓副都统衙门派出防御吉布球等带领20名士兵前往库页岛，任务是到达里喀噶珊等处，带回姓长齐查伊（又作齐晓西奇，舒隆武噜姓姓长）、雅尔齐（陶姓姓长）作为证人，以便审理一起凶杀案。该案发生于一年前，就在奇集行署颁赏乌林期间，达里喀噶珊的乡长阿喀图斯等三人在一场争端中被杀死，两人受伤，影响十分恶劣。吉林将军闻知后督令查办，后查清为下江魁玛噶珊的伊特谢努父子带头所为，即命宁古塔与三姓联合办案。库页费雅喀三人死于非命，下江有一个叫戴柱的赫哲人也被杀死，证明这场斗殴并不单纯是海岛与陆上部落之争。

下江与库页岛地方属于三姓副都统管辖，而一些赫哲部落的向导、通事人等又列入宁古塔副都统的治下，管理权颇有些交叉，是以三姓与宁古塔各派一名协领联合办案。他们很快就在奇集下游的魁玛噶珊将伊特谢努抓获，由宁古塔官兵带回。三姓协领赫保在奇集留下来，一则准备在当地的行署木城接受贡貂和发放乌林，一则等待吉布球将证人齐查伊等带来，在奇集行署就近审理。岂知赫保突患疾病，勉强办理了库页岛耨德、都瓦哈二姓的贡赏事宜，终于支撑不住，不得不回去治病，遂将会审地点改为三姓城（又称姓城）。

且说吉布球一行，六月初五日自黑龙江口渡海，20多天后始抵达里喀地方。由于去年的族人死伤，姓长齐查伊显然深为不满，见面时排列甲兵，并拒绝跪拜。吉布球对此叙述较详——

我等抵达码头后，见姓长齐查伊及雅尔齐两侧约有

> 八十人，其中有在衣服内穿甲者，亦有佩腰刀者。吉布球我谓齐查伊道：“尔为何不跪？”伊言道：“去年我于奇集地方颇受劳累，且年迈体衰，怎能下跪？”乃仅作揖。后将我向导哈士、通事福扬乌带回家中。良久，齐查伊前来叩拜道：“我不曾知道，经问哈士等，才得知伊特谢努等杀死我等属下人，已被拿获，故前来叩谢。”吉布球我道：“我处大臣命我等将印凭交付尔等，明日将姓长雅尔齐带来，译读告之。”[10]

而齐查伊一听说要他渡海去做证，又复犹豫拒绝，吉布球等人好说歹说，总算答应。吉布球即拿出当年颁赏的锦缎布匹等物件，对死者伤者一一加以抚恤，同时颁发印凭（进贡和领取乌林的凭证），众人叩拜如仪。因记述简单，不详达里喀噶珊的具体所在，似乎在中部靠近西海岸某处。众人为海峡大风所阻，在一个多月后才抵达奇集，而协领赫保早已离开。齐查伊和雅尔齐受到宴席接待，可当听说还要去三姓和宁古塔，皆诉苦不已，不肯前行。吉布球威逼利诱，坚持要齐查伊带领证人到三姓，方才答应回船商议一下。当晚，齐查伊与雅尔齐乘船逃走，清军追赶不及，眼看着他们消失在茫茫夜色中。

这是一次失败的登岛执法，也是库页岛隶属清廷，与大陆地区关系密切、来往频繁的证据之一。时任吉林将军鄂弥达曾做过两广总督，性情温和平易，下令办理此案时，特别叮嘱登岛时少派兵丁，少带枪支弹药，以免在岛民中引发不安；并说接取齐查伊等证人，如果不愿意来，也不要强迫。[11]该案最终是在宁古塔审理的，史料匮乏，伊特谢努被作何处置已不得而知，但由乾隆二十年的一条通缉令[12]，可知其子肖西那也因此被逐离家乡，编管于宁古塔。

四、首辅傅恒的限户令

对岛上的费雅喀部落，乾隆后的地方公文中一般称作“库页费雅喀”，而将下江氏族称为“赫哲费雅喀”。库页费雅喀从雍正十年（1732）始向朝廷纳贡，原来有 18 村 146 户，至乾隆间又增加 2 户。与此同时，生活在下江的赫哲人由 1910 户，新增 340 户。乾隆十五年（1750）秋天，刚上任不久的吉林将军卓鼐专就贡貂赏乌林一事密奏，其中涉及库页岛之处曰：

> 雍正十年招服居住于海岛上特门、赫图舍等处库页费雅喀人一百四十六户，令其贡貂。自雍正十二年至乾隆二年增加两户，共计一百四十八户……赫哲费雅喀及库页费雅喀贡貂人数，如不予以定额办理，则必致继续增加。奴才等祈请将现今纳貂皮贡之赫哲费雅喀二千二百五十户及库页费雅喀一百四十八户永为定额，嗣后不准增加。[13]

将近 20 年过去了，贡貂在库页岛上成为一种特权，当局不知扩大到全岛以普惠众庶，而是做出种种限制。这位将军曾做过圆明园总管，很会算经济账，对治下的民户增加不仅没有丝毫喜悦，反而视为一种经济负担，莅任不久就提出此项建议。作为镇守一方的军政大员，他显然缺乏政治眼光和胸襟，没有国家版图与边疆治理上的考量，斤斤计较于那点儿绸缎布匹与针头线脑。

卓鼐此举理应受到斥责，未曾想却得到内阁大学士傅恒的赞赏，乾隆十五年十一月，傅恒特上奏折，拟议将库页岛贡貂户以 148 户永为定额，曰：

> 皇上重重颁赏者，虽系仁抚远民之至恩，然此等人贡貂时如不规定户数，随其意愿准其进贡，则必视皇上隆恩为定例，陆续增加，天长日久，反致不知皇上隆恩矣。

作为首辅和首席军机大臣，傅恒关注国家收支的平衡和经费节俭，且贡貂与赏乌林制度十余年不变，加以修改实属必要。但朝廷的目标，应是对这个极寒之地庞大海岛更切实有效的管理，是吸引更多的民户缴贡与接受赏赐，是逐步改善岛民的生活和教育水准。

记载匮乏，现存史料又复抵牾，我们对清代库页岛上的部落民族所知甚少，很难对其进行整体和细密的研究，但仍可肯定：纳贡的六姓十八噶珊 148 户，并非库页岛上的所有贡貂户，而恰恰属于归附较晚、距河口湾较远的一部分（可能是较大的一部分）。即就这一部分，又分为库页四姓、费雅喀二姓，应在于民族有别。查三姓衙门的贡貂户名册，另有“库页姓白人十八名”，其与这里的四姓库页人有什么关系？而该岛东海岸中南部有不少鄂伦春屯落，它们是否也在贡貂之列？还有生活在南库页的爱奴人，是否即库页人？都需要进一步探索和认知。这些烟云模糊处也与清廷治理的大而化之相关，开始时尚且说明六姓存在族群之别，时间久了，干脆混为一谈，径称库页费雅喀。作为内阁首辅的傅恒，也不知珍惜，不去为通岛百姓计，不作库页岛长远发展的规划，而是生怕人口不断增加，理由写得明白，却是匪夷所思。同样匪夷所思的，是乾隆帝当即批准了这一奏议。

对于库页费雅喀人每年的贡貂受赏方式，以往是每年七月在奇集行署办理，如果不能如约前来，则令官兵到岛上召唤。卓鼐提议严格管理：“嗣后收取库页费雅喀人之贡貂，须约定地点及月份，令其前来贡貂。如有不于约定月内前来者……未来之年应赏乌林停止颁赏，只给前来贡貂当年应赏之乌林。短欠之貂皮照例收取，乌林则不再补赏。”傅恒觉得有些过分，指出贡貂人路途遥远，“途经河、海及三个窝集（即丛林）”，可能中途遇阻，也可能患病受伤，应予以体谅。他说：

> 如事出有因而于下年补贡者，竟停止补赏，恐与圣上抚绥远民之至意不副。缘此，赫哲费雅喀人等应贡貂皮，如事出有因短欠一年而于下年补贡者，除照旧例补给应赏之物外，如有短欠二年以上者，则停止进贡短欠之貂皮，亦停止补赏。唯收取当年应贡之貂皮并照例颁赏之。

此议得到乾隆帝认可，充分展现了朝廷的宽仁，皇恩浩荡。但要说君臣二人对库页岛有点视为累赘，没有任何国家战略的思考和措置，也是真的。

五、库页岛无有萨尔罕锥

建州女真崛起之初，即将满蒙联姻作为一项基本国策，而对东海赫哲、费雅喀等部则采取赐婚制度。后金时代，应东海窝集部瑚尔哈路路长博济哩请求，努尔哈赤将属下六大臣之女，赐予他及五名路长为妻，被称作“首乞婚”[14]。入关之后，黑龙江下江各部归属渐众，不断有人乞婚，清廷为表示宠遇和笼络，定议将宗室之女嫁与当地男子，即所谓“进京娶妇”。萨尔罕锥，即下嫁的宗室少女之专称，俗作“皇姑”，在当地备受尊重。她们的夫婿，称为霍集珲（即女婿、姑爷），所生儿女亦各有专称。乾隆七年（1742）赏乌林期间发生的那次斗殴杀人案，主凶伊特谢努即一名霍集珲，虽非姓长、乡长，自视身份与普通族人不同，其犯案情形不详，推测亦不外饮酒时使气争闹，大打出手，居然与儿子一起格杀数人。

对于进京娶妇之人，清廷没有做年龄、容貌、身份地位的规定，只是要求备一份聘礼。据乾隆五十九年（1794）三姓副都统额尔伯克的一份咨文，可知娶妻应备聘礼之数：黑狐皮 2 张，可以 4 张白珍珠毛狐皮折算；玄色狐皮褥子 2 件，每件由 9 张皮料拼成；黄狐皮褥子 4 件，每件由 9 张皮料拼成；17 张貂皮筒子 12 件，每件由 17 张皮料拼成；另加貂皮 100 张。[15]

所有貂狐皮张，首先由三姓有关官员验看，检查是否“头、尾、蹄俱全”，分别等级，然后至吉林将军衙门再验，以确认有无做霍集珲的资格。一般人家是置办不起这些皮张的。此项规定重点应也不在其价值之昂，而在于乞婚者不致过于寒酸，有伤朝廷颜面。

成为准霍集珲之后，便要进京娶妻，吉林将军衙门照例会派人护送，提供一辆牛车，沿途驿站管吃管住，进京后由礼部接待办理，事成后还要设宴款待，并提供一份相当丰厚的赏赐。赏给霍集珲的有蟒缎朝衣、缎袍、大缎褂、绸衬衣、毛青布衬衣，还有马匹弓箭及一应鞍辔撒袋；赐给萨尔罕锥的是捏褶女朝褂、立蟒缎袍、大缎褂、缎衬衣、无花青缎袍褂及袖袄等，以及大宗布料针线梳篦等日用物品，也有镶金雕鞍的骏马。另有两对奴仆、两头牛、耕田的犁，对于一对新人可以说无微不至。通常说来，宗室或大臣之女是不愿嫁到那块苦寒之地的，有关官员便想出替代之策，由满洲民女中选萨尔罕锥，以此也要赐给其娘家白银 50 两及马匹等物。从档案得知，男女双方还有个见面相亲的程序，彼此相中，才可成亲。

原来赫哲、费雅喀男子赴京进贡纳妇是在冬天起身，春天抵达京师，容易感染天花，发生过因此死亡的事件，一场喜事化为悲剧，令人悲悯。乾隆帝得悉此情，于四十年专发上谕，命改为秋季来京，谕曰：

> 历来赫哲、费雅喀等人来京师者，多未出花。惟彼等体质固弱，远地来京进贡纳妇，尚未出花，情实可悯。彼等自原籍来京，路途极为窎远，惯例多于冬末春初抵京。而京师于冬春之交，正值天花流行，于此辈不利。宜揣度寒暑，于凉爽季节来京，从速办理，纳妇后遣归可也。为此谕知吉林乌拉将军，嗣后赫哲、费雅喀等来京进贡纳妇者，毋庸延至冬季来京，以择七、八、九月之凉爽季节为宜。[16]

关切挂念之情，跃然纸上，读来让人感动。此件为三姓副都统转发给库页岛陶姓姓长与乡长赤库尔丹吉等人的，不知为什么到了雅丹姓头领府中，1792年为日本地质学家最上德内首先发现。

乾隆帝的这一道谕旨是发给吉林将军的，一级级传达下去，也转发到库页岛上的姓长手中，目的当然在于宣扬圣上的恩德，也不乏鼓励库页人进京纳妇之意。其后的赫哲、费雅喀人果然呈现出一种积极姿态，而吉林将军在派人护送他们进京之时，每不忘提及乾隆帝此谕。[17]或也正是由于皇帝的关心，乾隆末年此地两千多贡貂户中，已有萨尔罕锥10人，是一个较高的比例。乾隆七年夏天，赏乌林期间的那场斗殴，受害人之一戴柱也是霍集珲，满洲的姑爷与姑爷打起来了，既可见此辈自视地位特殊，复可知在当地密度之高。

即便如此，从档案文献中尚未发现库页岛上有萨尔罕锥的身影，所列生活在大陆的库页姓中没有，岛上六姓148户中也没有。当日对族群的表述颇为混乱，部族与氏族常相混淆，而费雅喀与赫哲、库页之间关系也有些夹缠不清。有的学者笼统说到赫哲、库页人的进京娶妻，而细加按验，未能找到库页籍霍集珲的实证。乾隆帝的谕旨是在南库页被发现的，可证皇帝的恩泽已洒落在如此偏远之地，但仍未见该姓中曾有过萨尔罕锥。

六、渐行渐远

国人大都知道库页岛曾是中国的，且长期属于中国；也知道这个大岛，连同它毗邻大陆的大片土地，今日已不属于中国，却难以确定库页岛于何时、以何种方式离开了中国。大量阅读相关档案文献的过程，也是笔者进行考辨、审视与反思的过程，竟产生一种前所未有的感觉：库页岛的离去，并非始于沙俄在 19 世纪中叶的出兵强占，而在乾嘉间它即与母体渐行渐远。

从努尔哈赤开始，满族统治者就将东海地区当作后院，所谓“生女真”“新满洲”，皆包括此一地域。而早期派兵搜括丁壮、招徕归顺部落，则使这里的人烟更为稀少。清兵入关，定都北京，满人一批批移居关内，流连温柔富贵之乡，发祥之地建州尚且空虚，何况极边的赫哲、费雅喀？何况更远更荒凉的海岛？康熙朝收复雅克萨等城堡，黑龙江地域整体稳定，对库页岛的关注增加，逐步建立颁赏乌林和进京纳妇制度，但也是以羁縻为主，并非严格意义上的行政管辖。而根据现有史料，进京纳妇多在大陆濒海地区，多在雍乾两朝，此后逐渐减少，道光后似乎就不再实施了。

贡貂赏乌林制度是有效的，也是脆弱的。那近似于对待外藩的岁贡体制，虽然秉持“厚往薄来”的原则，在朝廷看来如同恩赐，却不太考虑氏族首领的感受。越是到后来，办事官吏就越显得盛气凌人，岁数很高的族长被迫向品级甚低的年轻员弁叩头，心中怎能无怨气？以达里喀噶珊的姓长齐查伊为例，当局之意本来是要为库页人主持公道，但由于办事者方式简单，见面后即喝令跪拜，不从即以断绝进贡威胁，赶赴行署时状若押解，反而增加许多疑惧。齐查伊倔强宣称不再贡貂，即是一种愤恨屈辱感所致。从奇集逃走后，不仅当年舒、陶二姓拒绝贡貂，多年以后仍是经常不到，嫌怨久久难以消除。

康熙帝下旨编绘的《皇舆全览图》，将库页岛纳入版图，列为开篇第一幅，分别在东西海岸标注了厄里耶、披伦兔、萨衣、拉喀、特肯、衣堆、蒲隆等噶珊。岂能说不重视？可所措置也有限。没有在岛上作准确翔实的地理勘察，尤其没有对岛上南部地区做系统的测绘调查，没有设置官方机构和派遣军队，基本上是由岛民自治，也就是自生自灭。究其根因，大约还在于满人入关后的认知改变——嘴上称东北为根本之地，实际上也深怀感情，心中则深知气候之严酷、生活条件之艰苦，不愿回归。辽阳盛京一带尚且如此，更何况数千里外海中之库页岛！

雍正十年，清廷对黑龙江、吉林等地的控制有所增强，多处扩充兵力，并在三姓地方设立副都统衙门。库页岛特门、奇图山等地的绰敏等六姓费雅喀，就在这一年贡貂归附。自此，逐渐形成六姓十八噶珊的管理格局，库页岛上氏族与清廷的岁贡关系，也开始走向制度化。

至乾隆年间，西部南部边疆屡发变乱，先后爆发大小金川、准噶尔、回部、苗疆、台湾大规模战事，而吉黑地方尤其是东北海疆始终平和安静。朝廷不断在此地征调兵员，迁徙部民往新疆等地戍守，仍是年复一年地接收岁贡与颁赏乌林。貂鼠皮毛在内务府大库已是堆积如山，零星一些鹰雕、狐犬、鱼类之贡可有可无，而朝廷颁赏的乌林所费不赀，筹集和发运储存都不易，已被朝廷视为一种经济负担。

封建王朝多有一个鼎盛时期，重要标志便是疆域的扩大，极盛时的明清两朝，行政与声教皆达于库页岛。然比较起来，清朝对边疆的重视还不如前明：明朝选择在下江设置奴儿干都司，数日即可登岛，且在岛上也设立几处卫所；而清朝在岛上全无设施，三姓副都统衙门远隔两三千里，登岛办理一次公务竟需三四个月，反应缓慢且成本高昂。就近设立的所谓行署木城，也呈现不断后撤的态势，由普禄、奇集，退向德楞，再退向三姓本城。库页费雅喀居住分散，每年的贡貂之旅都要翻山越岭，跨海渡江，备极艰辛。另一方面，貂鼠越打越少，验收越来越苛，贡与赏的物价比已发生较大变化。随着缴贡的路越来越长，库页岛人与朝廷的感情也渐行渐远。

注释

〔1〕《清圣祖实录》卷一四九，康熙二十九年十月壬戌。

〔2〕朱志美《清代之贡貂赏乌林制度》称，中国第一历史档案馆藏雍正十二年六月初四日总理户部事务和硕果亲王所上题本中提到此事，笔者未检索到。

〔3〕《军机处满文议复档·大学士鄂尔泰等议奏派员招抚居于海岛之满洲折》，分件号0028。

〔4〕《军机处满文议复档·大学士鄂尔泰等议奏派员招附库页岛人户折》，分件号7840001。

〔5〕《清世祖实录》卷一三一，雍正十一年五月壬寅。

〔6〕虾夷，旧指北海道，亦指生活于此地的阿努伊人。库页岛南部的爱奴人，一般认为与阿伊努人族群相近，以故日本人又将该岛称作“北虾夷”。新井白石《虾夷志》写成于江户时代，记述北海道民俗和地理物产，有《东洋文库》2015年版。

〔7〕《三姓副都统衙门满文档案译编》一，“三姓副都统巴岱为请备办乌林事咨吉林将军衙门”，辽沈书社，1984年，第17—18页。

〔8〕《萨哈林旅行记》第十一章，第132—133页。

〔9〕《三姓副都统衙门满文档案译编》二，“三姓副都统崇提为骁骑校伊布格讷声请原品休

致事咨吉林将军衙门"，第 132—133 页。

〔10〕《三姓副都统衙门满文档案译编》七，"三姓副都统崇提为报派员赴库页岛接取杀人案内被害人之姓长来三姓情形事咨吉林将军衙门"，乾隆八年十月二十八日，第 410—413 页。

〔11〕《三姓副都统衙门满文档案译编》七，"三姓副都统崇提为报杀人案内被害人之姓长于来城途中逃走情形事咨吉林将军衙门"载："前任将军敕曰：派遣宁古塔协领福顺及赫保尔等前往，尔二人凡事俱要商议而行，勿令其他无关之人惶恐不安。在海岛之奇查伊等，派人接取。若来，即带之前来。如不来，勿强迫之。"当年九月鄂弥达迁职而去，故称"前任将军"。

〔12〕《三姓副都统衙门满文档案译编》七，"吉林将军衙门为通缉赫哲人肖西那事咨三姓副都统衙门"，乾隆二十年五月二十七日，第 417 页。

〔13〕《三姓副都统衙门满文档案译编》附录"大学士傅恒等奏请裁定赫哲、库页费雅喀人贡貂及颁赏乌林办法折"，第 460—462 页。本节引文除注明者均出此折，不再一一出注。

〔14〕《清太祖实录》卷二："己亥年（明万历二十七年，1599）正月，东海兀吉部内虎儿哈二酋长王格、张格，率百人来贡土产，黑白红三色狐皮，黑白二色貂皮。自此兀吉虎儿哈部内所居之人，每岁人贡，其中酋长箔吉里等六人乞婚，太祖以六臣之女配之，以抚其心。"

〔15〕《三姓副都统衙门满文档案译编》六，"三姓副都统额尔伯克为赫哲人进京娶妻事咨吉林将军衙门"。

〔16〕［日］间宫林藏著，黑龙江日报（朝鲜文报）编辑部、黑龙江省哲学社会科学研究所译《东鞑纪行》，"附录之满洲公文译文"，商务印书馆，1974 年，第 50 页。

〔17〕 此据《三姓副都统衙门满文档案译编》六《霍集珲娶妻及萨尔罕锥病故》，多份吉林将军的奏折中，均提及"遵照四十年上谕，趁凉爽季节……护送起程"。

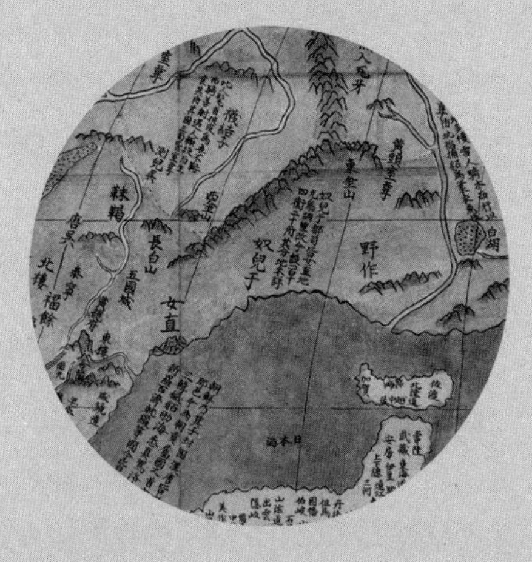

【第六章】

从“唐太”到“桦太”

谈论库页岛的话题是沉重的，也无法回避日本曾经的人员渗透和武力侵占。对物产丰富、战略地位重要的库页岛，俄日两个近邻早就虎视眈眈，私自登岛。而随着清室的衰微，他们终于觉得不再需要忍耐克制，便派出炮舰，几乎同时突入该岛。

契诃夫在书中多次写到日本人，写日本与萨哈林只隔着窄窄一道海峡的地缘优势，写俄国人与日本人持续发生的冲突。北海道曾被称作虾夷地，原住民为阿伊努族，其成为日本的藩属较晚。俄国舰船的频繁骚扰，其对千岛群岛和库页岛的悍然侵占，引起日本德川幕府的警觉戒备，于1868年正式在虾夷地开府设官，并大举移民。至于北面的库页岛，他们虽明知属于中国领土，也尝试着移民和设立机构，并将岛名擅改为“北虾夷”，吞并之野心，一望可知。

一、越海北进的和族

日本号称单一民族的国家，实则不然。且不说秦朝徐福带着数百少年男女东渡，使其遗裔中早已注入汉族的基因，仅虾夷地的阿伊努人，便毫无疑义为具有独特文化与历史的少数民族。日本占统治地位的当然是和族，在漫长岁月里，他们由本州岛节次北进，先是虾夷地（即后来的北海道），然后又瞄上了更北的库页岛。

由于不立文字，一些僻远之地原住民的历史常常迷蒙莫辨，库页岛上的爱奴人如此，北海道的阿伊努人亦如此。他们究竟来自何处？是一个民族还是不同民族？是从东北大陆经库页岛一路向南迁徙，还是由本州岛越海向北？学者各执一端，众说纷纭。而对虾夷岛原来是阿伊努人的土地，和族势力侵入时曾遇到激烈持久的反抗，松前藩统治全岛的时间较晚[1]，则没有太多异议。

对于库页岛的窥探和渗透，也发生在松前藩时期。传说之日莲宗第二代祖师日兴上人于元朝元贞间前往库页岛传教，并在岛上草创寺院，以及虾夷管领安东氏带领骨嵬部越海袭扰下江，都找不到有力证据。明天启四年（1624），松前氏曾派藩臣前往库页岛，“尝试着住过一冬，从此以后，屡屡派藩臣前去巡视”[2]。崇祯八年（1635），即皇太极宣布称帝，改国号为大清的前一年，又有记载称松前藩左卫门村上扫部上岛进行所谓巡视，俨然已当作自家的属地。而为了入侵的方便，日本人也变着法子在岛名上做文章，一会儿叫唐太，一会儿叫桦太，一会儿又叫北虾夷。

不管将库页岛改成什么名字，日本官方和学者心里很清楚，这个岛不属于日本，而属于清朝统辖。不仅中部和北部村屯的姓长、乡长由三姓衙门任命，南部亦如此。据间宫林藏口述：乾隆十二年前后，曾有满洲官员率员抵达库页岛巡查，“在西海岸伊道意（离白主一百三十多里）处，任命陶尔倍斯夷一人为喀喇达。在距此地五十里许之腹地考托地方，任命吴尔托考为喀喇达。从此地越诺垤道山路二十里许至东海岸之道开（又叫眉尔古阿），也任命一人为喀喇达。各地任命为噶珊达者更多”[3]。这些村寨多为费雅喀人，也有的是鄂伦春人，分布在南北库页，东西两岸，可证这是一次认真的巡察。但清朝官员应是没到达最南端的阿尼瓦湾，否则便会与潜入的日本人有一番正面遭遇了。

到了乾隆末年，松前藩已确立了在虾夷地全岛的支配地位，并在库页岛南端的阿尼瓦湾开拓渔场，由久春古丹等人营建的港口小镇大泊初具规模，并兴建了仓库、加工场、税务所，甚至设立哨所。为加快渗透步伐，他们还派人抵达库页岛西南端的岬角，设立以白主命名的集市。由此向西即清朝吉林将军所属东北滨海之地，相距不过四五百里，但多为“窝集”之类山岭密林之地，不知是否有人传报这一情况。

二、“西散大国”与名寄文书

由于隔着一个虾夷岛（通称虾夷地，即今北海道），日本早期对库页岛的殖民掠夺，是由大名松前氏的松前藩实施的。库页人把那个相邻岛屿视作一个国家，称为“西散”或“西散国”。

直到明治维新，虾夷地更名北海道，此地才算正式纳入日本的行政管辖。此前该岛是松前家族的藩土，那里的主体仍是阿伊努人，与生活在南库页的爱奴人血缘相近，只是已在和族统治之下。两岛之间只隔着一道窄窄的海峡，很久之前就有了交流，一般认为爱奴人就是越过海峡而来的。而随着和族势力的渐渐增强，库页岛上的氏族也开始与之交往，其中一个是陶姓部落，系雍正间最先归顺清廷的库页六姓之一。自乾隆七年颁赏乌林期间在奇集发生斗殴死人事件后，该姓与舒姓两部落便有些离心离德，岁贡不常。在三姓副都统衙门历年开列的“关领乌林数目册”上，陶姓为“姓长一名、乡长一名、白人十七名”[4]，在岛上属于中等氏族，居住地应在西岸偏南地方。而比该姓更向南方的是杨姓，也是向清廷入贡的库页六姓之一，即雅丹姓，颁赏乌林的名册上注明“雅丹姓姓长一名、乡长四名、子弟一名、白人二十名”[5]，是岛上仅次于耨德的大姓。

三姓满洲官员各就语音相近选取汉姓的做法，也影响到库页岛，陶氏应是一例，雅丹氏则选择杨姓，乾隆中晚期的姓长名叫杨忠贞。

这个非常中国化的名字是他自己起的，还是由颁赏乌林的官员代拟的，今已无从考定，但他显然是一个精明强干的管理人才，与三姓衙门关系密切，府中也收藏了不少满汉文书。对于来访的日本人，杨姓人开始时颇有戒心。1792 年，日本著名探险家最上德内在该府见到一份满文文书，只是三姓衙门于乾隆四十年所发的一则通知，只有短短数行，对所珍藏的皇帝谕旨等重要文献则秘而不宣。至 1808 年最上德内再来，才让他阅看乾隆帝的满文谕旨，所存汉字文书仍不提供。当年松田传十郎、间宫林藏受幕府派遣登岛勘测，往返皆路过杨姓所在地，似乎没有任何闻见。又过了将近半个世纪，铃木重尚访问杨府，姓长已换作杨忠贞的孙子，拿出了较多文书，其中有两件即前述与陶姓有关的汉文文书。

这两份重要的中国清代库页岛档案，标称“名寄文书”。名寄，指雅丹姓长居住的噶珊，间宫林藏在地图上标为“那约洛”，日据时期，改称名寄，具有明显的殖民色彩。这批档案现存于北海道大学图书馆，早期日人在岛上的一些活动也隐约可见。其中有一份为三姓佐领付勒浑等人签发，内容关乎陶姓与西散的交往。那是在嘉庆二十三年（1818）夏天，付勒浑等人受命往德楞行署颁赏乌林，见陶姓贡貂人仍然未能按规定亲身前来，随即拟写文书一封，委托别姓代为转达，曰：

> 查的各处各姓哈赏达俱赴前来领赏，惟陶姓哈赏达近年以来总未抵来领赏，每年凭以满文札付领取。似此情形实非办公之道。耳闻西散大国与陶姓往来见面，是以烦劳贵官，如遇陶姓人切示晓谕，令伊明年六月中旬前来领赏。如不抵至，即将此姓人销除，永不恩赏。[6]

文末书名的为“赏乌林官”佐领付勒浑、云骑尉凌善等三人。由间宫林藏记录的收贡颁赏情形及所绘场景，可知为三姓衙门每年举办仪式的常规班底，此文书应于当年夏天写成于德楞行署。文句措辞简洁准确，书写工整，末尾用“夷则月”（即七月），可证拟稿人的汉语水平还不错。既然三姓官员在公文中使用汉语，应知库页岛上大的氏族应也有通晓满汉文字之人，负责翻译上峰来文，日常办理往返信函。

此件为何保留在杨府？推测赏乌林官付勒浑等应是委托前来进贡的雅丹姓长，由他代为转达。而由另一件文档，则可知杨姓传达了长官的意思，陶姓也写了回复：

> 耳问（闻）
>
> 西散大国原因，并未知情，吾未
>
> 大清大国思（恩）赏乌林来者，若官员从并验看，不肖有困，故此稍一同（疑为“函”）来。若有顺便者，此处原由一并稍来，睹函便知。实（是）荷。
>
> 拜托
>
> 大清大国官员

这段文字表述生硬、错讹甚多且词不达意，恰也说明很有可能出于岛上粗识汉字之人。此信内容当是据陶姓姓长口述之语翻译，回应不往行署贡貂的责问。寻绎文中的大致意思，那就是自己并未与西散大国交往，没能到行署进贡的原因在于遇到困难，先简单回复一下，将来有便会呈上详细说明，看后就会清楚了。

两份汉文文书中都提到的“西散大国”，应是指与库页岛隔海相望的虾夷岛，亦即后来的北海道。《三姓副都统衙门满文档案译编》

中提到过这个名字，乃骁骑校伊布格讷呈文时叙及，曰：

> （雍正）七年，宁古塔副都统常德、领催委官硕色，指名差我寻取西散地方出产之物。伊布格讷我与硕色一同渡海，得甲衣一件献上。[7]

由此可知，清朝官员在雍正间即了解与库页岛相邻有一个虾夷岛，并以“西散”名之，对来自该地的物件流露出喜爱之情。

再回到嘉庆间发放乌林的付勒浑等人，其在公文中称之为“西散大国”，并将此四字另行抬两格，显得恭敬和郑重；而岛上陶氏姓长在回文中，仅将“大清大国”转行抬头书写，应是表达对宗主国清朝的认同，同时仍用“西散大国”指称该地。不少学者认为所指为日本，近期台湾大学甘怀真教授做了一些探讨，以为是“和人统治下的虾夷国”。甘氏网文《西散大国的遐想》写道：“西散作为汉字词汇是用来表满文 sisa 或 sisam。1729 年清朝进行了库页岛的调查，主要地点是库页岛中部。其记录是《军机处满文录副奏折》。内容提到这次任务的目的是为得‘位东海之岛之 Sisa 国情报’。文中又记访问处之土著之人‘与 Sisa 国交易’所得如盔甲之物。”1729 年即雍正七年，其所提到的出于《军机处满文录副奏折》的库页岛调查，应该与乾隆八年二月三姓副都统崇提于咨文引录的伊布格讷之言为一回事。伊布格讷与硕色登岛时，库页岛各氏族还没有纳入清朝正式管辖，而宁古塔副都统常德已注意到“西散”的存在，也清楚其并非日本本岛。大约三年后，岛上六姓十八乡归顺贡貂，由此揭开清朝经略库页岛的新模式。

西散国，又被称作“西山国”。石荣暲《库页岛志略》卷一：

> 费雅喀黑津（一作黑斤）与库页岛各族至阿吉上三百余里莫尔气对岸乌绫木城处，受衣物服饰之赏，名曰穿官。后亦贡貂，年共纳二千六百余张。据该族人自述：二十年前每年渡海至西散国穿官（该族呼日本为西山国），即以木城所受衣物服饰贡于其国命官，至所止海滨赏黄狐水獭诸皮。彼此授受俱跪，携皮回家，俟明年木城穿官卖之，亦至三姓城。自罗刹来，不许我等穿官，见木像则焚，见弄熊则阻，又欲我等截发易服，实不愿，女人畏忌更甚。惟望大国如数百年前将罗刹尽驱回国方幸。[8]

这段话也被曹廷杰《西伯利东偏纪要》一〇七收录。曹廷杰受派进入俄境，绘制了各要地图说，也接触到不少当地华人，记下他们讲的故事。所说库页岛人在中日之间辗转腾挪，赚取差价之事很有意思，只不知可信程度有多高，录此备考。

发展到19世纪前期，贡貂赏乌林体制沿承八十余年，已失却开始阶段的亲切和谐，弊害滋生，而松前氏在北海道（即所谓西散国）的势力愈益强大，日本幕府以此为依托和跳板，对库页岛的侵略渗透不断升级。西散开始被称作大国，清朝任命的姓长乡长不免被拉拢诱惑，也有人与他们建立起联系，而我们看到，三姓官员对此也颇为警惕。

三、间宫林藏与《东鞑纪行》

18世纪晚期，日本幕府（包括在虾夷地的松前藩）不光加快了向南库页的殖民入侵和资源掠夺，更主要的是不断派出地理测绘专家，意图全面了解该岛的地形地貌、族群分布，也包括与中国大陆及俄国的关系等。所派都是当时的优秀科学家和探险家，当然也属于肩负政府使命的特务，后来最为著名的是间宫林藏。因为只有他沿着西海岸由南端走到最北端，并搭乘进贡岛民的船只跨海深入满洲腹地，留下一本分量很重的《东鞑纪行》。

东鞑，即东部鞑靼，是那时日本人对清朝东北滨海地域的称谓，似有贬义，亦略含畏惧之义。间宫记录了在库页岛与下江地区的勘察经历，留下了手绘的一些人物场景，还绘制了相关地图。契诃夫前往库页岛之前阅读了间宫的书，称他为测地学者，并引用俄旅行家施密特的话，赞扬其地图“特别精彩，显然是亲自测量绘制的”[9]。

两年前，日本幕府即选派测绘专家登岛，那是在公元1806年，即嘉庆十三年。高扬“守成”旗帜的大清皇帝颙琰，虽常念叨几句不忘满人根本，也是目光止于盛京、宁古塔、长白山等几处，再远些的黑龙江下游几乎被淡忘，遑论隔海的穷僻之地库页岛。俄国与日本岂不知该岛属于清朝？但既然宗主国不加重视，两国便由试探发展到实质性入侵。这一波对库页岛的勘察测绘，是日本幕府得知俄国海军登上南千岛群岛和库页岛，打砸抢掠日本机构后，采取的一系列对应性行动，也是他们为今后的实际占领做准备。一时间两国皆派人派船，争相登岛踏勘或绕岛测量，势若竞赛；而清廷也包括管辖库页岛的吉林将军和三姓副都统衙门，则懵然不知，完全置身事外。

日本方面得地利之便，先派出地质学家高桥源大夫，但由于风雪阻隔，行至西海岸的北宗谷即返还。接着派遣最上德内，也是仅仅抵达北宗谷。此地距日俄割据时期的北纬50度中间线已经很近，向来为费雅喀人的势力范围，对日本人较为敌视，抵近考察已有较大风险。

1808年春，幕府又派遣松田传十郎和间宫林藏，二人实现目标的欲望更强烈，也做了更充分的准备。松田沿西海岸前行，越过北宗谷，一直走到拉喀，约为整个西岸的四分之三，距黑龙江口已不甚远。见前路艰难，松田便自作主张，制作和竖立木制标牌，将拉喀擅定为日本国界，然后顺原路返回。而沿东海岸北上的间宫走到北知床地方，因无法绕过那个弯向海中的大岬角，只好撤回该岛较窄处，横穿山林，到达西岸后继续北进，将近拉喀时遇到折返的松田。间宫随松田前往察看了他所标的国界，然后一同回到宗谷。松田自以为得计，岂知此举已激怒了费雅喀人，为间宫的勘察带来极大麻烦。

间宫林藏出身社会底层，性情坚忍执着，做事严谨认真。他自知对库页岛的地理和居民远未查清，同年七月又请求再次渡海勘察。因知东岸浪高风急、道路难行，间宫选择靠近中国大陆的西海岸北上。在未及宗谷的一个叫千绪的地方停泊时，突然发生状况，间宫写道：

> 次日，即16日，有数十山旦人，乘船六只到此。威胁要抓走随行夷人，且出语不逊，叫骂不准前往腹地，并要夺我所带之米、酒、器具等物。随行夷人异常恐惧，加之言语不通，毫无办法。〔10〕

为什么会这样？间宫未写，推测应与松田在拉喀随意竖立国界标牌相关。山旦，又作山靼、山丹、香丹等，日本人笼统指称黑龙江下江地区的部众。这些人大约属于常来常往的经商者，而对日本人有一种特别的反感，斥骂一通，见间宫态度谦恭，拿出米和酒相赠，总算没有动武，随后开船驶向南方。经此一番折腾，所雇向导和船夫人心惶惶，无论如何不肯再前行，间宫“为此备酒款待随行夷人，并以甜言蜜语安抚”，也是且行且停，屡次要求返回。严冬渐至，间宫无奈返真冈过年，补充粮食等物，休整了差不多一个月。日本的势力已延展至此地，“设有卫所，住有卫丁，指挥当地夷人”，但规模有限。间宫停驻此地两个多月，住宿于当地人家中，一面熟悉岛上风俗人情，一面筹办粮食物品。那里应属雅丹姓即杨忠贞的地盘，没有为难他，可也没让他阅读所存的满汉文书。

1809 年 1 月 29 日，间宫再次沿西海岸曲折前行，不得已时换人换船，终于在 4 个多月后进至那尼欧。该屯已在黑龙江口对面偏北位置，距离库页岛西北端岬角仅数十里，“北海渐阔，潮水全往北流，怒涛滚滚，无法航行”。至此，间宫已探明该岛西岸大致情形，确知库页岛与大陆隔着一条海峡。这是中国人早就知道的地理常识，而对当时的日本来说，可是一个惊人的发现，后来就以他的名字命名，称为间宫海峡。以殖民扩张为目的的探险家总是如此轻狂自信，数十年后沙俄海军军官涅维尔斯科伊率舰潜入河口湾，再一次“发现”这道海峡，又将之命名为涅维尔斯科伊海峡。

间宫还想翻越大山去东海岸考察，雇工不依，只得返航。鞑靼海峡最窄处，再向南至斜对着大陆的拉喀岬，有一个被他称作诺垤道的噶珊，生活着三个费雅喀家庭，六十余人。间宫返回时“粮米即将食尽”，“大抵只吃鱼肉、草根、树果，仅于实难忍受之时，才吃少量米粥”。但他认为任务尚未完成，与一名从人坚持留了下来，摇身变成佣工，与原住民一起渔猎、打柴、结网，设法讨女人们欢心，又避免引起男人的猜忌，终于赢得乡长考尼等人的信任。居留拉喀半年有余，间宫时刻不忘打探该岛与毗邻大陆的情况，打探清朝对库页岛的管理模式，得悉大陆上“与本岛相同，有称为鄂伦春、费雅喀、西隆阿以诺、基门阿以诺、山旦、赫哲、恰喀拉、伊达、奇楞等多种不同风俗的夷人，分别居住于各个部落”。也有人告知俄罗斯距此不远，“俄国属夷有时乘船带枪，来奥尼奥海上捕鱼”，使他产生了巨大兴趣，意欲弄清其边界之所在。得知考尼等人夏天要去大陆的德楞行署进贡，间宫请求跟随他们乘船前往。考尼觉得其容貌特殊，会引起较大麻烦，而且路程遥远艰辛，又怕他死在路上，劝其断绝此念。间宫拜托对他印象好的女人说情，又修书一封并将在岛上的踏勘笔记交给从人，叮嘱：“万一我死于该地，或出现其他情况不能返回时，你把这些带回白主，呈交政府。”看到间宫如此决绝，更主要的是因为他已学会操桨驾船，考尼等还是带上了间宫。前往贡貂者七人，为乡长考尼与三户各一人，另有其他噶珊两男一女，加上间宫共八人，共乘一船。他们于 6 月 26 日起程，由于当天风高浪急，无法航行，只得返回等了五天。7 月 2 日再次出发，渡过海峡时也是危险之极，“潮流湍急，波涛汹涌，宛如一条急流大河。夷船数次几乎遇难，勉强脱险”。折腾了差不多一整天，终于越过了海峡，在对岸停泊。

《东鞑纪行》所记，主要就是间宫自库页岛的拉喀角渡海，由奇集进入中国大陆，逆江而上，至德楞满洲行署的一路所见所闻。此书分三卷，均篇幅甚短，思想境界与文字感染力与《萨哈林旅行记》存在天壤之别，可也自有重要的史料价值。至于间宫林藏所历困厄与坚忍卓绝，比契诃夫尤觉过之。

四、德楞行署

间宫一行是在奇集湖岭外的海滩登陆的，卸下东西，将空船拖过六七里山路[11]，再回去搬运船上物资，便可沿溪流转入湖中航行，至奇集，进入黑龙江主流，逆流而上，行数日即到当时的满洲行署所在地德楞。间宫记作“德楞哩名”，说是一个满洲官吏写给他的。这里能看出不同语言的沟通不易：最后的“名”字，当是解释说前三字为地名，竟被间宫混合在一起了。

乾隆至嘉庆初，三姓衙门在奇集噶珊设立行署，负责对库页岛收贡和颁赏乌林，六、七月间各地客商也来此贸易，有的从俄罗斯地方赶来，也有从虾夷地甚至朝鲜地方来的。此时又因发生严重斗殴事件，奇集行署被关闭，而余韵仍在，“各处酒宴喧哗，锣鼓震天，与寂静人稀之库页岛大不相同”。由海峡越岭至奇集湖入黑龙江仍是岛民进贡的主要通道，数里山路“犹如街道一般，每逢夏日，往返山路之夷，络绎不绝”，河道上也是舟楫稠密。

据三姓副都统衙门满文档案显示，道光间在奇集的行署重又开放，当是为了方便岛民。再后来，涅维尔斯科伊的考察队潜入下江，很快发现这里的地缘优势，在阔吞屯一带建立兵营和居民点，是为马林斯克哨所，一举扼控通往海口的水陆交通。其时太平军攻克金陵，兵锋甚锐，清廷无暇北顾，哪里还会管边荒之地？

每年的六月、七月，是下江与库页岛各部落民众的盛大节日，赏乌林则是节日里的重头戏。清朝文献中对此地部族名称记载不一，常将族属、部落与氏族混称，记作赫哲、费雅喀、库页、奇勒尔等，有时又统称费雅喀，再分为赫哲费雅喀与库页费雅喀，实际上皆属东海女真的使犬部，血脉相连，语言相通，相互走动密切。间宫所搭乘的船只，由库页费雅喀乡长考尼带领，进入大陆后经常在沿途屯落停下来，走亲访友，饮酒借宿，好不快活。可看到多数费雅喀部众对日本人很反感，蔑称为“夏毛”（似与“西散”有一些音似），不管是在奇集还是德楞，都成群结队来辱骂戏弄间宫。考尼主动向发放乌林的官员报告了此事，满洲官员对间宫倒是态度和蔼，表现友善，全不问其因何而来，更想不到其间谍身份。

所谓行署是一种临时设置，以两道木栅围成，中间有颁赏乌林的高台，故又称木城。官员吏役皆来自三姓，他们系由下江地域迁居，在当地亲友甚多，相处通常很轻松愉悦。间宫记下了三位主要官员的名字：以正红旗满洲世袭佐领托精阿为首，舒姓；其他两位分别是正白旗满洲委署笔帖式鲁姓名伏勒恒阿、镶红旗六品官骁骑校奖赏蓝翎葛姓名拨勒浑阿。间宫描写了这里的热闹与喧哗，甚至到了混乱的程度，也记述了贡赏仪式的郑重：

> 凡来集此处之诸夷人，将船系于江岸后，立即有船中之长者一人，至官吏庐船，脱帽向官吏叩首三次，报告来船之事。之后官吏备酒相待，并赠予精粟三、四合，此乃一种礼节。
>
> 进贡仪式，先由下级官吏出栅门外，呼唤诸夷之喀喇达、噶珊达等依次单独进入行署。较高级官吏三人，坐于台上三条凳上，接受贡物。夷人脱帽，跪地叩首三次，献上黑貂皮一张（为皮筒，夷语称貂为“厚衣奴”。姓长、乡长之外，庶夷亦进贡此物）。中级官吏介绍来人之后，接过礼物呈交较高级官吏面前。贡礼毕，赐予赏物。与喀喇达锦一卷（长七寻），与噶珊达段类品四寻，与庶夷则为棉布四反（次品），梳子、针、锁、绸巾及红娟三尺许。〔12〕

间宫的记录显然不全。根据《三姓副都统衙门满文档案译编》所载，颁赏之物要比他记的多很多，逗留期间与往返途中皆发给粮米，对不同层级的头人如姓长、乡长，招待酒宴的次数亦不同。

一年一度的贡貂赏乌林仪式，所来基本上没有什么高级官员，佐领、笔帖士、骁骑校等皆普通官员。除却以上郑重场合，他们表现得很随意，“出入行署，均无侍从，独自一人持扇来往于喧哗群夷之中。有时夷人挨碰其身，弄脏其衣服，从不指责，夷人亦无惧色”。至于那些吏役士卒，更是与当地人打成一片，有的一起躺在草地上谈生意，有的叼着烟袋一起在木城外散步，有的钻进贡貂人窝棚喝酒，一派和谐景象。

由于肩负着政府秘密使命，间宫对满洲行署记录甚详，并辅以行署木城、进贡貂皮和赏赐乌林、私下交易、官船样式等场景的绘画，情形逼真。他的书除弄清库页岛是个岛，与大陆之间隔着一道海峡这样一个事实（清廷早已悉知并标于图典），更重要的价值就在于这些图画与相关记述文字。《东鞑纪行》证实了清朝对于库页岛的宗主权，描述了当局采取的管理模式，再现了三姓官员与岛民的和谐关系，也对库页费雅喀人的国家认同提供了实证。费雅喀痛恨日本人在岛上胡乱立标，每年定期越过海峡往行署贡貂领赏，乡长考尼等主动向官方报告间宫的异国身份，都说明了这一点。

也是因间宫的极力主张，考尼决定在返程沿黑龙江顺流下行，由河口湾进入鞑靼海峡，向南返回拉喀岬。归途中经过特林，可远远望见右侧崖岸上的永宁寺碑，考尼等于船上恭行祭拜。间宫写道：

> 在此江岸高处，有黄土色石碑两座。林藏从船上遥望，看不清有无文字雕刻。众夷至此处时，将携带之米粟、草籽等撒于河中，对石碑遥拜，其意为何不得而知。[13]

这种文化认同，业已成为下江与库页岛原住民的一个人文传统。亦失哈的东巡已成往事，他所营建的永宁寺也不知在何时再次坍塌，仅存的两块石碑却被神圣化。考尼等人当然不是做给间宫看的，其虔敬发自内心，每次经过应该都会如此。约50年后，美国人柯林斯登上永宁寺遗址，看到“石碑上绕着用精心加工过的木片或树条做成的花环”〔14〕，即为当地人所敬献。

间宫林藏也格外注意俄国人在此地的活动。返程时在特林对面的恒滚河口看见几条异样船只，了解到是来自该河发源地的“俄属伊达人”，即加记录，并画下他们的棚屋。在迭浩高屯住宿，主人告诉那里“曾被俄罗斯强盗掠夺，满洲人讨伐，击退俄贼”。请注意间宫使用的字眼，应是出诸当地人口述，但也反映了他的态度。在间宫的概念里，俄国人已成日本独吞库页岛的最大对手，而在该书附记《浑沌江》中，作者两次用了“我库页岛”“我库页岛人”的说法，着实可恶。

五、“萨哈林没有日本人的土地”

这句话见于契诃夫的《萨哈林旅行记》，出自俄国占领库页岛之初的岛区长官布谢少校之口。那是在1853年夏天，准确地说，布谢只能算是位于阿尼瓦湾的俄军哨所长官，晚于间宫林藏的登岛勘察四十余年。俄国人也把日本当作对手，不是假想敌，而是虎视眈眈的对手。照录布谢的这句话，说明契诃夫也是这样想的。

又是四十多年过去了。

契诃夫笔下的库页岛，是沙俄军队占领后辟为苦役地的萨哈林，它已由昔日僻远宁谧之地，一变而喧嚣争闹，满布疮痍与罪恶，到处是犯罪和受罪，犯罪的亦难免受罪，受罪的往往会更加卑劣凶残。岛上很多的人没有自由与尊严，很少有人会施以同情和互助，暴虐欺凌几乎无处不在——上级欺凌下级，长官欺凌士兵，典狱长与看守欺凌犯人，逃犯欺凌原住民。就连书中不多的景物描写，那自然而及的抒情笔墨，都如同笼罩着浓重的悲凉之雾。

在那个交通不便的年代，不管对于中国，还是俄罗斯与日本，库页岛都显得辽远苦寒。而一个从故国割离的海岛之悲情，也可由其纷乱的命名见出。略如台湾岛，荷兰等殖民者呼为福尔摩沙，而在日据时期又作高砂、高山国等名字。清代咸丰年间，朝廷内外交困，对库页岛已失去保护之力，先是俄日相争，接着是俄据、日据迭相更替，烽烟相连，它一去而无返期。原来的岛名湮没无闻，由着外国殖民者随意更换，岂不悲夫！

日本人对库页岛的兴趣，大约是在 17 世纪初产生的，但所知也很有限。一百多年后的江户时代，大政治家和学者新井白石还认为那是一块遥远的未知之地，很少有人能到达，“其间广狭亦不可考”。而宽政三奇人之一的林子平在为 1785 年出版的《三国通览图说》绘地图时，仍把库页画作一个半岛。直到间宫林藏，算是对库页岛有了一次较深入的考察，但如前所述，其行迹仅限于西海岸和东岸的一小段，北端与东部沿海的大部分海岸没能走到，更不消说腹地的高山密林、河流沼泽了。

库页岛的日文名称多且杂乱，刘远图在书中列举约 20 种，较为重要的有三种，从中似可见出一条认知与心态变化的线：

唐太（唐人岛、唐户岛、哈喇土），点明该岛属于中国，是最早和很长一个时期日本学界的普遍看法。1786 年（日天明六年）出版的官方地图，就标明为“唐太”，后来的多数日本地图，都采用此一名称。

北虾夷，日本亨保年间（1716—1735）曾出现过这一名称，指代其不甚清楚的虾夷之北的岛屿，那时的虾夷地已成日本藩属，命名中隐现吞并窃夺之心。

桦太，是日本明治间对库页岛的官方定名，此前曾有过“柄太”“柯太”的说法，含义不详。太，汉语有“极大”之义，日文的词义相同，盖指该岛面积巨大。由“唐”而“柄”“柯”“桦”，花样变幻，或是要模糊掩饰库页岛的本来归属。这样的做法也是欲盖弥彰。契诃夫在书中就写道：“日本人把萨哈林叫作桦太岛，意思是中国的岛屿。”[15]谢谢契诃夫的善意解读，但他们似乎不是这个意思，日人将唐太改为桦太，就是想否认原有岛名的“意思”。

库页岛日文名称的演变，可映见日人逐渐升温的兼并之心。当虾夷对幕府还是敌国时，双方持续发生战争，他们当然不会想到更北的幽渺之地；虾夷战败，松前藩由占据一角渐次扩展到全岛，也点燃了日本幕府侵占周边岛屿之贪念。于是，虾夷北边的库页岛、东边的南千岛群岛都被一些人视为日本的领土，理由则是这些岛屿的原住民与阿伊努人血缘相近。

库页与虾夷两岛之间有一道海峡，最窄处 43 公里，名叫宗谷海峡，得名于附近日本小镇，阿伊努语意谓有岩石的镇子。西方则通称拉彼鲁兹海峡，说是法国人拉彼鲁兹在 19 世纪初发现的。欧洲的航海探险家总是这般在陌生的土地上到处“发现”，随意署上自己的名字。殊不知南库页的爱奴人，包括东北大陆的所谓山旦人，早就于此频繁乘船往返，走亲戚，做生意。对于这个海峡，原住民必然有自己的名字，只是没有流传下来罢了。

库页岛上的族群是一个复杂课题，由于史料匮乏，难以厘清。一般认为，该岛北部和中部居住着费雅喀部落，接受三姓衙门管辖，每年定期往下江进贡；中部偏南有一些鄂伦春部落，南部的多数屯落是爱奴人，他们与清朝没有岁贡关系，也不能领受朝廷赏赐的乌林。大约因为爱奴人以渔业为主，无貂鼠皮毛可贡，也与黑龙江口距离较远。可如果按照日本学者的说法，杨忠贞家族的雅丹姓为爱奴人，则会出现大不相同的解释。

岛上的氏族、部族关系至今仍迷雾重重，费雅喀与爱奴人究竟谁先抵达岛上，他们是共同来自东北大陆，还是一北一南双向相遇，两族之间有没有过战争，都难以考实。从间宫的记载中，我们能感觉到该岛大部分为费雅喀领地，爱奴人只占南部不到三分之一的地方；也能感觉到费雅喀人（包括大陆过来的山旦人）有些强势，驾船到南端时毫无惧色，全无爱奴人到北部的那种惊恐不安。

即使爱奴人，也没有对日本的国家认同。在《萨哈林旅行记》第十四章，契诃夫特意转引了一位爱奴老人的话：

> 日本人是在本世纪初来到萨哈林南部的，时间不会再早了。1853 年尼·瓦·布谢记载了同爱奴老人的谈话，他们说："萨哈林，爱奴人的土地，萨哈林没有日本人的土地。"〔16〕

布谢，前沙皇近卫军团少校，东西伯利亚总督穆拉维约夫的联络副官，受命运送占领库页岛的部队和物资至黑龙江口，是俄军占领南库页后的第一任行政长官。他所记录的爱奴老人之言，反映出爱奴人对日本殖民者的反感。后面的章节将会写到，根据另外一些记述，可知阿尼瓦湾的爱奴人对日本工头憎恨至极。

注释

〔1〕松前藩建立于16世纪末，创建者松前庆广本姓蛎崎，其父蛎崎季广为虾夷岛南部和人地区的领主。1593年丰臣秀吉出兵朝鲜，蛎崎庆广积极参战，受赐“虾夷岛主”朱印状。德川幕府初年，庆广成为北海道唯一的大名，实质控制领地达二十万石。为表达忠诚，庆广借德康旧姓松平的“松”字和大老前田利家的“前”字，改姓松前。他利用掌管岛上原住民交易的特权，建立起垄断的整体贸易制度，大获其利。庆长十一年（1606），松前庆广营建了新的藩城福山馆。

〔2〕《东鞑纪行》,《解说·入鞑的目的》，第36页。

〔3〕《东鞑纪行》附录，第27页。

〔4〕《三姓副都统衙门满文档案译编》一《关领和颁赏乌林》，第88页。

〔5〕《三姓副都统衙门满文档案译编》一《关领和颁赏乌林》，第104页。

〔6〕此件与下引库页陶氏之回复，参见台湾大学教授甘怀真《西散国的遐想》一文，附录有原档照片。

〔7〕《三姓副都统衙门满文档案译编》二，“三姓副都统崇提为骁骑校伊布格讷声请原品休致事咨吉林将军衙门”，第132页。

〔8〕石荣暲《库页岛志略》卷一《沿革篇》，民国十八年（1929）蓉城仙馆丛书本，第16—17页。

〔9〕《萨哈林旅行记》第一章，第10页。契诃夫在此处还讲道：“日本人是最早考察萨哈林的，从1613年就已开始。”不详所据。

〔10〕《东鞑纪行》卷上，第3页，本节引文除另行注明者，皆见此书。

〔11〕对于自海峡越过山岭进入通奇集湖小河这段道路的距离，历来记载不一，间宫书中写道：“拖着昨日腾出之空船，越过二十余町之山路，至塔巴麻奇小河。”《东鞑纪行》卷上，第8页。一町，约109.09米。

〔12〕寻，古代长度单位，指八尺；反，日本计量布匹的单位，长二丈八尺，宽九寸。

〔13〕《东鞑纪行》卷下，第19页。

〔14〕［美］查尔斯·佛维尔编《西伯利亚之行》四十七，“古碑”，上海人民出版社，1974年，第261页。

〔15〕《萨哈林旅行记》第一章，第10页。

〔16〕《萨哈林旅行记》第十四章，“日本人”，湖南人民出版社，2013年，第185页。

【第七章】

沙俄的占领

契诃夫抵达库页岛后，曾于黄昏时分乘坐轻便马车在城郊山谷里缓缓而行，“西方火红的晚霞，深蓝的大海和从山后冉冉升起的皎洁的明月”，令他深深沉浸其中。不知觉间夜色渐浓，四围空寂，蓦地有一种强烈的恐惧感袭来。能做车夫的苦役犯大都是人精，看出了他的情绪变化，适时地说了一句：“这里真烦闷，大人！咱们俄国比这儿好。”〔1〕

岛上的俄国人，从将军、监狱长、普通官员、士兵、看守到移民、强制移民和各色犯人，心里大都不承认库页岛是俄国。《萨哈林旅行记》的全部文字，读来像是要证明该岛不属于俄国。还在沿黑龙江航行时，契诃夫的这种疏离感就越来越强烈：“我随时都觉得我们俄国的生活方式同本地的阿穆尔人格格不入。普希金和果戈理在这里不能被人理解，因而也不需要，人们对我国的历史感到枯燥无味。我们这些来自俄国的人，被看成是外国人。”〔2〕作家笔下未见空泛的爱国语汇，一番话讲得坦率真诚。

一、荒唐的“半岛说”

1890年7月8日，经过三个月的辗转跋涉，再经过在庙街的数日焦灼等待，契诃夫终得乘船驶出黑龙江口，凭舷而望，“前方有一长条模糊的黑影隐约可见——那就是苦役岛萨哈林”。他搭乘的客轮叫“贝加尔”号，与41年前潜入此地偷偷勘测的俄国军舰同名，应该不会是同一条船，却让人觉得有那么一点历史关联，有着纪念和缅怀的意味。作家随笔记下自己观察到的情形：“同行的有三百多名士兵，由一名军官率领。另有几名犯人。有一名犯人带着一个五岁的女孩，说是他的女儿。当他登舷梯的时候，小女孩拽着他的镣铐。还有一名女苦役犯，她的丈夫自愿陪她来服苦役，这一点引起人们的注意。”〔3〕寥寥数笔，情境毕现。

从庙街开始，黑龙江的水面变得开阔，经过一段时间的航行，客轮驶入像一个大葫芦的河口湾。这片被称作“赛哥小海”的水域中到处是浅滩与沙丘，航道弯曲，随处会有危险。谈笑风生的船长变得一脸严肃，“寸步不离船长台”“‘贝加尔’号的航行越来越小心翼翼，好似在摸索着前进”“有时我们甚至听到船骨擦过沙底的声音”，作者接着写道：

> 欧洲人长期以来认为萨哈林是个半岛，其主要原因就是这条浅水航道以及鞑靼海峡和萨哈林沿岸的景象造成的。〔4〕

契诃夫说的欧洲人，当包括主张“半岛说”的第一人、法国地理学家丹维尔，但主要是要说英法等国的几位航海家，也包括他的同胞——俄国的航海探险家。这些人陆续越洋前来，来到堪称僻远的库页岛和鞑靼海峡，试图一探究竟，最后都把这个未知其详的东北亚大岛指为半岛。说来有些荒谬，似乎不是一般的武断和荒唐，而有意思的是，几位大航海家恰恰是因为怀疑旧说，才不远万里而来的。

丹维尔将库页岛画为半岛的做法，误导了欧洲人很多年，一直到19世纪中期，仍有着巨大影响力。但总有人会提出怀疑，总有人想亲自进行探测。那是欧洲人以地理发现引领殖民浪潮的时期，俄国人后来居上，东北亚乃至北美洲到处活跃着他们的身影。契诃夫登上库页岛之际，“半岛说”已成陈年往事，而他在梳理该岛的“发现”过程时，特别列举了三位欧洲人的探测之误。权威的声音是强大的：因为有所怀疑，他们决定亲临勘察；复因有权威说法在先，他们的勘察船即便已到达现场，仍是心中狐疑不定，半途而废——

1787 年 6 月，法国的拉彼鲁兹[5]在库页岛西岸北纬 48 度稍北处登岸，原住民明白告知："他们所在的土地是个岛屿，这个岛屿同大陆和北海道中间隔着海峡。"这本来是正确的，拉彼鲁兹也很兴奋，但随着向北航行，海水越来越浅，海流愈见平缓，他便想起丹维尔的地图，推想勘探船可能驶入海湾，而该岛与大陆有地峡相连。拉彼鲁兹不敢贸然前行，又不愿轻易退回，再次靠岸，询问岛上的费雅喀人。经过一番连说带画、连蒙带猜的沟通，他觉得丹维尔的说法得到了证实，然后掉头而回。这位老兄是经过库页岛与日本所属虾夷地之间的海峡来此的，顺便以自己的名字命名此海峡，也算不虚此行。

9 年后，英国人布罗顿航抵鞑靼海峡，也是由北向南，行至水浅处也开始产生疑虑。布罗顿更为审慎，派助手驾舢板前行探测，"水越来越浅，忽而把他引向萨哈林岸边，忽而把他引向另一侧低矮的沙岸……仿佛两岸在向一起靠拢，海湾在这里已到尽头"，不敢再往前行。根据间宫林藏的记述判断，布罗顿的助手应是到达拉喀岬水域，距黑龙江河口湾已然不远。只因其脑子里先有了定论，听了助手的讲述后顿觉释然，也是半途折返，判定此路不通。

1805 年夏，轮到俄国人登场了。海军军官克鲁逊什特恩[6]从东岸始行，绕过库页岛北端的岬角，沿鞑靼海峡由北向南航驶。这是一个与前两位相反的方向，很快就进入河口湾，到处是浅滩和礁石，海风强劲，险象环生。他使用的是拉彼鲁兹所绘地图，误导先已入心，当海水渐浅，沙丘出现时，克鲁逊什特恩便以为靠近地峡，因担心船只搁浅，加上害怕被清军发现，一阵犹豫后也转身离开了。

间宫林藏 1809 年夏天对于鞑靼海峡的"发现"，很快上报德川幕府，富有心计的日本人一直作为国家机密，不对外界透露。十多年后发生了一次泄密事件，旅居的德国医生西保尔德从日本学者高桥景保手中获得了间宫所绘测量图，事发后与高桥等人皆被逮捕。第二年高桥死于狱中，西保尔德被驱逐出境，回国后在德国地理学会举办的报告会上将间宫的越海探查公布于众。就是他首先将鞑靼海峡称作“间宫海峡”，后来又在所著《日本》中引录了《东鞑纪行》。奇怪的是，俄国地理学界也包括军方完全不了解此事，所以迟至1849年，也就是西保尔德在欧洲披露间宫海峡的发现20年后，沙俄海军的涅维尔斯科伊还要冒险来一次勘测。

俄国人一直觊觎黑龙江的出海口，也早早盯上了库页岛。他们不太相信一条大江竟然没有通海航道，可先有了丹维尔的权威地图，接下来又是这三位航海家的亲身探险，都说江口紧挨着一个半岛，地峡横阻，海道不通。沙皇与他的大臣有些灰心，随之也失却了对黑龙江的兴趣。世界上的事情就是这般错综复杂，误判有时也会带来一些福音，库页岛又获得数十年安宁。

二、沙俄赴日使团的遭遇

大航海时代留下很多探险家的故事和英名，而几乎所有的远洋勘测之举，都有着所在国国王的支持，或者直接属于国家行为。克鲁逊什特恩对库页岛与黑龙江河口湾的探测，是沙俄东进战略的组成部分，被纳入一个一揽子计划，包括：经略北美殖民地，撬开日本的国门，探测库页岛地理概况，探查黑龙江有无入海航道，整体目标则是构建阿留申群岛—堪察加—千岛群岛—日本—库页岛—黑龙江口的贸易通道。

从17世纪始，已陆续进占西伯利亚和堪察加的俄国人就不断窥视黑龙江下游，不断打探侧对着江口的库页岛。开始时是路过的哥萨克匪帮，也包括一些探险家的个别行为，很快便得到沙俄地方长官的支持和政府资助，获得沙皇的褒奖，成为沙俄全球战略的重要一翼。对这个区域，他们试图弄清的问题很多：黑龙江有无深水出海口？能否供运载货物的海轮通航？江口附近有无清朝驻军和军事堡垒？库页岛是否与大陆相连？有没有适合大型舰船停泊的海湾和良港？可直到18世纪末，不光没能得到正确答案，反而多是一些负面信息。

1803年，俄廷任命克鲁逊什特恩为北美探险队指挥官，要他率两艘舰船——“希望”号与“涅瓦”号，对美洲西北海岸进行勘测。而更重要的一项任务，是护送以列扎诺夫为大使的使团去日本，船上也装载着沙皇赠送日本天皇的一份厚礼。不知道他们都送了些什么？根据稍后出发的赴华使团致送清廷的国礼清单中，当不会少了一些新式军舰模型、一辆装潢豪奢的马车与几面大玻璃镜子。[7]沙皇几乎同时派出赴华和赴日两个使团，以俄国财政大臣的精于算计，备办礼物时日本应该少一些，但不会没有莹洁明亮且花费不多的穿衣镜。赴华大使戈洛夫金一行经西伯利亚艰难前往中国，跋山涉水，路上为那些个大镜子吃尽苦头；而赴日使团虽然乘船，但绕行地球大半个圈，也是千难万险，还要对沙皇的礼物百般保护。

戈洛夫金由于不愿对清帝画像行叩拜大礼，在库伦即被逐回，他很想把那份国礼留下，被库伦办事大臣拒绝。当时的日本处于闭关锁国时期，很像清朝，甚至比大清还要严厉和过分，除允许荷兰籍商船停泊长崎外，对外国来船来使干脆拒绝接纳。1804年10月，沙俄赴日全权使臣列扎诺夫男爵乘坐“希望”号抵达长崎，手中既有亚历山大一世致日本天皇的亲笔信，又有德川幕府颁发的入港信牌，不啻双保险。而驶入港湾后刚刚抛锚，“就有许多日本大名登船，命令克鲁逊什特恩不得靠近海岸。虽然俄国人之前已经知道日本政府奉行的闭关锁国政策，但是他们万万没有想到的是，作为日本的强大邻国——俄国大使在船上的情况下，他们会受到如此侮辱性的接待”[8]。列扎诺夫可非凡庸之辈，他出身贵族，为俄国10位男爵之一，14岁就精通5国语言，与舍利霍夫共同创建的俄美公司，得到沙皇保罗一世的特许，很快成为一个半官方性质的庞大的殖民贸易公司，侵占黑龙江下江地区和库页岛，都有该公司的积极参与。赴日谈判只是他此行的使命之一，更为重要的是去经略俄国在北美的殖民地，未想到第一件事就不顺。

经过反复交涉，列扎诺夫“被允许享受从未有过的先例，可以带着卫队登岸”，可也是禁锢在驿馆里，缺吃少喝。“禁止通过巴达维亚向欧洲寄信，禁止与荷兰船船长交流，禁止俄国大使擅自离开驿馆，禁止……”等了半年，总算等到天皇特使驾临，据当地官员告知这位特使在日本地位很高，“高到能够亲眼看到天皇的脚”。呵呵，这位大人物来了，却是严正告知拒收俄国的礼物，说是不符合日本惯例，然后宣布两条禁令：严禁任何俄国船只进入日本港口，严禁俄国船员购买任何日本物资。列扎诺夫本希望能撬开日本的国门，为俄国北美殖民地的貂皮等产品打通贸易线路，孰知日本幕府根本不买账，待了近10个月毫无进展。像他这样的人物倒也不会闲着，竟苦学日语，还编纂了一部俄日词典。列扎诺夫耗尽耐心，又因仅带一船，人手太少不敢动武，只得灰头土脸地离开。

困处长崎港期间，克鲁逊什特恩对破损严重的“希望”号进行了全面维修。列扎诺夫使团却不径直走外海驶离，而是由朝鲜海峡进入日本海，沿日本列岛近岸航行，一路北上，一路观察测量。依据彼得堡出版的最新航海图标识，在库页岛与北海道之间，还有一个桦太岛，资料来源于一个叫幸田的日本人。克鲁逊什特恩希望一探究竟，先在北海道停留，获悉桦太与库页实际上是一个岛；然后进入拉彼鲁兹海峡，停靠南库页的阿尼瓦湾，见识了此处渔产的丰饶；他们认真做了测绘，顺便将一条流入捷尔佩尼耶湾的河流，命名为涅瓦河。

1805 年 7 月初，列扎诺夫返回彼得罗巴甫洛夫斯克，再由那里赶往北美殖民地。离开之前，列扎诺夫向沙皇提议出兵日本，同时向驻守该地的俄国海军下达命令，要求他们清除日本人在千岛群岛和库页岛南部的机构与设施。

三、第一批沙俄占领军

克鲁逊什特恩是在将列扎诺夫送至堪察加之后，又折回库页岛勘测的，时间在 1805 年 8 月。与“希望”号绕行库页岛北端进入河口湾约略同时，该岛南部的阿尼瓦湾，出现了一支小小的俄国占领军。这不是奉了沙皇或某总督之命，而是出于列扎诺夫的密令：执行此令的两个海军中尉皆属于不怕把事闹大之辈，登岛后对日本机构好一通打砸抢，留下 5 名士兵驻守，也催生了一部俄版的“鲁滨逊漂流记”。契诃夫对之印象殊深，记录下这件往事，对几名士兵的悲剧命运抒发了一段感慨，却没有什么正面评价，显然也没有兴趣将之演绎为小说。

在《萨哈林旅行记》中，契诃夫并不讳言沙俄对该岛的入侵，又有着他独特的文学视角：作为欧洲人对亚洲远东海岛的占领，自然会备尝艰辛，要骑马穿过荒原和密林，或远涉重洋，登岛时还要与浅滩暗礁、狂风激流搏命；而作为对一个相邻大国固有领土的侵占，则堪称简单轻易。没有血腥的争战，没有两国间的交涉，就是百把个人开着几条船来了，先是在对岸，然后登岛建立起军营与定居点。库页岛，一个归属史久远、主权明确的中国北方大岛，就这样悄无声息地属了他国，简单轻易到令人心碎，令人羞愧！

进入19世纪，清朝经历百年兴盛后已呈现衰象，沙俄的东扩步履则明显加快。这些并非契诃夫的写作重点，但书中也有涉及：1805年夏秋间，就有两拨俄国人奉派开抵和登上库页岛，都有着明确的殖民扩张图谋，也都携带武器，由沙俄海军军官率领。一是前面述及的克鲁逊什特恩率领的“希望”号，贴岸绕岛期间曾从东北的岬角一带登陆。当地村屯的费雅喀人虽不无警觉和忧虑，仍表现得比较友善，与这些不速之客拥抱问候，对其中的患病者充满同情。接待他们的当为姓长、乡长之类头面人物，所穿的绣花华服，应是清廷通过三姓衙门颁赐的大清官服。还在堪察加时，克鲁逊什特恩就阅读了原赴华留学生，后任商队领队弗拉迪金在北京搜集的情报，称“中国舰队和四千名海军步兵部队仿佛驻守阿穆尔河口”。由于生怕被发现和逮捕，克氏未敢深入与久停，躲躲闪闪，紧紧张张，却不影响他在简单勘查后得出结论：

> 一、没有任何疑义：萨哈林是个半岛，因此，不能从鞑靼海湾航行至阿穆尔河口湾；
>
> 二、阿穆尔河口湾布满浅滩……
>
> 三、在萨哈林和鞑靼海湾沿岸没有港湾。[9]

克鲁逊什特恩还有更重要的事情，此行不免仓促潦草，用涅维尔斯科伊的话说，是“对任务的完成关心得很不够”。

第二拨俄国人是一支真正的军队，在库页岛南端的阿尼瓦湾登陆，领队赫沃斯托夫为海军中尉，显然更具侵略性。大约是实在觉得憋气，列扎诺夫到达彼得罗巴甫洛夫斯克后，要求海军派舰只出动，在千岛群岛、北海道等地进行了一系列的报复。登陆库页岛也出于列扎诺夫的命令，要给岛上日本人一点厉害看看，更重要的是在库页岛宣示主权。那时日本人已在库页岛南部爱奴人地方设立了一些仓库、税务所和哨所。于是，赫沃斯托夫一伙登岛后，即对日据机构设施、日人商店进行攻击与打砸，抢夺物资。列扎诺夫得悉日本已有占据库页岛的图谋，还特别下令，要赫沃斯托夫在南库页留下士兵驻守。就这样，赫沃斯托夫离开时在岛上留下 5 名海军士兵，以作为沙俄占领的标志。

次年和第三年，赫沃斯托夫等人都曾率舰由千岛群岛一路烧杀而来，应该给 5 名驻守士兵补充军械给养，但未见记述。此时列扎诺夫已至北美的殖民地，还在西班牙人统治的加利福尼亚撞上了一场轰轰烈烈的恋爱，赫沃斯托夫的行动属于擅自所为，也激发了日方的反抗与报复，被上级追究和调离。日本人卷土重来，在岛 5 名俄国士兵失去支持，只好向中部和北部转移。

岛上日月长。近半个世纪忽忽逝去，俄国人虽无力救援，却也始终未忘记这支所谓的占领军。1852 年早春，奉涅维尔斯科伊之命登岛探查的海军中尉鲍什尼亚克，终于在特姆河畔的一个村屯打听到他们的下落。契诃夫对此做了转述：在日本人攻击下，5 名帝俄军人难以支撑，只好选择逃避，一路辗转向北，最后在特姆河流域定居下来。命运弄人，库页岛的第一批俄国“占领军”变成了第一批沙俄流亡者。好心的原住民接纳了这几个逃亡者，容许他们在屯落里住下来，有的还娶妻生子，建房子种菜，直至去世。

鲍什尼亚克去看了他们住过的房屋，用一块中国布匹，向当地人换了“从祈祷书撕下来的四张纸”，纸上的俄文字迹漫漶，仍隐约可辨为他们所留，写着：

> 我们，伊凡、达尼拉、彼得、谢尔盖和瓦西里五人，是1805年8月17日奉赫沃斯托夫之命在阿尼瓦的托马拉－阿尼瓦屯登岸的；1810年日本人来到托马拉，我们便转到了特姆河。〔10〕

纸片已多有残缺，不知道何时所写，不知道他们的当时境况，却足以映现书写者的心中悲苦与茫惚无助。家国辽远，岁月无情，库页岛则显现了其博大温厚，伊凡等渐渐融入原住民之中，也消失在当地族群之中，“同他们一块儿去捕鱼打猎，并且衣着同他们一样”“最后一个俄国人是不久前去世的”。至于他们的异域数十年，谁与当地人结了婚，婚后有怎样的生活，有几个孩子，已经无从得知。契诃夫写道：

> 土人说了这样一个细节：有两个俄国人同土人妻子生了孩子。如今，赫沃斯托夫当年在北萨哈林留下来的俄国人，已被人遗忘，关于他们的后代则一无所知。〔11〕

对于岛上的沙俄地方当局，要追寻那些混血儿很难吗？但他们似乎没兴趣去找，找到后又能怎样呢？现实中已有无数难题，没人愿意去翻弄这本陈年旧账了。

关于库页岛上的俄国人以及他们的命运际遇，更早些还有间宫林藏的记载：

> 从鹈城至诺垤道之间，从前（年代不详）有俄罗斯所属之阿木奇、西眉那、茂木、瓦西里等六人住过。此等夷人为奇楞族人，非常狡猾，欺负本岛夷人，奸污妇女，或斗殴杀害庶夷，亦与山丹夷人相争，迫害此岛夷人达三四年之久。后来，此岛夷人与山丹人共谋，进行讨伐，终将此夷人杀尽。以后，不见此种夷人再来。[12]

这段文字，应是间宫在居留拉喀时，得自原住民的传闻。似乎与5名俄国士兵有些关联，又像是一些更早登岛的来历不同的俄人。如果所说当真，应是库页人与大陆同胞联合一体，歼灭入侵者的一次完胜。

鲍什尼亚克在踏勘库页岛的行程中，不断探询有无其他俄国人居住岛上，得知东海岸在三四十年前曾有从大陆乘小船过来的逃犯，也有失事幸存的船员，“汇合在一起，在姆格奇屯建造了住屋”“以射猎毛皮兽为生，常去同满洲人和日本人做交易”“都死在萨哈林”。在书写库页岛的“发现史”时，俄日两国学者似乎存在一种彼此敌意，间宫的转述颇有点添油加醋，契诃夫所记要更为可靠些。不管怎么说，不管是老死还是被消灭，这些俄人都悄无声息地消失在库页岛上，远离家乡与亲人，命运悲惨。

这能算是占领吗？

确有沙俄官员和史学家将此指为占领库页岛的早期依据，契诃夫大不以为然，写道：

> 这八名萨哈林的鲁滨逊极其简略的历史，就是有关北萨哈林自由殖民的全部资料。如果硬要把赫沃斯托夫的五名水手和凯姆茨以及两名逃犯的奇遇说成是自由殖民的尝试，那么也应该承认这种尝试是微不足道的，起码是不成功的。它对我们有意义的无非是说有八个人在萨哈林住了很长时间，一直到死，没有种过地，而是靠渔猎为生。[13]

一个伟大作家的良知，于此清晰可见。

四、涅维尔斯科伊的“发现”

在俄国出版的一些地图上，鞑靼海峡又被称作涅维尔斯科伊海峡，意思是他发现了这个海峡。契诃夫的《萨哈林旅行记》也多次提到涅维尔斯科伊的名字，其也是唯一得到作家由衷赞美的沙俄殖民者。

进入 19 世纪 40 年代，清廷经历鸦片战争的重创，较多将防御重心放在广州与东南沿海，而对长期安定的黑龙江流域，只是不断抽调原本就不多的兵力，全未觉察强邻的窥视与迫在眉睫的入侵，未见采取任何巩固边疆的久远措施。而惯于乘虚而入的沙俄当局，则陡然加快东扩的脚步，在新一波殖民浪潮中，首先开始对下游濒海地区与库页岛进行实际占领。从殖民者的立场上立论，闯入任何新区域都可称之为“发现”，固有的领土归属与管理体系被抹杀，接下来便是兴建军事要塞和大举移民。令无数国人扼腕痛惜的东北地区一百多万平方公里国土，就此揭开流失的序幕，最先丢掉的就是黑龙江下江滨海地区和库页岛。

沙俄的新一波大入侵，至为关键的推手有两人：东西伯利亚总督穆拉维约夫少将与海军大尉涅维尔斯科伊，这是二人当时的军衔，后来都成为俄军的上将。如果要说得具体一些，则是涅氏在前，有开拓之功；穆氏位高权重，促进和完成此事。契诃夫在书中没有提及穆氏，对涅氏不顾身家性命的奉献精神颇多赞誉，但对其“坚持认为萨哈林是俄国领土”的理由也颇不以为然，引证可靠史料予以反驳。

对历史人物的评价出现国别差异，是世界史研究中一种常见现象。在我国史学家看来，涅维尔斯科伊是一个凶悍的入侵者，甚至可说是沙俄割占库页岛与乌苏里江以东地域的第一罪人。对于俄国来说，涅氏则是远征异域、开疆拓土的大功臣和民族英雄。而不管哪个国家与哪种政治体制，都会看重当事人的爱国热诚与奉献精神。以涅氏所处的时代背景，勘察黑龙江口无异一次双重冒险：几乎所有信息都说清朝在入海口驻有重兵，有可能被抓住或打死；而他的行动并没拿到正式的沙皇训令，很容易被指为擅自行动，被革职和坐牢，许多大员——从枢密院到海军部，都强烈反对此举。即便是这样，即便是缺乏政治与资金的支持，涅维尔斯科伊小分队还是数万里赴险，查清了黑龙江出海口与鞑靼海峡航道，并于在左侧斜对着库页岛的海湾兴建据点，作为楔入下江地区的重要基地。

涅维尔斯科伊（1813—1876）是在1849年抵达库页岛的。他指挥的运输舰名叫“贝加尔”号（与契诃夫在庙街所乘舰船同名），规定航线为喀琅施塔得至堪察加半岛，跨越大半个地球，向那里的俄军运送补给物资。两年前，在海军部任职的涅氏负责监造“贝加尔”号，他一直怀疑黑龙江没有深水出海口的说法，在彼得堡拜见新任东西伯利亚总督穆拉维约夫时，表示要到河口湾勘察，穆氏深以为然，表示愿尽力提供帮助。此后涅氏担任“贝加尔”号舰长、沙皇批准再次探查河口湾，都有老穆的高层运作之力。

当年6月，涅氏在抓紧完成前往堪察加的运输任务后，率“贝加尔”号经千岛群岛进入鄂霍次克海，抵达库页岛东岸，再绕过东北的细长岬角，贴岸勘测，希望能在北端找到一个适合停泊的港湾，但没有。在驶入河口湾之后，遇到与克鲁逊什特恩同样的风险，处处是险滩暗礁，航道越来越浅，他只好将舰船锚住，命属下驾舢板带上兽皮艇前行探测。那是一种预先订制的北美兽皮艇，不怕浅滩，由两名少尉带领划行，终于寻找到深水航道，进而发现水流汹涌的黑龙江口。由此再溯流而上，看到左岸有一个费雅喀屯落。涅氏闻知大为欣喜，亲自乘船试航，从而确定黑龙江有可靠的深水航道。然后，他又率舰向南航测鞑靼海峡，确知库页岛未与大陆相连，黑龙江口完全可供较大舰船通航，并可以绕岛航行，直通日本。

对俄国人来说，这是一个惊人的发现，也引发沙俄远东政策的重大调整。多年来，不断有人质疑黑龙江没有通海航道的说法，俄廷亦复疑惑，不久前还密派一位海军少尉潜入打探，说是水流很浅，大船根本无法通航，沙皇很失望，遂决定放弃此一区域。闻知涅氏的报告，自然是一个天大喜讯。但由于此说否定了以往的权威结论，也受到普遍怀疑，“当他向彼得堡报告自己的发现时，人们都不相信，认为他的行为是狂妄的，应该受到惩处”〔14〕。看来俄廷与清廷颇有共同之处，权力中枢都活跃着一些嫉贤妒能的庸人。

其时为道光二十九年（1849），清廷先经鸦片战争之惨败，又被英人开进广州的要求弄得手忙脚乱，江浙湘赣相继洪水肆虐，而洪秀全的拜上帝会已聚集万余信徒，其势如风起云涌……怎知俄人已潜入东北边土与海疆。当地官员疏于防范，边境卡伦内缩甚远，形同虚设，边区部族离心离德，都使涅氏等人的公然入侵畅行无阻。俄国外交大臣等所担心的纷争没有出现，加上穆拉维约夫的力挺和沙皇的赏识，涅氏不仅未受处分，还被破格晋升为上校。而库页岛（包括黑龙江下游和乌苏里江以东地域）的历史，也因此人此行彻底改写。

1850 年 6 月，已被任命为总督专差官的涅维尔斯科伊上校率 25 名水兵重回幸福湾，立即着手建造营房——后来的彼得冬营。他很快发现这里不能控制入海口和黑龙江口，且冰期太长、水深不够，并非理想的军港。遂乘坐唯一一只蒸汽舢板，溯江而上，一路探察，直到明朝奴儿干都司所在的特林，登上江岸。他在回忆录中写道：

> 驶近特林岬的时候，我看见岸上有几个满洲人、一群基里亚克人和满珲人（二百名左右）；看样子他们因我们舢板的出现而不知所措。我在通译波兹温和阿法纳西的陪同下登岸，向一个年长的满洲人走去，基里亚克人称呼他为章京，意为富翁，富商；这个满洲人妄自尊大地坐在一截木头上，对周围的一群满洲人和基里亚克人摆出一副长官的架子。他傲慢无礼地问我：我为什么，根据什么权利到这里来？我也反问这个满洲人：他为什么，根据什么权利待在这里？满洲人更加粗鲁地回答说：除了他们满洲人之外，任何旁人无权到这些地方来。我反驳他说，由于俄国人有充分的、唯一的权利待在这里，因此我要求他和其他满洲人立即离开这些地方。满洲人一听此言，一面指着他周围的人群，一面要求我离开，不然的话，他就要用武力迫使我离开，因为未经满族人许可，任何人都不准到这

> 里来。与此同时，他向周围的满洲人示意，要他们动手执行他的要求。对这种威胁，我从口袋里掏出双筒手枪瞄准这个满洲人，宣称，如果谁敢动一动，执行他的无礼要求，就立即送他去见上帝。[15]

章京，是清代官名，以武职较多用，职级的差别亦大，从清初的一品大将军（昂邦章京）直至四品佐领（牛录章京），此处则是当地居民对满洲商人的敬称。那时的三姓衙门对下江实行封禁，除执行公务的官员兵丁，概不许进入。而在一个贪腐体制下，此类封禁正好为行贿受贿打开方便之门。能够到达这里的商人，都花钱得到一些大大小小的保护伞，再从部落民众身上刮取。最常用的方式是用烧酒换取貂皮，令当地人在酣饮后家产精光，如此恶性循环，怎能不种下仇恨。早期的归属感与和谐关系，已受到极大伤害。

清朝对库页岛及下江严禁兵器铠甲，为防止他们私自打制，连铁器都不许流入。这些经商者也没有武器，而涅维尔斯科伊人数虽少，却是船上有炮，手中有枪，且训练有素——

> 武装的水兵们根据我的信号立即来到我身旁。这一完全出乎大家预料的举动，使这群人大吃一惊，满洲人立即后退，刚才退居一旁的基里亚克人则开始笑他们胆小，显然对此举甚为满意，以此表示他们是站在我一边。章京脸色苍白，他立即离座，一面鞠躬，一面解说：他希望同我友好，并请我到他的帐篷里去作客。[16]

一场冲突就这样结束了。曾有记载说涅氏在庙街升旗时遭到满洲章京的阻拦，掏枪威胁，实际上是发生在特林。如果说这个满洲商人的瞬间认怂、前倨后恭尚可原谅，则他后来邀请涅氏喝酒，将清朝边地不设防的实情和盘托出，事后也未将此一重大边情奏报官方，实在可恶。

由特林折返庙街，涅氏决定建立哨所，更名为尼古拉耶夫斯克，“在一群异族人在场的情况下，在一门小炮和六支枪的轰鸣声中，升起了俄国国旗，并宣布，现在阿穆尔河口、萨哈林和鞑靼海峡沿岸地带已纳入俄国版图”。所谓异族人，即世代生长此地的费雅喀与赫哲人，因受到胁迫和利诱，未敢反抗。倒是俄廷一些大臣生恐激怒清朝，“以把自己的祖国推向不可避免的危险境地的罪名”，要将涅维尔斯科伊交付军事法庭审判。又是穆拉维约夫急急赶往彼得堡，晋见沙皇尼古拉一世，慷慨陈词，拿到御批：“俄国旗不论在哪里一经升起，就不应当再降下来。”〔17〕涅氏性格执拗，但也擅长马屁功夫，新哨所用的正是尼古拉的御名。

殖民者与探险家虽分为种种色色，却是大都不缺少坚忍强毅，哥伦布在南美如此，列扎诺夫在北美如此，涅维尔斯科伊在黑龙江口亦如此。他在这个地区待了五年，整整五年，有时在彼得冬营，有时住庙街，有时登上库页岛，有时溯流而上到乌苏里江口甚至松花江口，从未遇到过清朝军队的干涉。真正的敌人是严酷寒冬和荒凉大地，由于距离遥远，加上涅氏不擅长处理人际关系带来的供应匮乏，仍给入侵者带来生命威胁。契诃夫很欣赏他与夫人的开创和牺牲精神，在书中写道：

> 他在东部沿海和萨哈林的短短五年时间里创造了光辉的业绩，但却失去了女儿（他的女儿是饿死的）。他本人衰

> 老了，他的夫人也衰老了并且丧失了健康。他的夫人是位“年轻美貌、和蔼可亲的女人”，英勇地经受了一切艰难困苦。[18]

作家在本段加了一个脚注，对涅氏19岁的新婚妻子伊凡诺夫娜大加赞扬，说她追随丈夫从伊尔库茨克赶到这里，“在二十三天的时间里骑马走了一千一百俄里的路程”，带病“穿过泥泞的沼泽，越过崇山峻岭、荒无人迹的原始密林和鄂霍次克冰封的栈道”。能理解契诃夫对涅氏夫妇的赞许，设若当时清朝出现一位向北向西开拓疆土的英杰，我们也会不吝溢美之词。伊凡诺夫娜应是十二月党人的后代，有一部俄国著名历史小说《涅维尔斯科伊船长》，细写二人的一见钟情和苦恋，然后是相随而前，共同经历那次与死神搏命的极地之旅。[19]

涅维尔斯科伊的执拗个性，注定难为官场所容，后来虽贵为海军上将，却是研究会之类闲职。他将盛年的大把时光用以缅怀昔日的辉煌，编成一部回忆录，其中写到妻子与费雅喀人的亲切相处：

> 在彼得冬营，叶卡捷琳娜·伊凡诺夫娜把他们让到我们厢房的既作礼堂又作客厅和饭厅的房间，让他们围成圈儿坐在地板上，坐在盛着饭或茶的大碗旁边。他们享受着这样的款待，非常满意，常常拍一拍女主人的肩膀，让她去取烟，端茶。尽管这群穿着浸满海豹油脂的狗皮、从不洗澡的基里亚克人不仅使我妻子那一类有教养的年轻妇女，而且使一个农妇也会感到难受，但是叶卡捷琳娜·伊凡诺夫娜满怀自我牺牲精神承受了这种访问和访问的后果……[20]

对费雅喀人，涅氏是有些嫌弃的，但也欣赏和支持妻子的做法。并不是所有的殖民者都只知杀人越货，有智慧和学养的人懂得收买人心，也会有一些良善之举。契诃夫的书中也转录了这段文字，由于翻译的原因，与上面的引文稍有差异。

五、占领萨哈林

涅维尔斯科伊率“贝加尔”号进入河口湾之前，曾根据总督穆拉维约夫的指令，在库页岛北端寻找可供海船停泊的港湾。那里风急浪高，涅氏指挥属下贴岸仔细搜索，花了16天时间，一度在一个海湾内搁浅，死命挣扎两日才得脱险，也没发现一个合适的地点。他们也曾派舢板进入地图上标注的奥布曼湾，葫芦口处沙埂淤泥，难以进出。尽管有过这些不愉快的经历，极具军事眼光的涅维尔斯科伊仍清楚库页岛对于占领黑龙江下游的意义，在彼得冬营稍稍立稳脚跟，即派精干的鲍什尼亚克中尉前往库页岛西岸和中部探查。

时为隆冬季节，23岁的小鲍乘狗拉爬犁，仅带一名懂得通古斯语的哥萨克和一个向导就出发了。他们由河口湾右行，从拉扎列夫岬越过海峡，先沿着海岸弯曲向南，直到杜厄河一带（俄据后在此营建了臭名昭著的杜厄监狱，契诃夫书中有详细的叙述），然后折回中部的姆格奇屯，由那里横穿山脉，沿特姆河抵达东海岸。小鲍堪称涅队的得力助手，一路将发现的煤矿、天然港湾、河流山川特别是村屯做了勘测记录。他这次登岛调查，历时一个多月，回程时食物告尽，有十天的时间只能以干鱼、野果与半腐烂的海豹肉充饥，向导生病，自己的脚被冻伤，就连拉雪橇的狗也一只只死掉，仍坚持完成了任务，回到驻地。光是这份执着坚忍，就令多数只知酗酒赌钱、欺压部族民众的清朝官吏难以望其项背。

1852年的春天，由于给养迟迟不到，涅氏考察队于艰难状态下苦撑，可还是派出有限的人员抢占战略要地。一向支持此举的穆拉维约夫，则由伊尔库茨克赶往彼得堡，在不利情形下一力抗争。老穆担心会因得罪权臣被免职，直接向沙皇呈递了一份条陈，分析东西伯利亚的政治形势，预测中英战争将再次爆发，而英国人出于掠夺本性，必然会与俄国发生冲突。他写道：

> 英国人在世界各地的行动只有一个目的，就是为了大不列颠的利益！他们为了达到此一目的，从来不择手段。当然，英国对华战争的借口，可以从他们的外交照会中了解到，但是对俄国的东西伯利亚来说，重要的不是借口，而是事情的实质和这场战争的结果。战争伊始，中国政府即已意识到自己软弱无力，他们定愿接受俄国的建议和帮助。[21]

他对于英国不择手段的在世界上攫取财富，寻找借口发动对华战争，堪称洞若观火；对于清朝的虚弱和无力开战，判断也正确。而自信满满地声称清廷一定愿意接受沙俄的帮助，却是错了，大清君臣对俄国从来不乏戒备之心，深知就侵略性而言，沙俄一点儿也不输于英夷。

穆督上书的重点是希望改变俄国的对华政策，改变沿承150余年的边界状况，由守势变为攻势。他接着阐述：

> 如果我们现在仍像过去那样裹足不前，或者只是从西面探索几条去中国的捷径，在其西部边境增设几处海关，使长

> 达六千俄里的整个东西伯利亚依旧处于一百五十年来的政治方针和制度之下；如果我们还不在东洋采取特别措施，那么，英国对华战争的结果以及他们在中国沿海海军力量的扩大，不仅对我国的对华贸易，而且对我国在那些遥远地区的统治，都将带来无可挽回的损害，从而永远断送俄国在该地区的整个前途。

不得不佩服这个家伙的国际视野，他是一个英国通，也算是半个中国通，清晰认识到清朝的虚弱，要求改变长期以来的谨慎对华政策。老穆自告奋勇代表俄国与清朝理藩院办理交涉，并强烈呼吁要抢在英美等国之前，占领库页岛与河口湾地区。他多次强调此举的紧迫感，慷慨陈词：

> 当需要当机立断时，时间是宝贵的；而当我们必须抢在对手之前时，时间尤其宝贵。要知道，我们的对手是精明强干的，他们事事都授予自己的地方代理人以全权。

穆氏冀求侵占的是中国土地，而他所说的“对手”，却不是清朝，而是英国人。在伸手要权要编制要钱之时，穆督回顾一件往事：25 年前俄美公司曾提出占领北美的加利福尼亚，表示如果不这样做，那里很快就会成为美国的领土；俄外务部颇不以为然，“断言即使美国要占领也是一百年以后的事情”，而今天加利福尼亚已成为美国的一个州。

这些话显然打动了尼古拉一世，御批给予涅氏考察队官方编制和经费保障，海军大将康士坦丁亲王也约见穆拉维约夫与俄美公司总经理，与他们详细探讨占领库页岛的实施步骤。几天后，沙皇批准由俄美公司占领库页岛，意在以贸易活动掩盖军事入侵，而该公司本来就是由军人管理的，实质上并无差别。1853年5月初，尼古拉一世召见了穆拉维约夫等人，听取了他的报告，兴致勃勃地观看了新绘制成的东西伯利亚地图和地形测量图，并将之与《尼布楚条约》做了对照。穆氏的传记中记述了这个场景——

> 皇上把穆拉维约夫叫到阿穆尔全图跟前，（手指着阿穆尔河口）对他说："一切都很好，可是我得从喀朗施塔得派兵去防守这个地方。"穆拉维约夫当即答道："回奏陛下，似乎不必从那么远的地方派兵"，然后用手指外贝加尔地区，顺着阿穆尔河东移，补充说："可以就近派兵防守。"
>
> 皇上听了这些话，把手放在他头上说："唉！穆拉维约夫呀！总有一天你会为阿穆尔发疯的！"〔22〕

一向威严的尼古拉一世与臣子开起了玩笑，谁都能听出其间的鼓励之意。就这样，原本遭到宫中老派大臣反感，一度风雨飘摇的穆拉维约夫重获沙皇信任，被钦赐皇家白鹰勋章。所有的担忧一扫而光，穆督即行安排向彼得冬营增派军队和运输物资。而有了沙皇的谕旨，一切都迅速改观：涅维尔斯科伊受到表彰，获得二级圣安娜勋章，被正式任命为官方考察队上校队长，可行使地方长官和驻军司令职权；命令从堪察加等地调派8名海军军官和240名士兵，在河口湾组建了一个海军加强连；另外，还为考察队配属了一个哥萨克骑兵连，一个山炮排。考察队受东西伯利亚总督直接领导，享受的待遇空前提高：军官所领津贴为堪察加的两倍，士兵在考察队服役一年可抵二年。由于地处荒僻，相关旨意的传递和贯彻都需较多时间，但有吏事练达的穆督盯着（即使在其去欧洲休假的四个月里也未放松），运兵船与运输船在当年秋天陆续抵达，冷寂已久的彼得冬营热闹起来。

近卫军上尉布谢被任命为东西伯利亚总督府少校专差官，从彼得堡送来沙皇签署的占领库页岛的谕旨，共11条，重点在于利用考察队的官兵与设备，着手登岛并建立据点，但要求一切在俄美公司的框架下行事，只能乘坐公司的船只，不许调用军舰。穆督也下达了两道指令，先是责成涅队必须准确无误地遵奉圣旨，并告知在所派行政长官抵达库页岛之前，岛上已有机构和设施概由他负责，可自行决定在东岸或西岸占领二三处据点，但不许惊扰南端的日本人。一个月后签发第二道命令，建议他在当年夏天占领迭卡斯特里湾和奇集，建立哨所，但要把主要精力放在库页岛。呵呵，没有电子通信的时代会发生各种荒唐故事，当布谢少校将总督的指令递到涅队手中，穆督所说的两处据点已建成半载有余了。

年轻的布谢曾在回忆录里将涅氏勾勒成一个疯子，近卫军出身、一向以服从命令为天职的他，总算见识了什么叫自以为是：

穆督要求布谢在送达文件后即行返回伊尔库茨克，涅队则以缺少军官为由，将其扣留并派到库页岛，让他掌管俄军哨所，还封了他一个临时驻岛行政长官；

谕旨要求士兵登岛必须乘用俄美公司舰船（也是煞费苦心），队长大人却毫不犹豫地命海军“额尔齐斯”号运输舰前往库页岛；

谕旨和穆督的指令中都要求避免与日本人冲突，不准在库页岛南端建立哨所，而这哥们儿选中的地方偏偏是对着北海道的阿尼瓦湾，并在拉彼鲁兹海峡最窄处的克里利昂岬派兵设点。

涅维尔斯科伊对占领库页岛很重视，对布谢则不太放心，与之同船前往。在登陆之前，布谢表示最好找一个偏僻处所驻扎，并反复引证总督下达的“不准惊扰日本人，要离日本人居住的村落远些”的命令，涅队则执意开往日本人在岛上的主要村镇托马拉，即使看到岸上排列着黑色的炮筒，又有大群持刀民众冲来，也不退缩。涅维尔斯科伊做好了打一场恶战的准备，命军舰上的大炮装填弹药，卢达诺夫斯基中尉率领25名海军乘坐载有鹰炮的大划船，他也与布谢、小鲍登上六排桨座帆船，一起驶向海岸。

岸上的防卫崩溃了，领头的日本人开始频频鞠躬，爱奴人热情帮助俄军卸载各种物品。俄国人首先在岸上安装两门火炮，竖起一根旗杆，登陆俄军排成两队，唱完国歌后，船上枪炮齐射，大声欢呼，涅维尔斯科伊和布谢升起了圣安德烈耶夫旗。这面军旗由彼得一世亲自设计并定为俄国海军的正式军旗，也意味着俄罗斯帝国疆域的主权。饱受奴役的爱奴人甚至希望俄军惩罚日本工头，就像40多年前赫沃斯托夫登陆后所做的那样。涅队却一律加以怀柔，当众发表俄国占领此地的演说，并邀请几位日本与爱奴年长者去船上饮酒絮话，一时皆大欢喜。涅氏的回忆录中记下了占领时的标志性场景：

> 当两门大炮已在岸上架好，升旗用的旗杆也已立起，部队排成队列的时候，我当即下令祈祷。在我们跪下向上帝祈祷时，日本人和爱奴人也下意识地摘下帽子。祈祷后，我与布谢在一片乌拉喊声和枪炮齐鸣声中升起了俄国军旗。此时，尼古拉号海船上的人员也高呼乌拉，爬上软梯与横桁，海船开始鸣炮向军旗敬礼。我们便以此宣布，我国终于进入了萨哈林岛上的托马拉－阿尼瓦。[23]

潜入黑龙江河口湾五年来，涅维尔斯科伊先后建立了彼得冬营、尼古拉耶夫斯克哨所、奇集据点等，在中国领土上楔入一颗颗钉子，这是一颗新的钉子，主要针对的却是日本人。举行完仪式，涅维尔斯科伊率同布谢、鲍什尼亚克走进屯子，与日本屯长举行会谈。

这是一种完全不对等的谈判，只有几支火枪和腰刀的日本人只有倾听和遵命的份儿。涅氏命通译告知：

> 我们来到并进入自古以来就属于俄国的萨哈林岛，完全是抱着爱好和平的目的，我皇帝陛下获悉，近来横行于这一带海岸附近的外国船只日多。其船员胡作非为，欺压居民；近又传闻他们竟欲占据某些未设防的据点。故此圣上降旨，命令我等在萨哈林岛及与之相对的大陆海岸的各个主要据点建立军事哨所，俾使本地居民及来到此地的日本人得到保护，免遭外国暴力凌辱和恣意摆布。[24]

自从那场在尼布楚举行的中俄边界谈判，俄国人就从天朝使臣口中学到了一个铿锵有力的语词——自古以来，用起来毫不脸红。此时，涅维尔斯科伊竟然说库页岛“自古以来”就是俄罗斯的，日本人则不敢反驳，大约心底也明白，该岛自古以来就不属于日本。涅氏接下来开始抚慰在场的日本人：“圣上命令我，不仅不得阻挠日本人在岛上的生产和贸易，而且必须严格保护日本人的正当利益，使之免受任何干犯。因此，请你们完全放心：我们真诚希望永远与我们的近邻——日本人友好相处。”胡萝卜加大棒，先是挥舞大棒，然后拿出胡萝卜，是侵略者的惯用手段，也每每奏效。日本人提供了卸货用的驳船与军队暂住的大棚，爱奴人则帮助兴建营房，一派融洽景象。

涅氏还广为散发了一份俄、法两种文字的声明，开头即说：

> 根据俄中两国1689年于涅尔琴斯克所签订之条约，萨哈林岛系阿穆尔河下游流域的延伸地区，属俄国所有。此外，远在16世纪初期，我国乌第地区的通古斯人（即奥罗奇人）即已占领此岛。以后，于1740年，俄罗斯人首次测绘此岛。最后，1806年赫沃斯托夫与达维多夫占领了阿尼瓦湾。因此，萨哈林岛从来就是俄国不可分割的领土。[25]

这份声明发布的日期是1853年10月4日（俄历9月22日），应算作沙俄正式吞并库页岛的日子，而大清君臣如同在睡梦里，浑然不觉。库页岛属于吉林将军衙门管辖，历任将军却从来不闻不问，更没有过出兵保卫祖国宝岛的念头。涅队捷足先登，迅速在库页岛设立了几个据点。阿尼瓦湾的营垒在数日内草创而成，命名为穆拉维约夫哨所，以向总督大人致敬。

在海参崴一个对着海湾的地方，立着涅氏的雕像和纪念碑，铭刻着诗人沃尔科夫1896年所写长诗《纪念海军上将涅维尔斯科伊》，最后是这样几句：

> 发现河口湾，结果很圆满。
> 升起俄国旗，领土归俄管。[26]

如同顺口溜一般，却是对涅氏两次报功信函的有意抄撮，亢奋，激切，也透着强横霸蛮。没有他与穆督，俄国人也会伺机侵占黑龙江左岸与库页岛；但有了此二人，侵略变成了现实，而且是大大提前。

六、岛上鄂伦春人的传说

契诃夫历尽艰辛，前往遥远的萨哈林岛，回归后又在繁忙的文学创作间隙写成《萨哈林旅行记》，当然是为了记述生活在那里的俄国各色人等，重点则是监狱里的苦役犯；而作为一个富含平等意识和同情心的作家，他的目光也关注到岛上的原住民。在北部，契诃夫写了基里亚克即费雅喀人，几乎以第十一章一个整章来描写他们的生存状态；在南部，他记述了爱奴人的历史与习性，该书第十四章，重点描述的就是南库页的爱奴人。契诃夫也提到生活在东海岸中部至南部的奥罗奇人，认为是属于通古斯的一个部族。

奥罗奇人，又叫克加里人，其命名不知何所来，通常被称作鄂伦春。如涅维尔斯科伊，就在回忆录中认定这些人属于鄂伦春，或直接称之为鄂伦春人。侵入下江地区后，涅氏曾多次派人到库页岛探查，发现了这个较晚迁徙入岛的外来族群。首先进入鄂伦春村落的是鲍什尼亚克，就是那个收集到 5 名帝俄军人遗物的小鲍。1852 年 2 月，21 岁的海军中尉鲍什尼亚克奉命前往库页岛，由岛民的传统贡道横越海峡，先是沿着库页岛西岸向南，勘察露天煤矿与海湾，然后沿姆格奇河向东，越过山脊抵达特姆河上游，再步行 40 余里，便到了特姆河畔“鄂伦春人的屯子”。涅氏获知后颇为欣喜，在回忆录中特别加了一个注脚：

> 鄂伦春人或者奥罗奇人操通古斯语，杂以基里亚克语词

> 汇。他们中间有这样的传说：他们是从乌第地区迁徙到萨哈林的通古斯人，因此，认为自己是俄国的臣民。[27]

也许有岛上鄂伦春人说过此类的话，却也当不得真。根据常理推论，那些原先生活在乌第地区的鄂伦春先辈，应是在两个世纪前，不堪忍受罗刹入侵者的欺凌和重税，由外兴安岭避居库页岛东海岸。那样一段民族痛史，居然能成为涅维尔斯科伊占据库页岛的首要理由，也是匪夷所思！他在这里所说并非一个屯子，而是相距不甚远的一批村屯。5 名帝俄军人曾住过的地方是契哈尔卫屯，位于中部的东海岸，“屯子相当大”“住在三个茅屋里，还有过菜园”“其中有两人还和自己的克加里人妻子生了孩子”。涅氏在回忆录中强调：这里的居民，扩大至库页岛的所有民族，不承认任何政权的统辖，“无论是中国的，或者日本的”，不向任何人缴纳实物税。他也再次引述了村民的话，大意是在很早以前“从乌第河来到岛上安家落户”，却丝毫没有什么原来就是“俄国臣民”的说法。

另一次重要的勘察，是在占领南库页之后，根据涅氏的指令，海军中尉卢达诺夫斯基从穆拉维约夫哨所出发，一路向北与西北，测绘南部的河流道路等。在索苏亚湾一个爱奴与鄂伦春混居的屯落，他观看了熊祭，应是爱奴人的节日，而那只熊属于一位鄂伦春人所有。根据卢达诺夫斯基的报告，“当地居民，除爱奴人外，尚有奥罗奇人，即 17 世纪迁来萨哈林的我们的乌第地区的通古斯人”“他们之中有 16 世纪末从乌第地区迁来此处的鄂伦春人（通古斯人），即俄国臣民，这一点很重要。这一情况是证明俄国对萨哈林岛拥有不容置辩的主权的根据之一。而萨哈林岛因其地近阿穆尔沿岸地区和乌苏里沿岸地区，对我们来说是极其重要的”。未能读到卢达诺夫斯基的札记，这些话见于涅氏的回忆录，应该出自他的归纳提升，不一定就是卢中尉的原话。但这位下属也与长官同一种腔范，“回忆录”稍后记录了卢达诺夫斯基对原住民的一句话：

> 岛上的日本人是外来者，此岛一直属于俄国，因为远在日本人来此之前，俄国人——奥罗克人即已在此定居。

涅氏紧接着提到鄂伦春人记忆中的迁徙史，提到一个传说：

> 所有的土著都能证实此事，并且说他们有一个传说，讲的是鄂伦春人，或称奥洛克（奥罗奇）人（茅卡湾也有很多鄂伦春人），在还未听说有日本人的时候，就从罗刹（俄罗斯人）那里到此岛来了，他们已在此居住很久很久。[28]

读了这些话——涅少将与卢中尉一遍遍申说、找个机会就说个没完的话，真令人见识了什么叫强盗逻辑。本书在前面写了涅维尔斯科伊侵入河口湾之初所遭遇的艰辛，写了他们夫妇与同事的坚韧果敢，那是真实的；但更为真实的或曰更主要的，即这是一个惯于指桑说李、颠倒黑白的殖民者。《尼布楚条约》留下乌第河一带待议，他竟称外兴安岭由那里转折向南，跨越过黑龙江，直到与朝鲜接壤处；19 世纪初登上库页岛，后来吓得到处躲藏的那 5 名沙俄士兵，被他称为俄国占领的标志；而在这里，又将被迫离开祖居之地乌第，迁居岛上的鄂伦春人，说成俄国的臣民，进而就是俄国人。

乌第，因河流而得名，又作兀的、乌底、古底，北山女真的生活区域，所谓使鹿部是也。早在永乐年间，明成祖朱棣就应乌第地区部族首领的请求，下旨在那里设立卫所，即奴儿干都司的兀的河卫、兀的河千户所。清朝立国之初，这些北山女真的地域随之归属，大批丁壮男子被征发从军，一些部落内迁，来自雅库茨克的罗刹乘虚而入。由于史料缺乏，已很难确定罗刹建立乌第堡的具体年份。以雅库茨克建于 1632 年，东南不远处的图古尔斯克建于 1653 年，可推测乌第堡的设立时间当在二者之间。它是沙俄较早楔入外兴安岭之南的一颗钉子，又作乌第冬营、乌第小堡，可证规模不大。而一直到清俄签订《尼布楚条约》，仍处于风雨飘摇之中，人少枪少，整天担忧清军前来讨伐。康熙二十三年（1684），乌第堡的两名哥萨克奉派南下向通古斯人收税，被抓获痛殴后押往黑龙江城，将军萨布素将之审讯后释放，命他们带回三封公文，严厉要求该堡不得再关押鄂伦春等族人质。〔29〕

抓获部族头领或他们的儿子为人质，索取貂皮等物，是罗刹的常规手段，也令原住民痛恨和恐惧，纷纷迁徙，避之唯恐不及。此事发生在大约两百年之前，而那份仓皇逃离家园的痛史，必会长存于族人间，成为一个传说。涅氏的回忆录中也写道："从鄂伦春人的谈话里得知，远在 16 世纪末 17 世纪初，俄罗斯人征服勒拿河与大海之间的地区（即雅库特地区和乌第地区）时，有很多通古斯人（奥罗克人）便从乌第地区迁到萨哈林岛，占据了此岛的中部和南部，他们与来自千岛群岛北部的民族——爱奴人混合了。如我们所知，居住在特姆河和讷湾的鄂伦春人及奥罗克人，对鲍什尼亚克所说的也正是如此。"〔30〕就算罗刹很早就占领了乌第河流域，就算库页岛上的鄂伦春是从乌第河迁居而来，能说明他们是俄罗斯的子民吗？能由此推论库页岛自古以来属于俄国吗？

曾对涅维尔斯科伊亟加赞赏的契诃夫，经过实地考察后，对于他的这类话语很不屑——

> 涅维尔斯科伊坚持认为萨哈林是俄国领土。他的理由是，该岛在17世纪时即已被我国的通古斯人占领。他还坚持认为俄国人在1742年首次测绘了萨哈林，并于1806年占领了萨哈林南部。他把奥罗奇人说成是俄国通古斯人。这一点，民族志学者并不同意。最初对萨哈林进行测绘的，也不是俄国人，而是荷兰人。至于说1806年占领萨哈林的事，那么事实已经推翻了他的看法。那不是首次占领。[31]

不为爱国旗号迷惑，不为民粹主义裹挟，才是一个伟大作家应有的品格和立场。

注释

〔1〕《萨哈林旅行记》第二章，“宴会和灯会”，第27页。

〔2〕《萨哈林旅行记》第一章，“阿穆尔河畔的尼古拉耶夫斯克城”，第3页。

〔3〕《萨哈林旅行记》第一章，“贝加尔号轮船”，第5页。

〔4〕《萨哈林旅行记》第一章，“普隆格岬和河口湾的入口”，第6页。

〔5〕拉彼鲁兹（1741—1788），伯爵，法国海军军官、航海探险家，参加过七年战争与美国独立战争。1785年受法王路易十六之命，率两艘舰船从普雷斯顿港出发去亚洲东北岸考察，1787年6月经过间宫海峡至库页岛西岸，以自己的姓氏命名为拉彼鲁兹海峡。他曾试图穿越鞑靼海峡，也曾在南库页登岛询问，最后还是因海峡太浅，认为是一个半岛。

〔6〕伊凡·费多罗维奇·克鲁逊什特恩（1770—1846），又被译作克鲁森施特恩，俄国第一位环球航海家。他曾被派到英国舰队学习六年，然后在中国的广州待了两年，回国后提出建立阿留申群岛与广州海上贸易通道的计划。1803年8月，克鲁逊什特恩率“希望”号和“涅瓦”号出海，同船还载有以大使列扎诺夫为首的赴日使团，1804年10月进入长崎湾。1805年7月，他在将列扎诺夫送到彼得罗巴甫洛夫斯克后前往库页岛，由鞑靼海峡北口进入河口湾，最后无功而返。

〔7〕《19世纪俄中关系：资料与文献》第一卷载，俄国副外务大臣恰尔托雷斯基提交了一份《为出使大清所备办的礼品清单》，第一款就是：“本地玻璃厂自产大号镜子两面、二号镜子两面”，广东人民出版社，2012年，第153页。

〔8〕［法］儒勒·凡尔纳著，杜洪军、梁小楠、董玲译《19世纪的大旅行家》第四章《俄

国和英国航海家的环球航海》，海南出版社，2016年，第170页。

〔9〕［俄］涅维尔斯科伊著，郝建恒、高文风译《俄国海军军官在俄国远东的功勋》第三章《十八世纪和十九世纪初对阿穆尔沿岸地区的考察》，商务印书馆，1978年，第54—55页。

〔10〕《萨哈林旅行记》第十一章，第127页。又，涅维尔斯科伊记载是在1806年，见《俄国海军军官在俄国远东的功勋》第三章，第55页。应以1805年为是。

〔11〕《萨哈林旅行记》第十一章，第128页。

〔12〕《东鞑纪行》附录，第30页。

〔13〕《萨哈林旅行记》第十一章，第128—129页。

〔14〕《萨哈林旅行记》第一章，第8页。

〔15〕《俄国海军军官在俄国远东的功勋》第十一章《在阿穆尔沿岸地区升起了俄国旗》，第134—135页。

〔16〕《俄国海军军官在俄国远东的功勋》第十一章《在阿穆尔沿岸地区升起了俄国旗》，第135—136页。

〔17〕［俄］冈索维奇著，黑龙江省哲学社会科学研究所第三研究室译《阿穆尔边区史》，“涅维尔斯科伊”，商务印书馆，1978年，第72页。

〔18〕《萨哈林旅行记》第一章，第8—9页。

〔19〕［苏］尼·扎多尔诺夫著，武仁译《涅维尔斯科伊船长》下卷，第三十一章《十二月党人》，黑龙江人民出版社，1980年。

〔20〕《俄国海军军官在远东的功勋》第十二章，第148页。

〔21〕［俄］巴尔苏科夫编著《穆拉维约夫-阿穆尔斯基伯爵》第一卷，第三十八章《1853年》，商务印书馆，1973年，第329—330页。

〔22〕《穆拉维约夫-阿穆尔斯基伯爵》第一卷，第三十八章《1853年》，第333—334页。

〔23〕《俄国海军军官在俄国远东的功勋》第二十三章《1853年考察萨哈林的准备工作和占领萨哈林南部》，第274页。

〔24〕《俄国海军军官在俄国远东的功勋》第二十三章《1853年考察萨哈林的准备工作和占领萨哈林南部》，第277页。

〔25〕《俄国海军军官在俄国远东的功勋》第二十三章《1853年考察萨哈林的准备工作和占领萨哈林南部》，第277页。

〔26〕《阿穆尔边区史》，“涅维尔斯科伊”，第76页。

〔27〕《俄国海军军官在俄国远东的功勋》第十四章《继续考察》，第177页。

〔28〕《俄国海军军官在俄国远东的功勋》第二十五章《1854—1855年战争的开端　卢达诺夫斯基在萨哈林南部的考察》，第311—316页。

〔29〕俄国古文献研究委员会编集《历史文献补编》第64件，二十一，商务印书馆，1989年，第271页。

〔30〕《俄国海军军官在俄国远东的功勋》第二十五章《1854—1855年战争的开端　卢达诺夫斯基在萨哈林南部的考察》，第318页。

〔31〕《萨哈林旅行记》第十四章，第182页注②。

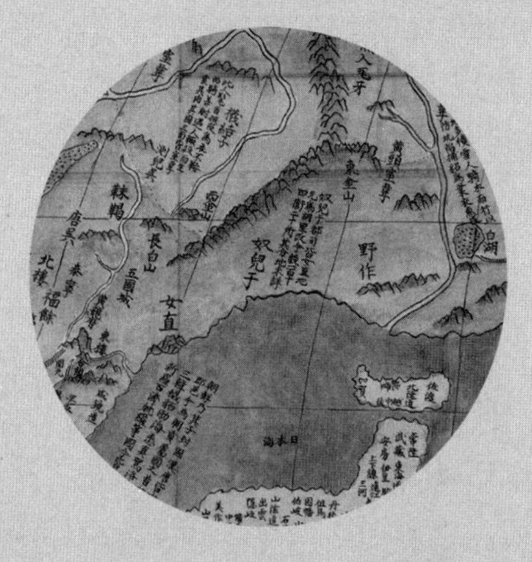

【第八章】

堪察加与鞑靼海峡之战

1853年10月，亦即俄军在阿尼瓦湾设立哨所仅几周后，欧洲形势猝生巨变，第九次俄土战争（又称“克里米亚战争”）爆发，并迅速在多国蔓延。这是俄罗斯蓄意挑起的战争。面对衰败的奥斯曼帝国，沙俄提出一揽子极为苛刻的条件，没想到对方在英法怂恿下竟敢于应战。11月，俄黑海舰队在锡诺普海战中全歼一支土耳其舰队，士气和舆情一时爆棚。而英法先后派出舰队为土耳其军队护航，不久又直接加入了战争，形势开始变得对俄罗斯不利，战场也由巴尔干转到克里米亚半岛。

这年夏天，穆拉维约夫在彼得堡晋见尼古拉一世和皇太子，得到占领库页岛的旨意并做出安排之后，获得4个月的假期往欧洲疗养，以治疗在高加索落下的旧疾。通过阅读当地报章，穆督感觉作为盟友的英国极不可靠；而在英法对俄宣战后，他更意识到北太平洋也有可能发生战争，敌方舰队很容易在俄国背后插上一刀，攻占堪察加的军港，并乘势占领库页岛和黑龙江口。穆氏立即提出自己的应对方案，各位枢臣的关注点在火烧眉毛的克里米亚，没人在意偏远的堪察加。穆督自有渠道，赶写了一份秘密条陈，先递给海军大将康士坦丁亲王，然后呈送沙皇。

一、迭卡斯特里哨所

4年前，就在率考察队潜入黑龙江口不久，涅维尔斯科伊从原住民口中得知溯江而上数百里有个奇集屯，曾是满洲行署木城所在地，距离鞑靼海峡很近。他派出契哈乔夫与俄美公司的经理别列津带领一个小组，携带货物前往，装出一副想做生意的样子，不断送出小礼物，拉拢当地头领。契哈乔夫和别列津都是干员，很快与当地居民搞得很热络，得到很多有价值的情报：

鞑靼海峡沿岸存在不少天然海湾，有的可作为避风港；

黑龙江右岸与乌苏里江以东，有多条途径通向这些海湾，部落民常沿着水旱道路去海上猎取海豹；

所有道路中最近也最便捷的在奇集，先由奇集湖划船向东，再进入一条小河至一道山隘，可沿着一条铺着木头的路把船拖到海里；外隘口南边不远，有一个可以停泊船只的海湾，即拉彼鲁兹命名的迭卡斯特里湾。

契哈乔夫等获悉满洲商人正在策动一场袭击，声言开春就有大批官兵从三姓开来，剿灭俄国人和帮助他们的原住民，有 5 名哥萨克闻讯逃跑了。涅维尔斯科伊紧急向穆督请求增派军队与小型蒸汽舰只，同时派士兵前去抓捕敌对者，当着周围几个村子的人，用树条抽打并罚他们做苦工，起到了很大的震慑作用。1852 年 6 月，涅氏向穆拉维约夫报告地理勘察的收获，建议占领奇集和迭卡斯特里湾，作为离尼古拉耶夫斯克最近的据点，以便监控鞑靼海峡和黑龙江航道。他还要求派一支特别考察队去勘察乌苏里江，在两江汇流处的村屯留人驻扎，搜集有用的情报。

由于担心与清朝发生冲突，彼得堡特别委员会虽批准涅氏担任考察队长，又强调只是一支非官方的贸易考察队，尼古拉耶夫斯克哨所被改称货栈，并严令不得由此再前进一步，否则将受到惩处。涅维尔斯科伊哪里会受此类条文约束，决定占领奇集，而穆拉维约夫获悉后非常支持，当即与彼得堡联系。孰知官场多变，彼得罗夫斯基不再担任内务大臣，穆督失去了一个重要靠山，连一向支持他的海军大臣缅希科夫也驳回了增兵河口湾的请求，通知他说：“皇帝陛下听取了外交大臣涅谢尔罗捷伯爵的说明，没有批准占据奇集屯和迭卡斯特里湾，以及阿穆尔河航行的请求，上谕再次提醒您，此事务必十分谨慎，不可操之过急。”〔1〕

穆督生性的不屈不挠，促使他继续向新任海军总参谋长康士坦丁亲王报告，但也明显感觉到最高当局的不信任，心情不免灰暗。就在这时，他接到沙皇召赴彼得堡的命令，以为可能不会再回西伯利亚了，有些伤感，也做好了离开的准备。而涅队的急件送到，告知考察队各项供应严重短缺，接阿扬港司令通知，俄美公司规定只能用官船运货，而且不许超过规定的数量，所以在严冬降临前不能保证运来所需物资。由于要用小恩小惠笼络诱惑原住民，涅氏一直超额要求配送各种货物，为此经常在信中出言不逊，与俄美公司总经理处搞得很僵。除将此件转呈康士坦丁亲王，穆督也是爱莫能助。

考察队的所有人只得勒紧裤带，各种疾病开始出现，特别是坏血病。涅氏带领多数人离开海风呼啸的彼得冬营，迁到黑龙江口的尼古拉耶夫斯克，而在寒冷阴晦的冬天到来后，病魔更为肆虐，吞噬了好几条生命。他在回忆录中写道：

> 1852年，我们仿佛被大家遗忘，仿佛我们遭到意外和饿死了。因此，每个人都可以想象到我们当时的处境。特别困难的是我那可怜的妻子，她和大家一起共患难，同艰苦，担惊受怕还带着一个随时有饿死之虞的病孩子，因为我妻子自己不能为孩子喂奶，而奶妈又找不到……〔2〕

读至此处真是万般感慨，真不知该如何评说。清朝也有过林则徐、王鼎那样全身心奉献、为国家投注血诚的大臣，也不乏这样的执着和这样的爱情，却未见出现在黑龙江和吉林。

即使在极为困难的情况下，涅氏也没有放慢扩张的步子。年轻能干的海军中尉鲍什尼亚克，奉命带领两名哥萨克士兵和一名通译，乘三辆雪橇去迭卡斯特里湾察看地形，以便建立哨所。鲍中尉很好地完成了任务，到达海湾后即召集当地居民，升起军旗宣示占领，并雇用原住民砍伐木材，开始建造营房。与他同时，俄美公司的经理人别列津也受命在临近奇集的阔吞屯设点，任命一位当地氏族头领为屯长，并宣称“所有居住在乌苏里江、阿穆尔河沿岸至兴安岭的民族”，都在俄国统治和庇护之下。这当然不是商人的口吻，他的话应能够传到三姓衙门，却未见清朝官方有任何反应。

鲍什尼亚克在艰难的情况下，迅速建成迭卡斯特里湾的哨所，又用斧头和布匹在当地人那儿换了一条船，沿着鞑靼海峡向南探查。海峡中经常可见外国船只，以美国的捕鲸船为多，此时又传来美国人想要寻找一个避风港的消息。鲍中尉抢先一步，占领了南部的哈吉湾，并对所有外国船只发布俄法两种文字的告示：整个库页岛、鞑靼海峡一直至朝鲜边界，都属于俄国。

谁给了一个小中尉这样的胆量？

二、外贝加尔哥萨克军

此时的中国内战正酣。太平军一路挥师北上，连下武汉、安庆、南京等重镇，势如破竹，而曾经的战斗民族满洲已找不出几个有血性、知韬略的将帅了。地处东北边陲的黑龙江与吉林将军，虽不乏龙种和将门之后，但捆在一起也不是穆督的对手。

穆拉维约夫出身勋贵，少年时由亚历山大一世恩准进入皇家贵族军事学校，学成后加入近卫军精锐芬兰团，先后参加对土耳其、波兰的战争。之后，他有八年在高加索服役，与部落武装残酷绞杀，曾被猛烈火力压制在壕沟里，手臂被击穿，周围尸体叠压，真可谓从死人堆里爬出来的。1847年担任东西伯利亚总督之后，老穆反复向沙皇奏报航行黑龙江的重要性，也意识到俄国在欧洲仇敌甚多，很难从内地大批调兵，即着手筹建地方军队。在他任职之前，首府伊尔库茨克仅有四个边防营，遥远的堪察加有一个小型舰队，各城堡有一些装备甚差的哥萨克武装。他提出由地方筹措经费，挖掘兵源，组建外贝加尔哥萨克军，“由四个俄罗斯骑兵团、两个布里亚特骑兵团和十二个步兵营组成”[3]，经历不少曲折，总算得到了陆军部的支持和沙皇批准。

组建一支庞大的军队，首先需要大量的经费。穆督铁腕行政，打击淘金业的官商勾结，取缔黑幕重重的包税制，惩治边境走私，财政收入逐渐丰盈。加上一些当地富豪如库兹涅佐夫的捐赠，众筹东西伯利亚发展基金，军费已不成问题。

其次是兵源。东西伯利亚虽地域广大，人烟却不是一般地稀少，所属各省多者也就是数万人口，但总督大人自有解决办法。尼布楚、赤塔等地矿井是精壮男子集中的地方，有许多政治流放犯和农奴从事采掘苦役。穆督下令凡是从军者均予赦免，解除流犯与农奴身份，享有军人待遇，一时掀起踊跃参军的浪潮。这是他在报告中说的，实际过程则要复杂得多，强征入伍的现象并不少见。如第一步兵营的哥萨克中，一个普加乔夫起义者的后裔拒绝穿军服，另一人甚至撕坏了旅长的肩章，被判“从一千人的行列中通过三次”[4]，当场惨死。这是一种残酷的、有警诫意味的军中酷刑，一千名士兵分列两排，手执带刺的木棒，在犯人通过时用力打他。一般来说，连一次也通过不了。

1852年夏天，穆督再次巡视外贝加尔省，视察工厂和金矿，特地由尼布楚沿石勒喀河骑马向西，通过岸边陡峭崖壁上凿出的路，一直走到中俄分界的格尔必齐河口，驻足眺望。他此行重在检阅集训中的新建部队，各步兵营的主体为矿井农奴，加上一些来自村镇的哥萨克，列成纵队欢迎长官。穆拉维约夫逐营逐连亲加点验，宣示沙皇赐予其平民身份的恩德。一些部队刚集训不久，队列不整齐，有的还没有武器，熟练一点的身着军服站在队列中，农民装束者站在队外，但他兴致盎然，毕竟外贝加尔军已初具规模。在给沙皇的冗长奏报中，他不厌其烦地讲述校阅步兵营、俄罗斯连、骑兵旅、炮兵旅，还有两个布里亚特骑兵团的情形，说各部完全按照俄罗斯军队定编和训练，“横队前进，从左向右转，排成全连纵队和半连纵队，以纵队形式慢步和快步行进，每三个连一起排拉瓦队形，然后进行冲锋”。布里亚特人是蒙古卫拉特部近支，在罗刹东进时曾节节抵抗，悍不畏死，此际则加入外贝加尔军，亦堪浩叹。视察时也发生了败兴之事，一个士兵出列嚷叫，抗议杀害和关押普加乔夫起义者后裔，穆氏如实奏明沙皇，以示毫无隐瞒。

为了第二年要航行黑龙江，穆督从彼得堡聘请工程师，从欧洲购买先进设备，在尼布楚彼得工厂制造蒸汽发动机，并在石勒喀河畔建立船厂，赶造“额尔古纳”号轮船以及大批平底船。这次巡察，穆氏专程前往这家工厂，看到已按照欧洲最新式样制造出一台136马力的蒸汽机，运转正常。他心中喜悦，赶紧奏报沙皇，说轮船明年一开航就可下水，届时装配上蒸汽发动机，将大大提高航行的机动性。

组建外贝加尔军，并将总督直属部队调往赤塔和尼布楚，自然是为谋划已久的入侵做准备，目标只有一个——进入黑龙江。尼古拉一世命皇太子主持特别会议，审议穆拉维约夫提出的方案，决定由他就划界事宜与中国交涉，由他支配东西伯利亚的全部预算结余，由他率领船队运送军队去防守黑龙江口和堪察加。穆督的顶层路线获得成功，所有要求几乎全部兑现。

由皇太子主持的特别会议决定："沿阿穆尔河航行。"尼古拉一世批准了这一决定，又专门召见穆拉维约夫，叮嘱他"不要散发出火药气味"[5]。

三、增兵河口湾

在对土耳其外交施压和交战过程中，沙俄希望能稳住东方的中国，便由外务部向清朝理藩院提议协商划定东部边界。而被内乱闹得焦头烂额的清廷，正有稳定东北大后方之意，以为俄人所指为乌第河未定地域，即命库伦办事大臣与之接洽。今天还能看到咸丰帝下达的谕旨，命黑龙江将军英隆等人在"明年江河融化之后，即派协领富呢扬阿先由水路从毕占河直抵海岸，详细查明，再行妥办"[6]。吉林将军景淳接到了同样的旨意，也是要他明年派员前往。小皇帝与一班近臣皆懵懵懂懂，竟询问立界牌会不会影响下江赫哲、费雅喀等部族，对涅氏考察队的活动似乎全然不知。[7]

1854 年 3 月中旬，穆督返回自己的地盘，即紧锣密鼓地部署航行黑龙江之事。军队整编成战斗序列，船只和木筏的配置，运载货物与供宰杀的牲畜，各种必需品——不可或缺的砖茶、烟草和烧酒，还有各色旗帜与统一的服装等，都要求下属做好准备。不是所有的事情都顺利：石勒喀船厂奉命制造两艘蒸汽船，"额尔古纳"号只有

60马力（并非穆氏奏报的136马力），后来在江口根本拖不动那些巨大的风帆战舰；而"石勒喀"号拖到第二年才下水，笨重粗陋，曾乘坐过的海军上将康士坦丁讥为一年也许只能走二百俄里，而且还是顺水而行。

4月间，穆督精心撰写了一封外交公函，特派一名上校送往北京，措辞友好轻松，杂七杂八扯了些两国事务，询问清廷何时能派全权代表议定边界，末了像是顺便提了一句：鉴于我国与英法两国发生了战争，东西伯利亚总督受命率军队乘船沿黑龙江赶赴东洋，前去加强沿海地区的防务。[8]真是煞费苦心！孰料库伦的守边官员以不合公文转交规矩，东西伯利亚总督无权直接对理藩院发文，拒绝接收和转送。

自从雅克萨在康熙朝被清军铲平，黑龙江就再也没有出现过俄国船只，成为罗刹后人持久的痛，闻知穆拉维约夫要率军"远征"，顿时引发一场闹哄哄的民粹浪潮。伊尔库茨克举城欢呼，为之举办盛大的欢送会，素不为其所喜也不喜欢他的商界纷纷解囊赞助。穆督经过恰克图、赤塔时都大开宴会，不少人登台朗诵，就连流放犯也组织了民歌演唱队。石勒喀市的光荣教堂正中高悬着一幅透明画，上有沙皇御名的缩写字母和一只展翅飞翔的鹰，下面是这样几句诗：

乌拉！尼古拉，我们英明的君王！
你的雄鹰凌云展翅，任意翱翔……
蒙古，勿开口！
中国，莫争辩！
对于俄国，北京也并非遥远地方！[9]

入侵和劫掠他国，对庸众从来都像是一丸春药，中世纪维京海盗出海，后来的日本军国主义侵华，也能看到同样的狂热与迷乱。

组成大型船队首航黑龙江，以东西伯利亚的人力物力，实属勉为其难，仅船舶就五花八门：穆督乘坐的是“额尔古纳”号轮船，刚刚造成下水，其他是帆船、划船、驳船、平底船以及大量木筏，另有四艘武装快艇。5 月 14 日，穆拉维约夫亲乘旗舰，率领船队从石勒喀出发，数日后抵达黑龙江。进入该江水面，来自伊尔库茨克乐团的 14 名乐手“吹奏起《天佑吾皇》的乐曲，船上的人全体肃立，画十字。总督舀了一杯阿穆尔河水，向全体人员祝贺阿穆尔航行的开端”[10]。这里是黑龙江与石勒喀河、额尔古纳河的交汇处，也是大清国门之所在，但没有一个常设卡伦，没有一兵一卒，任由入侵者在江面上自嗨，真令人无话可说。

沙俄船队闯入无人之境，一路畅行无阻，5 月 6 日驶到雅克萨遗址，也是杳无人迹。穆拉维约夫命停靠左岸，乐队演奏沙俄国歌和东正教颂曲，全体人员脱帽祈祷。然后穆督下船登岸，当年激战之地荆榛遍野，但耕种的痕迹仍在，“波浪形土地说明那里曾是菜园的田垄，再远一些则是方方整整的一平方俄里土地”。穆氏第一个登上断壁残垣，属下军官接踵而上，凭吊缅怀，以激励士气。

俄国人的首航远不像穆传中写的那么富有诗意，缺少蒸汽动力的重船通过黑龙江是艰难和危险的，常会有意外发生。一位参加者描绘亲身经历，说那根本不能算是航行，在很多时候是拖着船走，甚至要把船上的货物卸下来，用双肩扛着货前进。船队行进时如果有一条搁浅了，其余的都得停下来，好往外拽它。这时候，那些没有锚的拖船停不下来，撞到其他船上，结果一个撞一个，船都被撞坏……穆氏深谙带兵之道，行进中经常召集军官或工程测绘专家来旗舰议事，也坐快艇登上各船察看部队的生活情况，同普通士兵亲切聊天，遇到事故同士兵一道在岸边宿营，一起吃普通伙食，“还边吃边称道发了霉的黑面包干”。

瑷珲上游三百余里的江湾（今称“八十里大湾”）左岸地方，为清军在黑龙江的第一个卡伦——乌鲁苏木丹卡伦。守卡清兵早已习惯于清静无事，忽见俄国人乘坐舰船木筏等蔽江而下，顿时惊慌失措，云骑尉巴图善不敢阻拦，带头弃卡过江，狂奔回军营报告。负责巡查的佐领桂庆等人，闻知后不是前往堵击，反而匆忙引军后撤。

就这样，沙俄船队一路毫无阻拦地开至瑷珲。这里仍叫黑龙江城，但由于将军衙门已迁到齐齐哈尔，改为副都统驻地。穆拉维约夫命船队泊于左岸，派人先行至瑷珲通报，自己乘旗舰“额尔古纳”号前往访问。代理副都统胡逊布方仓促带兵赶往江边，虽未开炮，却也摆出一个阵式。对于俄国船队首次经过瑷珲的情形，英国人拉文斯坦记述较详：

> 轮船停在城的附近，大小船只在对岸排成一行。这个港口有三十五条中国船，每艘载重五吨到六吨。远征队有几个人登岸并受到该城副都统和其他三位官员的接待，邀请他们到一个支在江边的帐篷中去。全部驻军都在帐篷附近列队相迎，共约一千人，装备很坏。其中多数人扛着一支尖上涂着黑色的杆子当作长矛；只有少数的人有火绳枪，大多数人带的是弓和挂在背上的箭袋。队伍的后面有几门炮，装在粗糙的红色炮车上，并用桦树皮做了个圆锥形遮风雨的伞盖，也涂了红色。每门炮旁边都站着一人，手里拿着一条引火绳，或只不过是一根顶端涂着黑色的木棍。很明显，近二百年来，在这个地区的中国人没有取得什么进步。〔11〕

尽管读起来不舒服，也可以认定此言大体非虚。胡逊布还算镇定，友好相待，收下穆督致理藩院的公函，但也严正告知黑龙江是中国内河，没有朝廷旨意不得通行，并拒绝俄人的入城请求。穆拉维约夫没有登岸，与胡逊布在船上见了一面，告知因英国袭扰该国东部海岛，沙皇派他带兵前去。穆督也提到“因与英夷相争，故从大岛行走”[12]，虽未点名，将从库页岛经过之意已明，清廷看到后毫无警觉，只是担心其中有诈，命库伦办事大臣秘密打探。

由于历史上曾驻扎过将军署的原因，瑷珲水师营配置与省城几乎相同，下辖三十多条战船，也有一些火炮，包括重炮。由于历史原因，这些康熙朝的制胜利器早已残损锈烂，不堪使用，也从来没有人想到要去维修。胡逊布不敢动手，只有眼睁睁看着俄国船队顺流而下。他赶紧派员告知下游的三姓副都统，同时飞报上司。此时恰逢黑龙江将军英隆改调，奕格接任，新旧二将军联名急奏朝廷，并将俄人所言与英国交战的理由呈报。得旨：将“带兵弃卡退回”的乌鲁苏卡伦云骑尉巴图善革职，“在卡枷号三个月，满日发伊犁充当苦差”；其余兵丁枷号二个月，鞭责一百，胡逊布、桂庆等人也被处分；同时命坐卡官员严密防查，“妥为防守，亦不可起衅生事”[13]。呵呵，谁都听得懂这是不许开战，瑷珲的兵力也不足以与俄军抗衡，只能听之任之。

四、堪察加的交锋

关于沙俄武装船队过江闯卡的理由，穆拉维约夫致清朝理藩院的咨文虽被驳回，在京俄罗斯馆大司祭巴拉蒂也有专函知会，即要往黑龙江口外与英法舰队作战。[14]这让在英法施压下深感头痛的清廷以及普遍仇视英国的大清官员虽不免疑虑，更多的却应是欣慰。接到吉林将军景淳所奏俄人“乘船拥众，由黑龙江东驶”，声称与英军争战的消息，咸丰帝斥责他“先事张皇”，谕令“未可尽信”“一体严防”“密为布置，不可稍动声色，致启该国之疑”，接下来又说：“如果该国船只经过地方，实无扰害要求情事，亦不值与之为难也。”[15]小皇帝身边最不缺的是大笔杆子，天朝文胆最擅长老生常谈，又是那一套不动声色、不可启衅的说辞。强邻的大型船队已然硬生生闯入内河，占据满洲根本之地，却说什么不值得去难为他们。

事实确如穆拉维约夫所预测的，英法舰队已在谋划攻袭俄国的彼得罗巴甫洛夫斯克。1854 年 6 月，穆督抵达奇集，立即派遣 350 名边防军，携带大炮和大量弹药渡湖越岭开赴迭卡斯特里湾，从那里乘两艘运输舰驰援堪察加。“阿芙乐尔”号巡洋舰（与后来炮打冬宫的著名战舰同名）也已抵达，本来力量薄弱的堪察加基地史无前例地拥有了 4 艘战船，海陆军总数超过 900 人。俄军日夜不停地抢修了 7 个炮台，防御能力大为提升。而刚有一个大致的眉目，英法联合舰队就气势汹汹地杀到了。

那是欧洲战场军事思想与武器装备大变革的时代，滑膛枪和散兵线在克里米亚战争中让俄军大吃苦头，而英法的新式蒸汽船、轮船和舰炮也打得俄黑海舰队缩在内港，最后不得已自废武功，凿舰自沉。英法两国的军舰多由中国沿海调来，加上对彼得罗巴甫洛夫斯克军港了如指掌，自以为轻易就能拿下。双方实力的确很悬殊，俄国只有一艘 44 门炮的巡航战船，其他是只有几门炮的运输船，而英法联合舰队在此集结了 2000 名士兵，7 艘军舰：

法国的巡航战船“堡垒”号，60 门炮；轻巡航战船“厄里迪斯”号，32 门炮；轻快巡航战船“奥勃利加多”号，18 门炮。

英国的巡航战船“总统”号，52门炮；轻巡航战船“皮克”号，44门炮；轻巡航战船“厄姆费特赖特”号，24门炮；三百马力的兵轮“维腊果”号，6门炮。

英法海军各有一名少将带队，英国的普赖斯少将为总指挥，他们以为俄国的舰队不过是小菜一碟。果然，俄国海军也像其黑海舰队那样躲在港内，根本不敢出来迎战。

战斗是在当年9月打响的。英法联军开始时想用偷袭的方式，以一艘满载士兵的轻巡航战船悬挂美国国旗，伪装成商船，于凌晨雾色中驶向阿瓦恰湾。岂知俄军非常警觉，派出一艘快艇迎上前去检查，敌舰立刻掉头而逃。玩不成阴的，英法联军就要强攻，各舰缓缓向岸边逼近，以排炮轰击俄国炮台，很快把一号和四号炮台打哑。联军并不急于进攻，重点在于侦察防御情况，炸毁对方沿海炮台，几天下来已是基本炸毁，但俄军总是在冒死抢修，哪怕是只修好一门炮，也不放弃回击。

4天后，英“维腊果”号兵轮趁着夜色，将笨重缓慢、火力强大的“总统”号旗舰拖曳至岸边，以舰炮密集轰击，掩护陆战队用小船和快艇登陆。俄军临岸炮台基本全被打哑，部署在纵深的炮队也伤亡极大，虽击沉敌方一艘载满登陆士兵的小艇，仍是难以支撑。战场比拼的是实力和勇气，却也历来不乏运气的成分：山后一发冷炮打来，竟将联合舰队总指挥普赖斯少将炸死（这是俄国人的记载，英国人的说法是心情不好自杀，不太靠谱）。接替指挥的法军少将费布维埃有些胆怯，拗不过多数急于报复的英军校尉，决定次日登陆进攻。岂知俄军一夜间加固了工事，攻击内港炮台的联军被击退，试图爬上山顶的敌人被浓密树丛搞乱队形，而又随时会遇到跳出端着刺刀的哥萨克，只得纷纷逃窜。另一支登陆部队在峡谷陷入伏击，被炸得鬼哭狼嚎。俄炮兵从坍塌炮台扒出大炮，加入步兵的队伍，港内各舰也发炮轰击，联军缠斗半日，终告溃败。穆传描述了敌军的惨状：“他们逃到山下，拖着同伴的尸体，直奔小艇。坐划船退却的情景更惨：我军占领制高点后，向缩成一团的敌人射击，死伤的敌人有的掉到水里，有的倒在船上，到处是一片哀号声。”[16]死伤惨重的英法舰队不敢恋战，找到一个僻静海湾埋葬了死者，狼狈撤离了北太平洋。让他们聊以自慰的是，在海面恰好碰上两艘俄国运输船，载满军需粮食，它们皆被英法联军俘获。大约是为了发泄愤懑，他们将其中一艘焚为灰烬。

英法联合舰队的失利原因，除了运气太坏、主帅先亡的成分，还在于他们没有想到俄国人向堪察加增派了部队。俄军的驰援路线是这样的：沿黑龙江运兵至奇集—越过濒海山岭（库页岛人的进贡山道）至迭卡斯特里湾乘船—经由鞑靼海峡—转过库页岛西南岬角—经拉彼鲁兹海峡向东—再向北越过千岛群岛—抵达彼得罗巴甫洛夫斯克。

增兵布防带来了首战大胜，这是穆拉维约夫的胜利，也是通航黑龙江带来的胜利。但敌舰必然要来报复，当地俄军的实力相差太远。涅维尔斯科伊建议暂时放弃彼得罗巴甫洛夫斯克，将舰队撤至黑龙江口和鞑靼海峡重新部署。穆督哪里听得进去，下令部队继续增援，在堪察加巩固防守。他是高傲固执的，可毕竟久经战阵，几个月后感到无法拒敌，为保存实力，还是命海军舰只和军政人员大部撤出堪察加。与此同时，在阿扬的军港也被一并撤销。

在堪察加的溃败，使得英法两国群情激愤，驻扎于中国海域的部分英舰最先杀向堪察加，中途获得情报，得知俄舰已撤往鞑靼海峡，遂跟踪而至。1855 年 5 月， 3 艘英舰驶近迭卡斯特里湾，发现俄舰“奥利乌查”号，抵近约 200 米处率先开炮，但没能击中。“奥利乌查”号当即开炮还击，英舰中炮退回。可能是考虑到己方舰只较少，又不清楚湾内有几艘敌舰，英军指挥官厄利奥特慌忙率队后撤，派一舰向几百海里外的将军求援，自己则带两舰在海峡巡航，堵住俄舰的逃路。

五年前，涅维尔斯科伊就已探明黑龙江通海航道，察知库页岛与东北大陆之间隔着一条南北贯通的鞑靼海峡。但俄人像日本人富有心计，一样不向外界公布。此时的英法海军军官，脑子里还以为库页岛是一个半岛。在厄利奥特所持海图上，迭卡斯特里湾是个封闭的大海湾，怎知其北面可通黑龙江口？当他们等得不耐烦了再次开进，俄军的“阿芙乐尔”号等舰已然溜之乎也。英军摧毁空无一人的俄军哨所，抢劫了一些未及运走的物品，却没有发现向北的航道。更多的英舰开来，扩大了搜索范围，却连堪察加舰队的影子也望不到。他们百思不得其解，猜测俄国人可能是烧掉战船，跑到西伯利亚腹地去了。

五、撤出穆拉维约夫哨所

英法舰队一路追踪俄舰至鞑靼海峡，经过拉彼鲁兹海峡时，对库页岛南端的阿尼瓦湾应会加以搜索，那里有俄军的穆拉维约夫哨所，但在一年前已经撤离，只剩下一些空房子。

与清朝史料大致相同，沙俄档案文献中也有不少虚假信息和夸张之词。比如布谢，在岛上总共待了 8 个月，足迹不出南库页阿尼瓦湾的范围，只是一个临时被抓差的简易哨所的负责人，而被称作“萨哈林首任行政长官”“萨哈林驻军司令官”，显得有些搞笑。这是涅维尔斯科伊的惯常做法，侵占庙街时留下 6 个士兵和 1 门小炮，宣布设立尼古拉耶夫斯克哨所，即任命海军中尉鲍什尼亚克为哨所司令。布谢生性严谨，留下一本《萨哈林日记》，从即将登陆阿尼瓦湾的1853年9月29日，一直记到撤离的1854年5月31日，其中有对涅队的严重不满，更多的则是在岛俄军的日常生活与遇到的大大小小事件，较为真实。

对于建立哨所的选址，布谢传达的上级指令是远离日本人聚集的地区，避免俄国与日本的关系复杂化。而涅维尔斯科伊根本不听，不光决定在库页岛南端设点，还坚持在阿尼瓦湾的主要村庄大泊设立哨所，“以此表明俄国一直将萨哈林岛视为自己的领土”。布谢颇不以为然，认为建哨所之地需要离日本村屯和机构远一些，尽量减少与日本人直接接触，在日记中多次提及这一想法。实际上，涅维尔斯科伊的选址出于在荒远之地5年生存的经验，自有他的道理。与日本人逼近而处，不仅在于宣示主权，还便于与当地人沟通交流，急需时可能获得帮助。而此地日本人业已经营多年，距其本土只隔着一道海峡，的确是存在着危险。

两人的第二个主要分歧，在于涅维尔斯科伊认为无须设防，当地爱奴人很友好，没有理由担心有袭击发生，所以不必要深壕高垒，整个哨所建造一栋营房、一栋附属建筑和一间澡堂就够了。布谢不那么认为，决定还是要做好坚固防护，并在涅队乘坐“尼古拉”号离开后，立刻带领大家开始紧张的施工。他也很注意搞好与当地人的关系，与副手卢达诺夫斯基参加了当地村民举办的熊节。1854年3月，一些原住民村屯出现饥荒，岛上的日本机构向他们分发粮食，布谢也表示：“如有需要，任何人都可以来穆拉维约夫哨所，免费获得谷物和豌豆。”这时在岛日本人的活动有所增多，不断派出大船前往其他村屯，而俄军哨所有19人得了坏血病，还有37人患有其他疾病，其中 9 人难以下床，只有 20 人在岗。

进入 4 月，穆拉维约夫哨所患者人数更多，日本方面却不断从北海道派人派船登岛。他们告诉布谢只是一些渔业工人，实际上并非如此。一位驻岛日本官员召集爱奴人训话，敦促他们继续为日本人工作，并说俄国人的到来与日本人无关，大家不应与这些俄国人联系。一名哥萨克就在现场，布谢闻知后非常警觉，命令两个下士到堡垒守夜，并加强警卫，并与卢达诺夫斯基一起在堡垒周围值班。

4 月下旬，有一天开来 4 艘舰船，先是一位日本低级军官下船，所有爱奴人下跪、日本人鞠躬，5 名武装士兵紧随其后。之后，一位年老白发的高级军官在 8 名扛枪佩刀、举盾持矛的随从护卫下登岛，早已上岸的长老上前迎候，在前带路。当时，英法两国已经对俄国宣战，日本政府得知这一消息，迅速派出军队，以保护本国渔民的名义登上库页岛。日本船只抵达后，布谢做了备战的紧急部署，派出荷枪实弹的战斗小组在栅栏外警戒，塔楼和火炮周围都布有哨兵。到了晚上，栅栏被灯笼照亮，以防日军偷袭。登岛日军来自松前藩，主动提出要到俄军哨所拜访，布谢接待了日本带队军官，也到对方军营做了回访，互赠礼物，客客气气，当然也是互相摸底。布谢表示，不允许上岛日本军官与士兵超过 20 人，其实也是说说而已，日方听都不听。哨所的俄军只有六七十人，其中三分之二患上败血症，而日军的人数在数倍以上。〔17〕

就在这年春天，北太平洋海战尚未开打，涅维尔斯科伊已就库页岛各哨所的因应思路报告穆督，并向布谢发出指令：

> 战争一旦爆发，我们不应放弃此岛，而只是缩减岛上的人数，所余人员应分散于阿尼瓦湾、塔克马卡湾、久春内

湾、杜厄湾和捷尔内湾（即忍耐湾）等地，每处留置六—八人，换句话说，也即是要把人员分散在能够利用现在我们所熟知的道路上的各个地方，因为在战时，我们可以不从海上，而是经过波哥比、阿尔科伊、久春内等屯落，沿着内陆交通道路向我方人员供应粮食。〔18〕

这一部署，放弃了面对大洋的库页岛东岸，而在南岸、西岸处处布防；所留的少数士兵不是死守硬抗，而是在敌人来攻时可后撤到山林深处。不能不佩服涅队的谋略，如此一来，既宣示了俄国对库页岛的主权，也可引诱敌舰忙于去封锁该岛各处海湾，从而减轻对河口湾的压力。涅队唯一没想到的是日本会趁乱出兵，在他的观念中大约日本也像清廷，可以一味用强。

此时，海军中将普提雅廷正以俄国公使的身份在日本谈判，萨哈林的归属也是议题之一。战事将起之际，普提雅廷接到俄廷指令，要他率舰队撤至黑龙江口。老普临危不惧，从不多的几艘舰船中派“奥利乌查”号增援堪察加，也主动担负起指挥之责，关注在库页岛哨所的安危。5月25日，普提雅廷向穆拉维约夫哨所发函，提议暂时放弃俄国在岛上的哨所。与涅队的动辄发火、向不属于他管的人下达命令不同，职位高得多的普提雅廷态度温和，对布谢说：“如果这一建议与您的长官的特别命令不相悖，可把穆拉维约夫哨所撤销。”〔19〕作为一个战斗民族的将领，他与穆督一样不轻言失败，打算与英法联军好好干一场，但自知海上实力不济，懂得收缩和放弃。布谢本来就不愿意违抗指令在库页岛南部建立据点，接到此函后，立刻召集舰长和军官组成议事会，决定撤除哨所，并于5月30日乘坐“吉维纳”号运输船等舰只，全部撤离。

注释

〔1〕《穆拉维约夫－阿穆尔斯基伯爵》第一卷，第三十七章《1852—1853 年》，第 325 页。

〔2〕《俄国海军军官在俄国远东的功勋》第十七章《1852 年的夏季考察》，第 210 页。

〔3〕《穆拉维约夫－阿穆尔斯基伯爵》第二卷，“1852 年：上皇帝疏”，第 90—95 页，详细报告了他视察这支刚组建的部队的情形。

〔4〕《穆拉维约夫－阿穆尔斯基伯爵》第二卷，“1852 年：上皇帝疏”，第 94 页。

〔5〕《穆拉维约夫－阿穆尔斯基伯爵》第一卷，第四十一章《1854 年》，上谕“沿阿穆尔河航行”，第 354 页。

〔6〕《清文宗实录》卷一一六，咸丰三年十二月甲午。

〔7〕《清文宗实录》卷一一六，“寄谕黑龙江将军英隆等：适据景淳奏，俄罗斯分立界牌之处，俟明年春融时再行派员查明妥办等因请旨一折。与外夷分立界牌，事关重大。不知分立界牌，究竟与赫哲、费雅喀居民有无妨碍之处，尚难悬揣。此时路径既系不通，着俟明年江河融化之后，即派协领富呢扬阿先由水路、从毕占河直抵海岸，详细查明，再行妥办。景淳原摺着一并抄给阅看。”

〔8〕《穆拉维约夫－阿穆尔斯基伯爵》第二卷，“1854 年：俄罗斯帝国东西伯利亚五省总督、勋章获得者尼古拉·穆拉维约夫中将致大清理藩院咨文”，第 111—112 页。

〔9〕《穆拉维约夫－阿穆尔斯基伯爵》第一卷，第四十三章《1854 年》，第 372 页。

〔10〕《穆拉维约夫－阿穆尔斯基伯爵》第一卷，第四十四章《1854 年》，第 381 页。

〔11〕［英］拉文斯坦著，陈霞飞译《俄国人在黑龙江》十一，“黑龙江最近的历史”，商务印书馆，1974 年，第 98 页。

〔12〕《筹办夷务始末》(咸丰朝一)，中华书局，1979 年，第 275 页。

〔13〕《清文宗实录》卷一四三，咸丰四年八月己巳。

〔14〕见《筹办夷务始末》咸丰朝一，“俄国达喇嘛请假道黑龙江运送俄兵公函”，第 291 页。此件由理藩院转呈时，穆督率船队已于两个月前入境。

〔15〕《清文宗实录》卷一三一，咸丰四年五月丁卯。

〔16〕《穆拉维约夫－阿穆尔斯基伯爵》第一卷，第四十五章《反击敌人》，第 389—390 页。

〔17〕布谢的《远征萨哈林岛日记》，记述始于 1853 年 9 月 6 日，止于 1854 年 5 月 31 日。最早公开发表在《欧洲通讯》(«Вестник Европы»)1871 年第 10—12 期，1872 年第 10 期。萨哈林图书出版社（Сахалинское книжное издательство）2007 年出版图书。本节文字除注明者，均采自该日记。

〔18〕《俄国海军军官在俄国远东的功勋》第一卷，第二十六章《萨马林关于萨哈林之行的汇报》，第 335 页。

〔19〕《俄国海军军官在俄国远东的功勋》第一卷，第二十七章《首航阿穆尔河》，第 347 页。

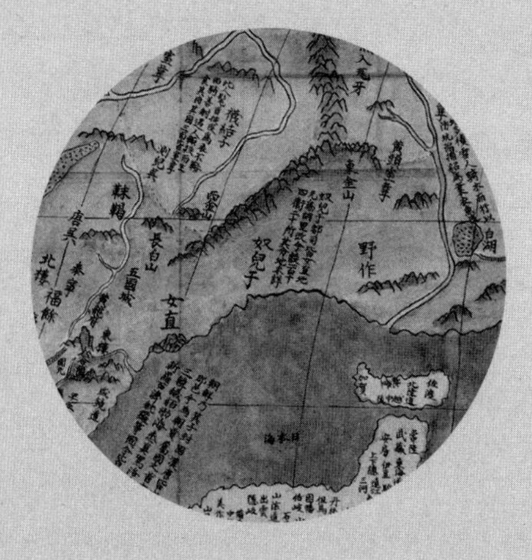

【第九章】

邻国的交易

从19世纪初开始，俄日两国对库页岛先是窥视，接着是试探着潜入，然后便登堂入室，开始互相争夺，小打小闹不断，双方之间的谈判也不断，真正的主人清朝却不闻不问，完全置身事外。

赫沃斯托夫率兵捣毁日本税务所，在库页岛南部留下5名士兵之事，发生在嘉庆十年（1805），大清国力尚盛，又值敉平白莲教变乱之后，却忙于清剿东南沿海的洋盗海匪，未察觉俄日对库页岛的渗透滋扰。口口声声白山黑水，口口声声不忘满洲根本之地的嘉庆帝颙琰，格局器识远不如皇父皇祖，与曾祖父玄烨的差别更不可以道里计。他的目光所及，主要是先祖陵墓所在的盛京与兴京，再远还有宁古塔、三姓与瑷珲几座城池，至于黑龙江下游与海中岛屿，当是不入法眼了。

一、赴日公使普提雅廷

研究库页岛和黑龙江的历史，还有一位俄国人不可忽略，那就是前面已提到的普提雅廷。清朝文献中多写作布恬廷，日本人则称作普嘉琴，都有不少记载。1854—1855年，俄军与英法联合舰队在北太平洋争斗时，普提雅廷作为沙俄赴日全权公使，正率领一支舰队在日本活动，距库页岛与鞑靼海峡较近，主动参与指挥了在海峡以及河口湾的战斗。而数年后，他作为赴华的全权公使，也率领一支小舰队，经由黑龙江口、鞑靼海峡开往天津，逼迫清朝签订《天津条约》。沙俄侵占我东北大块国土，此公乃重要推手之一，海参崴彼得大帝湾的一个小岛，就被命名为普提雅廷岛。

普提雅廷出身贵族，少年时入海军学校读书，不到20岁即随著名航海家拉扎列夫作环球航行，去保护俄北美领地阿拉斯加，历时3年。后来参加过高加索战争，军阶渐高，却被发现颇有外交才华，屡屡奉派出使：1842年率武装使团前往波斯，逼迫其与沙俄建立外交关系；1853年率舰队到日本，要求这个封闭的岛国开放口岸。这事比较难办，当年俄使列扎诺夫曾携带国书，死乞白赖地等了半年，最后还是被驱逐。差不多半个世纪过去了，普兄与美国的将领佩里差不多同时抵达日本，都是4艘舰只，也都负有打开日本市场的使命，态度则大不一样："佩里令黑船排开，始终摆出一副威吓的姿态，而普嘉琴则显得更为绅士。"〔1〕其实还有一个重大的区别，即佩里舰队进入的是幕府所在的东京湾，而普提雅廷所带俄国舰队则到了商港长崎。当地日本官员一如既往地加以拒绝，老普表现得彬彬有礼，却坚持不离开。次年3月，日本人被迫与佩里签订《日美亲善条约》，也开始派人与普提雅廷谈判，而北太平洋海战就在不久后爆发了。

沙俄与英法联军的北太平洋之役，除了穆拉维约夫预先筹划并亲临指挥外，普提雅廷也给予密切关注和具体参与。由于担心在日本的俄国舰队受到攻击，沙皇命他率所属舰只转移到黑龙江沿岸。而作为海军中将，普提雅廷有权指挥调动沙俄远东海军，这激发了他很强的责任感，不顾自身安危，派出"奥利乌查"号战船增援堪察加，同时通知涅维尔斯科伊做好迎敌准备。

普提雅廷视野开阔，谋划长远。奉旨撤离日本沿海时，他并没有急匆匆直奔黑龙江口，而是与海军中校波谢特、著名作家冈察洛夫等人乘坐"巴拉达"号巡航战船绕道朝鲜，于日本海靠中国大陆一侧贴岸向北航行，在距中朝边界不远的地方，发现一个可容大型船舶避风的海湾，即命名为波谢特船长湾，接下来是更为广阔的彼得大帝湾，为沙俄后来强取海参崴埋下伏笔。

殖民者的贪欲是无止境的，目光所及，接着就会伸出爪牙。俄外务部开始时只许在河口湾北部设立冬营，对涅氏占领庙街极为恼怒；后经沙皇批准进占奇集和迭卡斯特里湾，连穆拉维约夫也觉得应到此为止，可涅氏又沿鞑靼海峡向南推进到康士坦丁湾，设立哨所；而普提雅廷在转移之际绕了一个弯，发现乌苏里江滨海地区几乎无人管控，引燃了新的扩张欲望。穆督与老普在康士坦丁湾的皇帝港晤面了，二人实际上并不合拍：老普命令撤离南库页的俄军哨所，那可是以"穆拉维约夫"命名的，没有见穆督议论此事，但其心中应不会愉快；老普下令在皇帝港迎击敌军，命多艘俄舰迅速展开部署，穆督觉得还是迭卡斯特里湾较好，有多处岬角之险可据，还可以得到奇集驻军的支撑。军事上当然是总督说了算，老普也不固执，两人乘快艇巡视了河口湾与鞑靼海峡，商议各舰进入黑龙江口躲避事宜，然后各自离开。穆督乘船到阿扬港由陆路回伊尔库茨克，老普则听说日本已与美国、英国签订了条约，急忙返回日本继续谈判。

经过与英法舰队的数月缠斗，普提雅廷统率的舰队已不复存在，只带一艘舰船便毅然前往。12 月下旬，双方在下田举行正式会谈，可就在第二天，发生了安政南海大地震。下田地区几乎所有建筑物都遭到破坏，老普唯一的座舰也损毁沉没。日本代表很清楚沙俄陷入克里米亚战争的状况，也清楚俄国使团的狼狈相，提议：在千岛群岛以择捉岛、得抚岛之间划分国界，库页岛暂不划分国境线。普提雅廷表示接受。1855 年 2 月 7 日，两国签署《日俄友好条约》(又作《日露和亲条约》)。[2]

座舰在大地震带来的海啸中沉没后，普提雅廷赶造了一艘名为"赫达"的纵帆船。他仍然惦念着与英法的战事，租用两艘美国商船，以便撤回堪察加上的士兵与家眷。老普也亲自乘舰赶往彼得罗巴甫洛夫斯克，得知舰队已经撤离，便折回鞑靼海峡。此时英法舰队正在四出追击俄舰，并封锁了鞑靼海峡，普提雅廷租用的一艘商船即在库页岛附近被英舰俘获。而他的“赫达”号是在夜间通过封锁线的，浓雾迷蒙，几乎与英舰相撞。英军还以为来的是自家舰只，慌忙鸣笛开灯，“赫达”号穿行而过，真是命大撞得天钟响。

二、阿穆尔伯爵赴日本谈判

转眼到了1859年的夏天，穆拉维约夫在上年成功逼签了《瑷珲条约》，被沙皇授予阿穆尔斯基伯爵。阿穆尔伯爵，即黑龙江伯爵，以表彰穆拉维约夫为沙俄开疆拓土的巨大功绩。

侵占黑龙江，攫取库页岛，是穆拉维约夫就任东西伯利亚总督十余年来的梦想。1847年9月署任总督，在得到沙皇尼古拉一世接见时，他便说起黑龙江口的重要性，认为应抓紧派兵去占领。涅维尔斯科伊发现黑龙江可直航入海，同时查明清朝在江口和濒海地区没有驻军，最兴奋的当属这位总督。在给俄国内务大臣的信中，穆督报告在伊尔库茨克和尼布楚都发现有英国人活动，行径很像间谍，并借此大发议论，渲染侵占黑龙江和库页岛的紧迫感：

> 阿穆尔河口有一个无人居住的萨哈林岛，正等待主人去占领，以便封锁阿穆尔河道。中国那面有几条通航的大河注入阿穆尔；英国人正同中国南部自由地进行贸易，而他们一旦进入阿穆尔，就能控制中国的东北。他们只要在

荒无人烟的萨哈林北端派兵设防，便不难控制阿穆尔。前几天我得到消息说，从去年起捕鲸船便集中在鄂霍次克海南部，各国大量的船只均驶往该处，在萨哈林附近绕来绕去。这些船只可以轻而易举地占据无人居住的萨哈林北部，甚至无须得到本国政府的命令。此外，整个阿穆尔左岸盛产黄金……英国人只要探知这一情况，就必定会占据萨哈林与阿穆尔河口。〔3〕

是的，盯着库页岛的并不仅仅是俄日，英美法等国的舰船都在这里转悠，目的也不光是捕鲸。那时的穆拉维约夫刚满 40 岁，已把目光由黑龙江流域延伸到库页岛。

1859 年 5 月中旬，逼签《瑷珲条约》后自信心爆棚的穆督乘船沿黑龙江而下，此行他有好几件大事要办，而最远目标是直隶湾（即渤海湾），是天津的白河口。为此，他先要到波谢特湾与布多戈斯基会合，带上所绘的地图，派人送给在北京的伊格纳提耶夫公使，作为谈判边界时所用之利器。穆督还有一项主动兜揽的外交使命，即代表俄国与日本交涉如何分割中国的库页岛。两件事都与其野心勃勃的扩张计划相关联，穆督显得很亢奋，在给康士坦丁亲王的信中写道：

我已收到同日本确定萨哈林边界的全权证书。我所以自告奋勇来承担这一任务，是想在英国人尚未插手日本、尚未想在萨哈林占据一席之地之前，迅速了结此事。为了顺利完成这一使命，并为了尽快同中国确定边界，我打算率领一支可观的舰队，从尼古拉耶夫斯克出发，前往日本和直隶湾。〔4〕

身在远东的穆氏很注意与这位掌管沙俄海军的皇弟联系，注意搜集彼得堡的信息，得知亚历山大一世亲临阿穆尔委员会，表达对其扩张规划的支持，颇为激动，却不知道沙皇对他的狂傲已大为不满。

穆拉维约夫是一个务实派，但也经常出于各种目的夸大其词，以沙俄海军在黑龙江口和鞑靼海峡的实力，根本无法组建"一支可观的舰队"。除了三年前从美国买来的"美洲"号和几艘商用舰只，再就是石勒喀和尼古拉耶夫斯克船厂制造的"额尔古纳"号等小火轮，加上几艘木帆船，勉强能凑上八九只大小舰船，就是其"黑龙江舰队"的全部家当了。老穆以"美洲"号为旗舰，率舰队沿鞑靼海峡南下，很快就发现其他舰只跟不上趟了。他会以炎炎大话制造声势，但毕竟心中明白，在给康士坦丁的报告中写道："我将竭力调派更多的战舰护送我，好让日本人和中国人见识见识我国海军的威力，不过这吓唬不了英国人，因为他们对我们在东洋上的战船是心中有数的。假如欧洲舰队意欲轰击中国炮台，我就不驶入直隶湾，以免像去年那样，让中国人说我们口是心非。"[5]谁说这个战争贩子不会装呢？明明一肚皮的欲求和诡诈，却要扮演一个"打酱油"的角色。

那时位于库页岛西岸中部的煤矿已开始开采，契诃夫书中叫作杜厄，称它是"萨哈林苦役地从前的首府""是萨哈林苦役地的摇篮"[6]。而穆拉维约夫的船在经过时就到这里（穆传中称作"杜雅"，第二字不知何时被改作厄运的"厄"）来上煤，当地正在建造兵营与测绘地形，据说很快会有一千名囚犯被押来。老穆先到日本北海道的函馆，递交自己奉旨与日方谈判的全权证书，表示自中国返回时再赴江户谈判。由于其他舰船速度太慢，他在函馆等了4天，在俄国领事陪同下与日本官员约定正式会谈的时间，然后至波谢特湾，带上在乌苏里江、绥芬河等处测绘的爱将布多戈斯基，直奔中国的直隶湾，在

7月中旬到达大沽口。

令他完全意想不到的是：英法舰队的进攻被清军粉碎，数舰沉没，剩余舰只皆狼狈南撤而去。穆拉维约夫在那里待了几天，与美国公使华若翰走得很近乎，在送美国使团和携带测绘图的小布进京后，即行驶离。根据与日方的约定，他在函馆带上驻日领事加什凯维奇赴江户谈判，所谓黑龙江舰队的9艘舰只跟随前往。因他乘坐的"亚美利加"号航速较快，4艘轻型巡航军舰和其他补给舰跟不上，只好走走停停，惹得老穆一路上没少发火。两国的核心议题仍是中国库页岛的归属。由于清廷的长期漠视、吉林将军衙门的毫无作为，岛上各族同胞基本是自生自灭，该岛遂成为两个邻国争夺的一块肥肉。

两个邻国都惦记着这个北方大岛，想法和做法则不同：日本人希望得到库页岛的南部，而俄国人则要拥有全岛。这项谈判本不是穆拉维约夫的职责，但他主动请缨，意欲再搞一次"炮舰外交"，以为日本官员与清朝大员一样，以武力恐吓即会屈服。而因他去年在瑷珲的成功，沙皇颇有几分信任，沙俄外交部不便阻拦，很快寄来了全权证书，于是这位总督大人摇身一变，成了领衔赴日谈判的特使。

大约在8月中旬，老穆带着他的舰队抵达日本首都江户。这里用"大约"，乃因在穆氏传记中竟没有这次谈判的准确时间，且不要说会谈细节，就连大概的过程也没有，与对瑷珲签约的记述之详形成鲜明对比。幸而在该书附录中，能看到穆督的几封相关信件，也附有他与日本全权代表第一次会晤时的发言。在江户的谈判桌上，穆拉维约夫仍是一脸蛮横，甚至比对待奕山更过分。他显然提前做过一些功课，预料到日方必以在南库页的实际存在为词，所以一上来就直接否定：

> 日本渔民长期以来在萨哈林岛，亦即桦太岛南端的阿尼瓦湾捕鱼。这两个古老的名称表明，这个岛同萨哈连乌拉（我们称之为阿穆尔）同出一源，萨哈连岛近一百七十年来，即早在日本渔民开始在那里捕鱼之前，曾归中国所有。但在更早以前，萨哈连乌拉是属于俄国的，因而萨哈连岛当然也属于俄国。俄中两国为保持友好关系，秉公而断，双方共同议定，萨哈连乌拉（阿穆尔）仍然划归俄国所有。[7]

乍一看像是追根溯源，从库页岛的名称说起：俄人所称萨哈林，自然与萨哈连乌拉（黑龙江）相关；而他说日人称桦太岛，寓意也是中国人的岛。道理讲到此处没有错，接下来便进入强盗逻辑，那就是库页岛本属中国，可邻近的下江与乌东地域现在归了俄国，附属岛屿自然就是俺的啦。至于说黑龙江在更早以前属于沙俄，纯属瞎编；而接着又编造双方议定库页岛属于俄国，根据现有史料，瑷珲谈判没有涉及该岛；至于黑龙江，沙俄也只是强行通航和占领了左岸土地，并非“划归俄国所有”。

对于1853年9月俄军曾在阿尼瓦湾登陆并设立哨所的往事，穆拉维约夫自然要大讲特讲，可那个以他的名字命名的哨所很快就撤销了，又怎么解释呢？老穆倒也想好了，绝口不提是由于躲避英法联合舰队的打击，解释说人员太少，又纷纷得病，只好暂时撤离。说这事时，他也没忘炫耀武力：

> 于是六年之前，俄国为此在萨哈连南端的阿尼瓦湾设立了哨所，但由于人员过少，纷纷病倒，普提雅廷将军为避免全部死亡，下令暂时撤掉阿尼瓦湾哨所，留下的房屋

> 托付在那里的日本人看管。目前，由我统率的东西伯利亚陆海军日益强大，并已经推进至阿穆尔河口，我已经能够派出一支庞大队伍驻扎阿尼瓦湾，建造良好房舍，以避免将1854年所产生的那种由于勤务繁重而病倒的危险。遵奉我皇帝陛下的谕旨，处理一切边界事宜均应首先同友好的邻邦——日本及中国相互协商，为此我被授予全权来此同贤明的日本大臣进行谈判，以求解决有关萨哈林的争议，并将所得结果形诸文字。

穆督自知沙俄海军与英法的差异，自知俄海军在北太平洋的存在无法与英法舰队抗衡，也刚刚在大沽口外得悉英法舰队的惨败，却不影响他对日方吹嘘自夸，同时也拿着英国人说事：

> 尽快彻底解决这件事符合我们两国利益，因为别国可能利用目前主权未定的情况，在萨哈林岛上占据地盘。如果我们两国明文议定，全岛均归俄国领有，由我派兵驻守，这类事情就不可能发生了。日本政府自当看到，俄国在此处拥有何等强大的海军。这些兵力不过是五年前才开始在此建立，将来还要逐年增加。鉴于上述原因，为双方安全计，全萨哈林岛必须由我国防守。〔8〕

不知道日方的代表是谁，不管是谁，都不难听出这番话中那赤裸裸的战争威胁。此时日本的国门已被列强打开，先后与美俄英法等签订条约，国内民众的危机意识陡然增强，德川幕府的内部矛盾也开始激化，发生了“安政大狱”，尊王攘夷与倒幕的呼声日渐高涨。鉴于这种情势，日方对穆拉维约夫的咄咄逼人不可能硬碰硬，但也没有顺从。

日方的理由很明确，一是库页岛与北海道一衣带水，二是早已在南库页进行开发并建立机构。他们拿出1855年2月与俄国公使普提雅廷签订的《日俄和亲通好条约》，其中第二条涉及库页岛的归属，写道："至于桦太岛，日本国和俄罗斯国之间不分界，维持以往之惯例。"这份条约无异于"王炸"，使穆督不免难堪，也找不出什么理由来反驳。在向外交大臣戈尔恰科夫通报时，穆督明知这个皇帝身边的红人与普提雅廷关系密切，可还是忍不住告了一状，指责普公使把事情搞砸了。他说库页岛与北海道之间的拉彼鲁兹海峡战略地位重要，是俄国船只从鞑靼海峡进入东洋最近的唯一门户，而自己在1854年8月19日就写信向普提雅廷伯爵做了陈述，并附上了原信的抄件。

三、被切分的蛋糕

在江户谈判过程中，日方代表曾向穆拉维约夫提议分割库页岛，即以北纬50度为界，北面的地域属于俄国，南部属于日本。这个切割点，距1808年日本地质学家松田传十郎私立日本国界标的拉喀向南甚远，在日方看来算是很谦让了。穆督断然否决，声称不会同日本在岛上任何地方划界。出身军伍的他明显不是一个谈判高手，所发表的开场白难以让对方接受，一下子就陷入僵局。在瑷珲谈判时他就是如此，靠着外交官彼罗夫斯基的折冲斡旋，更主要的是邻近的海兰泡驻有大批俄军，奕山及部下被其武力所慑服。在江户，穆督大约感到所带黑龙江舰队不足以动武，也没能得到沙皇对使用武力的许可，耐着性子谈了约一个月，推测主要是加什凯维奇出面，双方也没能谈拢，只好悻悻然离日返回。此乃其职业生涯中少有的大挫败，而他对日本的印象反倒甚好，已然意识到其将成为俄国的劲敌。

10月下旬，穆拉维约夫沿黑龙江上溯而返，因江面出现流冰不得已登岸，在距布拉戈维申斯克两百俄里的一个小镇停下来，给沙皇写了一份报告。他说对日谈判“关于萨哈林问题未能获得预期结果”，但“率领一支威武体面的舰队访问日本首都，自然会在日本人心目中产生对我们有利的影响”，同时向沙皇提议：

> 我们必须在萨哈林岛南端占据据点，这并不违背1855年条约。这一行动当然不会使日本政府感到愉快，但不至于破坏两国之间的和睦关系，反而可以加强我们作为强大邻邦对他们应有的影响。[9]

亚历山大一世阅读了他的奏本，还在三处留下御批，对于独占库页岛未能被日本接受表示“十分遗憾”，却没有对出兵占领南库页表态。

回到布拉戈维申斯克后，穆督为震慑意图悔约的清朝官员停驻了一段时间，下令左岸俄军大肆演练，也对下游滨海省驻军司令卡扎凯维奇下达命令：

> （1） 在大彼得湾内诺夫哥罗德港及符拉迪沃斯托克港占领两个据点，并修筑工事，派两个小队驻守；
> （2） 在萨哈林岛阿尼瓦湾内占领一块地方，也修筑工事，派两个连驻防；
> （3） 沿大彼得湾巡航，并由南向北，从朝鲜国界（图

们江口）起至奥尔加湾止，将全部海岸测绘下来，力求准确详细。[10]

卡扎凯维奇也是穆督多年来的得力膀臂，精通船舶制造，但此人显然不那么听话，有时会使上司生气。为了避免其打折扣，老穆要求卡司令“必须出动所有舰只和部队”“准备工作在5月前必须做好，同时要在杜厄为区舰队准备好充分的煤”，并将自己的专差官库克里大尉派到那里，以督促执行。这些战争准备，不只是为了对付清军，也有英法联军，他强调说：

根据各方面情报，英法联军将在明年早春进入直隶湾，他们的巡洋舰至迟6月初就会在我国南部海岸附近出现；我们必须在他们之前赶到那里，并派登陆部队防守指定据点。惟独库页岛例外，那里的登陆部队可以晚些出动。关于在阿尼瓦湾占据据点一事，尚须等候最高当局的决定，一俟接到通知，当立即告知阁下。

穆拉维约夫也曾承认自己“一味任性、独断专行”，但从来不是个蛮干之辈。由于普提雅廷与日本签订的条约中标明在库页岛保持现状，贸然出兵必会引发强烈反应，而此次出使日本，也使他感觉到那里的官员与清朝有所不同。老穆并未改变占领库页岛阿尼瓦湾的主意，只是决定要等待沙皇的批示。

回到伊尔库茨克，穆督就收到外交部亚洲司司长科瓦列夫斯基的信件，此人与老穆关系不错，应是透露了最高当局对出兵库页岛南部的疑虑。穆传中未收录此信，只可由穆氏回函中略见端倪，他写道：

“关于萨哈林等问题，现在我不想谈，2月10日到15日我们便能会面，最好到那时面谈，因为要讲的话在信里是写不完的。”[11]老穆如期抵达彼得堡，并在次日觐见了亚历山大一世，陈述了划分西伯利亚的庞大构想，但没有提到库页岛，此后也没有再提这个岛屿。推想其在进宫之前应与科瓦列夫斯基有所交谈，内容不得而知，推测是劝他不宜坚持己见。

德川幕府统治的晚期，很希望能与俄国达成分割库页岛的协议，曾两次派遣使团赴俄交涉。1862年，日方使臣竹内保德、松平康直至彼得堡，提出以北纬50度为库页岛分界线，被俄廷拒绝。契诃夫历来不认为库页岛属于俄国，即便是其所赞赏的涅维尔斯科伊坚持这样说，他也认为是强词夺理。出于小说家的敏锐，契诃夫从俄日的反复交涉中看出玄机，那就是双方都“对自己的权利毫无把握”。1867年，日本又派出石川谦三郎，仍然坚持以北纬50度为界，俄廷态度有些软化，提出以北纬48度为界，双方签署《库页岛暂行规定》，内容为俄国把千岛群岛中的得抚岛等四岛让与日本，库页岛仍保持日俄杂居状态。而契诃夫的评价是：“这说明双方谁都不认为这个岛屿是自己的。”[12]

明治维新后，日本政府在库页岛问题上对俄逐渐强硬，西方列强也纷纷介入。俄国派遣使节赴日，提出双方直接对谈，不要让外来势力参与。是独吞，还是与日本分割，一直令俄廷感到头痛。至于如何分切这块蛋糕，已没有它原来的主人（清朝）什么事了。

四、短命的“虾夷共和国”

1854年的“黑船叩关”，打开了日本的国门，也使统治日本两百余年的德川幕府走向崩解。1868 年 1 月 3 日，倒幕派发动宫廷政变，率兵进入皇宫，解除幕府警卫队的武装，宣布“王政复古”，明治天皇颁诏宣布新政，废除幕府，委派西乡隆盛等管理国家大政。居住在大阪城的幕府将军德川庆喜领兵出征，在鸟羽伏见之战中大败，惊慌之下逃至新式军舰“开阳丸”号上，下令立即开往江户。该舰舰长就是大名鼎鼎的榎本武扬，他出身于幕臣世家，毕业于长崎海军传习所，因订造“开阳丸”号巡防舰留学荷兰，归国后被任命为舰长。此时他受命率幕府舰队来支援陆军，封锁大阪湾，并攻击了萨摩藩的军舰，可就在他登岸之际，德川庆喜却命副舰长将军舰开走了。榎本武扬倒也表现从容，派人把大阪城内的武器与 18 万两白银装上“富士丸”号，带上剩余人员和伤兵撤往品川，不久即被任命为幕府海军的副总裁。

此年的榎本武扬32岁，因缘际会，成了保幕派的中坚，坚决主张与维新军决战。而主子德川庆喜却倾向于议和，命陆军总裁胜海舟与西乡隆盛谈判，和平交出了江户，史称“江户无血开城”。海军总裁矢田堀景藏遵照庆喜旨意，打算向维新军移交幕府舰队。而榎本武扬实在忍不下这口气，趁矢田堀上岸交涉之际，带领 8 艘军舰驶离品川。后来他向政府军移交 4 艘军舰，但拒绝交出“开阳丸”号等主力战舰。5 月 24 日，明治天皇朝廷对德川宗家做出减封处分，榎本武扬心中不满，与旧幕府势力频频联络，秘密准备将舰队拉走。8 月 15 日，德川家族被安置至骏府城，榎本武扬随即起事，于 8 月 18 日与抵抗派旧幕臣、残部两千余众，率“开阳丸”“回天丸”“蟠龙丸”“神速丸”等 8 艘军舰驶离江户附近海面。临行前，榎本委托胜海舟发布檄文《德川家臣大举文告》，率领舰队退向北方的仙台藩。一路上极是艰辛，维新军跟随追剿，舰队又遭遇暴风雨袭击，“咸临丸”和“美贺保丸”两舰脱离，好不容易抵达仙台城，谒见了奥羽越列藩盟主伊达庆邦，而此人已在维新军打击下决意投降。榎本武扬、土方岁三等只得收拾人马，开赴北海道的箱馆。榎本向政府军统帅发出一篇《叹愿书》，声称："此去虾夷，是为了拥戴一位德川家人当主君，开拓虾夷，兴产业，守北方国土，以维持旧幕臣之生活，并无反叛天皇之意。"反映了他当时的复杂心情。

这支队伍集结了幕府军各部中的死硬分子，有江户特务警察组织新选组，有鸟羽之战后成立的彰义队，有担任幕府军的陆军传习队和冲锋队，北上途中又陆续收罗了仙台藩和会津藩不愿投降者，总数约 4000 人。榎本舰队共有 8 艘船，包括配备 18 门克虏伯 160 毫米舰炮、具有 12 节航速的蒸汽巡洋舰"回天号"。箱馆府知事没有常住兵力，闻知榎本舰队即将来袭，急派人往本州求救，弘前、福山各藩派来不到 1000 名士兵，待原幕府陆军奉行大鸟圭介、新选组副组长土方岁三分率一部登陆突进，守军即弃守而逃。幕府军占据箱馆后，接着发兵攻打松前城。统治虾夷地约二百年的松前藩藩主也曾积极反击，甚至造成榎本的主力舰"开阳丸"触礁沉没，后来还是不得已弃城逃跑，整个北海道很快落入幕府军残部之手。

早在 1854 年，榎本武扬便随幕府外交官堀织部正视察过虾夷岛，并到了库页岛南端，留下深刻印象，大约这也是其在急难之际想起此岛的原因。《叹愿书》中所说的"开拓虾夷，兴产业，守北方国土"，亦是其真实想法。而此时德川家族已服从于明治政府，虾夷地找不到一位出于德川家的主君。当年 12 月 28 日，这些无主之徒举行士官级以上人员投票，公选榎本武扬为虾夷政权总裁。这是一个公开与明治政府分庭抗礼的政权，自称"虾夷德川将军家臣武士团领国"，同时积极谋求西方强国的承认，英法领事均表示将"严守中立"，也就是实际上承认了它的独立性。以榎本为首的拥幕将士似乎从未号称"虾夷共和国”，所发布的文书和公告，钤用“北夷岛总督印”。所谓“虾夷共和国”的说法，出自曾在幕府军做过书记官的英国人威廉·亚当斯，是他在回忆录中用了这个说法。

榎本武扬心中的“北夷”，应是虾夷地与北虾夷地，亦即北海道和库页岛。他的率舰造反，并非叛国篡位，而是对昔日效忠的幕府倒台转不过弯来。假以时日，榎本应会占领和经营库页岛，可历史没有给他提供机会。他深知明治天皇必不肯善罢甘休，建立政权后即积极备战。其时箱馆府的武装城堡“五棱廓”尚未完全竣工，榎本下令增修加固。那是一座西洋式星形要塞，守军可从棱角射击逼近城墙的敌军，虾夷政权在城头配置了强大的加农炮，又在护城河外修建堤坝和胸墙，得知明治政府采购了铁甲战舰，也试图研制新式穿甲弹，只是没来得及。

明治政府不能容忍虾夷政权的存在，迅速组建了超过 8000 人的北海道远征军，在黑田清隆统率下杀奔而来。为克制榎本舰队的旗舰“回天丸”，政府军大肆采购，引进了美国新式铁甲舰和 7 艘蒸汽战舰，加上装备施耐德后膛装弹步枪的长州藩和萨摩藩精锐步兵，实力已远超对手。战斗很快在宫古湾打响，榎本所部为夺取对方的铁甲舰，以 3 艘蒸汽船趁风雨大作冲向“甲铁”号，采用接舷跳帮战术，但“甲铁”号上装备了加特林机关炮，加上密集的步枪齐射，很快将登船士兵一个个击毙，重创这支原幕府海军，掌握了制海权。接下来政府军在箱馆西侧登陆，榎本派出阻击小分队，但抵挡不住。最后的决战在五棱廓西北展开，政府军炮火密集，攻势如潮，榎本武扬和大鸟圭介等亲临前线督战，也不能挽回全线溃败之局。与此同时，宫古湾再次发生海战，幕府舰队尽管拼死抵抗，也不能对铁甲舰造成实质性的损伤，该舰杀入内港，将“回天丸”打残，俘获剩余舰船，完全切断了叛军的海上退路。

箱馆之战持续约两个月，双方皆是知己知彼，交战过程极为惨烈。政府军于5月12日攻入箱馆市区，佐幕派大将土方岁三战死，部队死伤惨重，大势已去。黑田清隆呼吁和谈。榎本武扬见五棱廓已被围的铁桶一般，为避免部下再做无谓的牺牲，提出高级军官接受惩处、赦免所有普通士兵的条件，开城投降。战争结束后，榎本武扬等被投入监狱，很多人主张将他处死，他本人也做好赴死的准备，但黑田清隆力主从宽免死，声称“要杀他先杀我”。黑田认为榎本武扬是难得之才，而“失去有为的人才是国家的损失”，促成了对他的赦免。

北夷政权的存在不到两百天，一直处于战争状态，谈不上对当地的治理，更顾不上越海向北的库页岛。两年后榎本出狱，又是黑田推荐他在明治政府任职，以开拓使判官的身份负责北部岛屿的资源调查。

五、榎本武扬的出使

那时的明治政府真可谓“向明而治”〔13〕，对参与旧幕府军的反叛者予以尽可能宽大的处理。所有普通士兵仅被监押一年，许多首领人物也很快被赦免，带头大哥榎本武扬、大鸟圭介等都在几年后重新上岗。搁在清朝，他们可是要被凌迟再加上满门抄斩的。

1874年1月，日本关于库页岛归属的对俄交涉又一次提上日程，而负责此事的赴俄公使泽宣嘉突然病死，榎本武扬被任命为海军中将、驻俄特命全权公使。他在当年6月抵达彼得堡，谒见了沙皇亚历山大二世，并于次年5月7日与沙俄外交大臣戈尔恰科夫缔结《桦太千岛交换条约》。这个条约又称《1875年圣彼得堡条约》《千岛·库页岛交换条约》，规定：日本以北纬50度以南的库页岛南部，换取俄国所属千岛群岛中的得抚岛及其以北共 18 个岛屿。双方在正北方以宗谷海峡为国界；而在东北方以占守岛和堪察加半岛之间的千岛海峡为界。从而形成日本拥有全部的千岛群岛、俄国完全拥有库页岛的格局，避免了持续存在的领土和移民纷争。〔14〕契诃夫在书中记述了这一协约在岛上带来的变化："1875 年以前，北萨哈林的苦役犯由杜厄哨所长官管理。他是一个军官，其上司机关设在尼古拉耶夫斯克。从 1875 年开始，萨哈林分为北萨哈林和南萨哈林两个区。这两个区都在滨海省的管辖之内，民事方面受督军领导，军事方面受滨海省军队司令的指挥。地方事务有区长管理。"〔15〕其时仍然是军政一体，北萨哈林首府仍设在杜厄，区长由原来的主管兼任；在南萨哈林的首脑机关设在科尔萨科夫哨所，由东西伯利亚第四边防营营长兼任区长。

这样一笔大交易，当然不会是榎本武扬的个人主张，而是由时任北海道开拓使次官的黑田清隆最先提出。那时沙俄不仅牢牢控制着库页岛中部，扼住了日本人的北进要道，还于 1869 年重新在南端设立哨所，使在岛日本机构处境艰难。因实力悬殊，日方不敢轻启衅端。防备沙俄南侵成为日本的当务之急，而一旦发生战争，北海道很可能遭到入侵。黑田审时度势，提出放弃遥远且寒冷的桦太，避免与俄罗斯进一步冲突，集中人力物力开发北海道，以尽早建成坚固的防俄基地。日本政府采纳他的建议，形成了一条出自最高层的既定方针。抵达彼得堡后，榎本武扬为此做了大量工作，多方刺探俄廷的内部情报，与俄外交部亚洲司司长反复谈判，拿出了很多证据，表现出吃了大亏的样子，最后缔结协议。日本除了获得整个千岛群岛的主权，还得到了鄂霍次克海的捕鱼权，以及周边俄国港口的十年免费使用权。在这之后，大批生活在北海道的虾夷原住民被强行驱赶到库页岛，以为大和民族腾出地方。札幌总厅的松本十郎因反对这种不人道的逼迁政策，愤而辞职。

黑田清隆后来成为日本内阁第二任总理大臣，他对榎本武扬没有看走眼，此人真的是才华卓著和踏实做事。驻俄期间，榎本在西欧广泛游历和考察，参观德国著名军火商克虏伯的工厂和矿山，访问巴黎和伦敦，时时关注军事与工业上的最新成果。三年任满回国，他又做出一个惊人的选择，即横穿西伯利亚。1878 年 7 月下旬，榎本武扬从彼得堡踏上归途，为克服流行日本的“恐俄病”，更是为了实地观察谜一样的俄国，决定由陆路返回。那时还没有西伯利亚大铁路，火车只能到达下诺夫哥罗德，他频频变换交通工具，乘船，搭车，骑马，沿途随时察看和记录。经过两个多月的艰辛旅程，榎本武扬于 9 月 29 日抵达海参崴，换乘黑田清隆安排的“函馆丸”汽轮回国，引起轰动。

注释

〔1〕［日］和田春树著，易爱华、张剑译，张婧校订《日俄战争：起源和开战》第二章《近代初期的日本与俄罗斯》，生活·读书·新知三联书店，2018 年，第 46 页。

〔2〕《日俄战争：起源和开战》第二章，第 47 页载：“普嘉琴忍受着旗舰因安政大地震后的海啸而沉没的灾难，坚韧不拔地与日本展开交涉，双方终于在 1855 年缔结了日俄友好条约，使得俄罗斯继美国英国之后，与日本建立了邦交。此时，俄罗斯与日本虽然只展开了部分国境划定交涉，但也取得了成功。萨哈林岛（库页岛）没有确定的边界，属于杂居，但在千岛问题上，日本和俄罗斯达成协定，在伊土鲁朴岛（择捉岛）和马鲁朴岛（得抚岛）之间划分国境线。自此以后，长期被视为北方威胁的俄罗斯所具有的敌人意象消失，日本和俄罗斯之间基本和平的时代到来。”最后一句纯属臆想。

〔3〕《穆拉维约夫－阿穆尔斯基伯爵》第二卷，“1848 年：致内务大臣的公函摘录“，第 33 页。

〔4〕《穆拉维约夫－阿穆尔斯基伯爵》第一卷，第六十五章《呈给康士坦丁·尼古拉耶维奇亲王的报告》，第 571 页。

〔5〕《穆拉维约夫－阿穆尔斯基伯爵》第一卷，第六十五章《呈给康士坦丁·尼古拉耶维奇亲王的报告》，第 571 页。

〔6〕《萨哈林旅行记》第八章，第 89—94 页。

〔7〕《穆拉维约夫－阿穆尔斯基伯爵》第二卷，“1859年：建议”，第276页。

〔8〕《穆拉维约夫－阿穆尔斯基伯爵》第二卷，“1859年：建议”，第277页。

〔9〕《穆拉维约夫－阿穆尔斯基伯爵》第二卷，“1859年：上皇帝疏”，第277页。

〔10〕《穆拉维约夫－阿穆尔斯基伯爵》第二卷，“1859年：致滨海省驻军司令兼西伯利亚区舰队及东洋海港司令、海军少将卡扎凯维奇先生”，第278—279页。

〔11〕《穆拉维约夫－阿穆尔斯基伯爵》第二卷，“1860年：致叶果尔·彼得罗维奇·科瓦列夫斯基”，第284页。

〔12〕《萨哈林旅行记》第十四章，“日本人”，第182页。

〔13〕《周易·说卦》：“圣人南面而听天下，向明而治。”《十三经注疏》本，中华书局，1979年，第94页。

〔14〕《日俄战争：起源和开战》第二章《近代初期的日本与俄罗斯》，第52—54页。

〔15〕《萨哈林旅行记》第二十章，第260页注①。

【第十章】

久远的牵念

领土丧失，在我国近代史上最令人扼腕痛愤，库页岛却是一个特例，没有血腥的战争，没有交涉和抗议，没有强邻的胁迫与欺凌，甚至也没有写入那些个不平等条约，无声无息、稀里糊涂就落入他国之手。俄日两国的争抢过程持续多年，英法等国都曾予以关注并暗中掺和，而此岛真正的主人——清朝，却一直不闻不问。

民国期间，该岛已为日本所据。史地学者石荣暲痛感于库页岛的一失再失，痛感于国家对一个大岛得失存亡的麻木，痛感于"国人习焉不察，政府置若罔闻"，慨然作《库页岛志略》，自序曰：

> 库页既亡于俄，复亡于日本，正乾嘉盛极之时，非国家微弱也。库页一失于勘界，再失于遗忘，均有保存管领之机，非同战争之不得已也。〔1〕

写下这些文字时，石氏居住在日寇占领下的北平，对那种不管国土丧亡的淡漠，对于"被遗忘"，有着惨楚真切的感受。像他这样牵念记挂着故土之人，虽不甚多，却也从未断绝。

一、属民、遗民与"外夷"

清朝立国前后，东北东部以至外兴安岭地域部族众多，彼此亦掺杂融合，除达斡尔族外，其余多数部落因语言习俗相近，通常以熟女真、生女真、野人女真概称之。黑龙江中下游至海口和库页岛的部族有赫哲、费雅喀等，而一旦编入八旗，统称作"新满洲"。康熙帝在颁旨命官军驱逐哥萨克匪帮时，特别强调那里靠近本朝发祥地，一山一水皆为大清属地，所有部族皆为大清属民。雅克萨之役，清军水陆并进，打出了大国气势和威风，也打出了边境的长期安定。《尼布楚条约》签署后的一百六十余年，盗猎偷马之类虽偶有发生，然基本没有出现过大的沙俄军队越界事件。

这是一件好事还是坏事？现在回思，真觉得有些难以判断。不知哪位说过“历史不容假设”，可阅读相关史料时，笔者还是忍不住设想：假如在康乾时代出现大规模入侵，清朝军队能战胜敌人吗？即使是失利或者惨败，是否也会刺激清廷，及早实现其边防与军队的变革？

正是由于这种漫长的安定平静，使得大清皇帝、满朝文武以及守边将士普遍产生懈怠；而东北大地的严寒，黑龙江流域尤其是左岸广袤土地的交通不便，也使此地越来越被忽略轻视。康熙以后的数朝，包括雍正帝胤禛和乾隆帝弘历，及至颙琰与旻宁，似都缺少对这条大江的关注，缺少玄烨那种强烈且明确的吾土吾民意识。雅克萨之战前，康熙帝决策在左岸兴筑黑龙江城，增设黑龙江将军，以堵御罗刹北来与东进之路。可千辛万苦耗费人力物力修成，启用约一年就迁至右岸。皇上并不情愿，但是架不住守土大吏与巡察官员提出的各种理由——土地瘠薄啦，过江困难啦，经费过巨啦，公文传送不易啦……

如果瑷珲不被降格，仍是黑龙江将军衙署所在的省城，如果这座城仍在左岸故址，也就是后来的江东六十四屯地方，如果周边添设镇城，结成卡伦驿站的防御网络，大东北包括库页岛的历史当是另外一种走向。

上有所忘，下必甚焉。乾嘉之后朝廷的轻忽，带来各边城守吏的松懈和疲玩，甚而者视其地在“边外”“界外”，呼其民为“生蛮”“生番”。道光二十二年（1842），三姓衙门公文中竟出现将赫哲视作“外夷”的说法：

> 适奉宪饬：四月十一日，贡貂之外夷富扬古等赫哲人四名，经审问供称，伊等随刨夫佟兆福、戴景明等自乌苏里经旱路越过卡伦边界入城。[2]

外夷，通常印象中指代外国人，如英、法、德、意，清代公文中常还要在其国名人名前特加小“口”，以示非我族类。赫哲、费雅喀等部族本为大清子民，怎么也变成了外夷？而此处将赫哲人称为外夷者，恰恰就是副都统本人（宪饬）。在此之前，三姓副都统扎坦保还将赫哲人称为“外藩”，并严格限定来城贡貂之人的停留时间，认为他们不明礼法，容易聚众滋事。[3]若在康熙朝，玄烨发现后会予以痛斥，可此际已然习以为常，清朝当地官员、卡伦兵弁大都如此认为。这种歧视必然反映到日常管理中，如禁止使鹿、使犬部落拥有枪支铠甲，沿途设卡阻拦，不许他们擅自入城。此案中富扬古的名字较常见，在上年贡貂名单中即出现三次，赫哲与库页都有。经此一番逮治讯问，能不离心离德吗？

将东海极边之地的民众视为外夷，原为晚明官府及一些汉族读书人的说法，女真人就曾长期被如此蔑称。清朝立国后，对西南等少数民族地区仍沿旧说，而再称东北极边之民则不可。雍正时也曾发生过此类现象，胤禛痛加批驳：

> 我朝肇基东海之滨，统一诸国，君临天下。所承之统，尧舜以来中外一家之统也；所用之人，大小文武，中外一家之人也；所行之政，礼乐征伐，中外一家之政也。内而直隶

> 各省臣民，外而蒙古极边诸部落，以及海澨山陬，梯航纳贡，异域遐方，莫不尊亲，奉以为主。乃复追溯开创帝业之地，目为外夷，以为宜讳于文字之间，是徒辨地境之中外而竟忘天分之上下，不且背谬已极哉！[4]

清代雍乾间大兴文字狱，以故史馆臣工在编述时，对“夷”“虏”等字避之唯恐不及，或设法曲为解释。胤禛儒学修为很深，仍能读出那隐藏心底的不敬，故有此一番训谕。却想不到数代之后，连满人都会将毗邻祖宗发祥之地的赫哲、费雅喀族，皆称为“外夷”了。

若说这种情况在道光间还是偶然发生，则在中俄《北京条约》签署之后，渐渐就多了起来。在三姓副都统衙门档案中，多数已冷冰冰地将“颁赏乌林”，改为“颁赏外夷”，咸同两朝皆如此。

被迫签署《瑷珲条约》的奕山堪称“千古罪人”，而他仍能在困难的谈判中，坚持在条约中加上一条，即左岸满洲人“照旧准其在原地永远居住，归大清国官员管辖，不准俄国人等扰害”。俄人对于三姓衙门派员到原行署木城发放乌林，起初并不干涉。自同治七年（1868）始，俄方哨卡开始进行阻拦，“不准下往颁赏”[5]。大块领土此时已真的成为“界外”，“于是贡道阻绝，彼不能来，我不能往，贡貂之典已属虚文。即间有数十人或百余人至三姓穿官者，亦皆随华商入境，借以自置货物，貂皮均由华商垫出，非真本人之贡”[6]。延续约两百年的朝廷“颁赏乌林”，也终于走到了尽头。这之后，还有零星赫哲、费雅喀人不远千里抵三姓贡貂，然后渐告消歇。

光绪二十六年（1900）发生庚子之变，中国再遭浩劫，慈禧太后偕光绪帝远走西安，而陈旧僵硬的贡貂体制仍无改变。我们看押运貂皮的员弁在京师投送无门，看领乌林的官员在盛京苦苦等待，看地方大员为采购宫廷用的貂皮绞尽脑汁，看神通广大的商户在界内外的活跃身影，却再也看不到关于“库页六姓费雅喀”的消息……

他们去哪儿啦？

朝廷中怕没有人会想到他们，负有管理之责的三姓副都统衙门也没有再提到他们。古人作《孺子歌》，写沧浪之水，孔夫子从中读出凡事皆“自取”的道理，亚圣孟轲再作引申：

> 有孺子歌曰：“沧浪之水清兮，可以濯我缨；沧浪之水浊兮，可以濯我足。”孔子曰：“小子听之！清斯濯缨，浊斯濯足矣。自取之也。”夫人必自侮，然后人侮之；家必自毁，而后人毁之；国必自伐，而后人伐之。《太甲》曰：“天作孽，犹可违。自作孽，不可活。此之谓也。”[7]

由论水而论人，再至齐家治国，义理相通。以往我们常习惯于单一地谴责列强入侵，说起来理直气壮，义愤填膺，分明忘记了《孟子》这段至理名言。清廷之骄矜自伐、荒疏愚蔽，从号称盛世的乾隆中晚期就开始了，轻忽东北边疆，贱视荒徼边民，其结果便是强邻入侵，大块国土的割离。

谁应承担最主要的责任？

契诃夫抵达之时，该岛已归属俄国三十余年，清朝在岛上的基层管理机构如“噶珊”，任命的“喀喇达”“噶珊达”，皆已水流云散，杳无踪迹。费雅喀变成俄国味儿的“基里亚克”，特姆河谷等地散布着新旧移民屯落，一切都改变了模样。契诃夫似乎没有看到过穿绸缎服装的原住民，那些姓长、乡长与那些华服子弟去哪儿了？他们又能去哪里呢？

读《萨哈林旅行记》，几乎看不到作家对国土扩拓的骄傲，看不到俄罗斯人对这块新疆域的热爱。还是在鞑靼海峡的一个岬角哨所，划舢板的士兵就告诉契诃夫："若是自愿，谁也不肯到这个地方来！"[8]岛区长官说得更直接："苦役犯、移民和官员，所有的人都想逃出这里。"[9]曾有一个深怀理想的农学家米楚利，"爱上了萨哈林"，把这里作为第二故乡，最后"因神经错乱殁于萨哈林，享年42岁"[10]。全书到处可见俄罗斯人急欲离岛的例子，这也使岛上居民的流动性增大，使当局不得不想出很多办法来加以限制，比如移民只能在待满10年并取得农民身份后才能返乡。契诃夫写了在锡扬查屯的见闻，当日监事官宣布25名移民转为农民，他询问有谁想留下来，"大家异口同声地说想回大陆去，能够立刻就走最好，不过没有钱"[11]。30年不能算短，而俄国人的治理实在是乏善可陈。在岛绝多的人朝思暮想的都是离开，以至督军考尔夫为"激发对美好生活的期望"，说的居然是："以后你们还可以回到祖国，回到俄国去。"

人的命运总是与国运相连，不管在岛俄国人怎样的思乡心切，运送苦役犯和强制移民的船仍一班班开来，总人数仍是在逐年激增，而相伴随的是原住民的锐减。三姓衙门虽没对库页岛做过户籍人口统计，但从零星记载中仍可见出繁衍之盛。契诃夫踏访特姆河谷时，特地述及费雅喀人口的下降趋势：

据鲍什尼亚克搜集的资料，1856年萨哈林基里亚克人总数是三千二百七十人。大约十五年之后，米楚利已经写到，萨哈林基里亚克人的数量估计在一千五百人以下。而据最新的1887年的材料，现在两个区的基里亚克人总共只有三百二十人了。这个数字是我从官方的《异族人人数统计

> 表》中得到的。假如相信这些数字是可靠的，那么过五年到十年之后，萨哈林的基里亚克人就将绝迹了。[12]

他在后面还记录了有关南部爱奴人的人口统计，也是快速减少。作者也说到这种官方统计数字往往不太靠谱，但俄据后原住民的大量减少，应是一个无法否定的事实。我们也可以推测，或许有费雅喀姓长、乡长之类岛上头面人物离开了故土，迁徙到大陆的三姓、宁古塔诸地，但不会太多。

二、庙尔之眺

庙尔，即我们通常所称的庙街。这个名字的来历不详，望文生义，或许与曾存在过中华庙宇相关。元代曾在下江设置征东元帅府，其位置与明代的奴儿干都指挥使司衙署相距不远，永乐至宣德间，大太监亦失哈奉旨多次率大型舰队前来巡视，在特林修建了一座永宁寺，庙街一带曾发掘出古城遗址，或也有寺宇的存在。而涅维尔斯科伊闯来时，当地仍是规模较大的村屯，至于其历史，侵略者并无多大兴趣。

等到契诃夫抵达，庙街已成为俄国的尼古拉耶夫斯克。不能不佩服涅维尔斯科伊的战略眼光，他带人闯入后立足未稳，便选定在此建立要塞，既拥有隐蔽性极佳的天然良港，又能扼定黑龙江入海口，军事地位极为重要。穆拉维约夫第一次率领船队航行黑龙江，即以加强庙尔的守备为重中之重，大量补充兵员，运来重炮与大批武器弹药。当时的确是要防范英法战舰来袭，而穆氏的长远目标，则是要建成殖民统治的坚固堡垒。不久，俄新建滨海边疆区，庙街成为首府和军港，一度颇为兴盛。后来俄人大举南扩，首府迁往哈巴罗夫斯克（即伯力，又作伯利），该城失去了区域政治军事中心的地位，迅速走向衰落。

契诃夫从这里换船赴库页岛时，因等待航班被迫逗留数日，是以在旅行记中开篇即写庙尔，触目凄凉，“几乎有一半房屋被主人遗弃，东倒西歪，窗扇已不知去向，只有一个个的黑洞，好像骷髅的眼窝，注视着我们”[13]。发展与发财的机会常附着于行政机关，庙尔降为普通市镇后，欺骗和盘剥库页费雅喀人，便成为一些俄国奸商恶商首选的生财之道。作家在此居停时间虽短，仍然捕捉到一些实情：有个叫伊凡诺夫的俄商，每年夏天到岛上向原住民收缴贡赋，不缴者会被施以酷刑乃至绞死。没有沙俄官方与军队的支持，一个商人怎么能做到这些？

在庙街盘桓期间，契诃夫百无聊赖，不止一次地朝着库页岛眺望，急切想要登船前往，又怕因自己没有官方文件被拒绝。而在他之前五年（光绪十一年，1885），同样是在夏月，也有一位怀有特殊使命的中国文人抵达庙尔，也曾于此眺望库页岛，心情应更为复杂。

此人名叫曹廷杰，时为候选州判。他本来在京师的国史馆做文员，当东北吃紧之际，激于爱国大义，投笔从戎，分配到三姓军营办理边务文案。这是一个通常被视为无关紧要的闲差，可让有才华和责任心的人做来，便觉不同。在京师国史馆10年的经历，使廷杰别具慧眼，通过搜集勘查边疆历史地理史料，很快编成《东北边防辑要》《古迹考》二书，令人刮目相看。当年四月，副将葛胜林邀他讨论绘制中俄交界地图之事，廷杰直言现有的两种三姓地图都显得潦草粗疏，一旦打起仗来，几乎全无用处。他提议应该学习俄国的测绘方法，也说到刚编成《东北边防辑要》一书，再用几个月“比次排类，绘图贴说”，即会对边防有些实用。

其时，俄军大兵压境，得寸进尺，“逼珲春为垒，开通图们江东岸以窥朝鲜北境，行船松花江以窥三姓上游”[14]，东北边务情形更为严峻。吉林将军希元决定派密探潜入俄界侦察，本已选定他人，经葛胜林推荐，改为派遣曹廷杰前往。应说这是特务间谍之类活计，随时有生命危险，一介书生能担当么？曹廷杰慷慨任之，仅带一名士兵，另邀常往俄境做生意的王氏兄弟同行，自己也化装成商人，携带一些轻便货物，由徐尔固乘船进入俄境。此程大半为水路，廷杰先顺流赶到河口（庙街），然后逆江而上至布拉戈维申斯克（海兰泡），再折返，由哈巴罗夫斯克（伯利）过兴凯湖至红土崖，改由旱路至符拉迪沃斯托克（海参崴），从那里直接返回省城吉林。

在《东北边防辑要》和据此行报告辑成的《西伯利东偏纪要》中，曹廷杰不断提及库页岛，视该岛与东北大陆为一体，视其部落与黑龙江下游居民为同类，叙写甚多。光绪十一年六月初，廷杰抵达庙尔，测定经纬度和日时，察看地形、港湾与军事部署，记曰：

> 查庙尔地方在伯利东北二千二百七十余里，凡外兴安岭以西、以南，长白山以东、以北诸水俱于此处总汇，再向东偏南行百余里，即出海口。口内有天然八岛，天气晴明时，立岛上以远镜望之，可见库页岛高山。[15]

曹廷杰没能前往库页岛，当在于吉林将军已将该岛划为域外，上峰下达的侦察指令仅限于大陆地区，可他仍念兹在兹，极目远眺。

在庙尔是看不到库页岛的，据所记文字，他大约也没有前往江口八岛。但曹廷杰还是积极探询有关库页岛的信息，特别指明该岛屏藩黑龙江口和东北沿海，作为“海外门户”的重要性。此后，廷杰以数节文字，对俄人在岛上的行政设施、驻军情况、水路铁路交通、煤矿开采以及居住华人数量做了记述：

> 探库页岛有山产煤，俄人名沙哈林。凡隶东海滨省犯重罪者，俱发往此处掘煤，日给黑捏饽四两，最为苦楚。有实数兵百余名守之，该处有华人二百余名，其南数百里即堆依河。〔16〕

可证此时的库页岛，已经有了苦役地的名声。

曹廷杰在俄据地区待了 129 天，经行较为重要的地方皆密记与绘图，返回后整理成报件，共 118 条，附有地图 8 份，“凡彼东海滨省所占吉江二省地界，兵数多寡，地理险要，道路出入，屯站人民总数，土产赋税大概，各国在彼贸易，各种土人数目、风俗及古人用兵成迹……皆汇入其中，终以有事规复一策”。他所念念不忘的是恢复被占国土，对很多地方都提出如何攻打的具体建议。在最后一条，廷杰激情难抑，提出了一个王师反攻的总规划：

> 江省由卜魁驿路、呼兰小道，可出爱珲，抵大黑河屯，直捣海兰泡；吉省珲春出图们江口、彦楚河口，由海道捣海参崴，由旱道取彦楚河、阿济密、蒙古街、虾蟆塘四处；宁古塔由旱道出三岔口，取双城子；三姓水陆并进，取徐尔固、伯利二处。〔17〕

筹谋规划颇有气势，也不乏可行性。廷杰还提议战事一起，即在黑龙江、乌苏里江狭窄处伐大木堵塞水道，并发兵扼住俄军陆路咽喉要道赵老背，切断俄方电话线。就连堵江地方的水道宽深，都做了实测。

曹廷杰的报告“有图有真相”，得到希爵帅的赞赏，命其整合为35条，呈报军机处。廷杰在俄据地区侦察期间，沿途结交华商，在海参崴探知沙俄打算“借地修道”，即从在中国境内修筑贯通赤塔至海参崴的铁道，希元也在密折中特别奏报，引起清廷关切。至于恢复大计，希爵帅基本上吸纳了廷杰之议，政治和军事视野却大为扩展，提出东北与西北边境同时兴兵，调集北洋和盛京海陆劲旅，以期一鼓而下。〔18〕希元还提出曹廷杰“深入俄境，不避艰辛。举凡该夷与吉江两省毗连险要，绘图呈说，巨细靡遗，可谓胆识兼优、勇于任事者。方今时局多艰，人才难得，似此有用之器未便没其所长”，建议破格使用，最好仍留在吉林任用。军机大臣奉旨：“曹廷杰着希元出具切实考语，送部带领引见。钦此。”〔19〕廷杰在引见时显然受到重视，军机大臣等垂询颇多，“奉旨以知县发往吉林委用”，并命他向朝中大员详细介绍俄国方面的情况。

其时已是光绪十二年夏，总理海军衙门的醇亲王奕譞刚刚巡阅北洋水师还京，要求曹廷杰“抒呈管见”。廷杰即写成《条陈十六事》，痛陈沙俄侵占吉林、黑龙江与库页岛土地之广，全面阐述强国强军和光复之计，曰：

> 俄夷东滨海省地，布置尚未尽善，可及时一战，恢复旧境也。查俄人占据吉江两省旧地，合海中库叶岛计之，纵横共得一百四十度有奇。以每度二百五十里计之，实占地八百七十五万方里有奇，较之东三省现在之地尚觉有余。然

> 核其兵数，不过一万五千余名……今若趁其旱道之铁路未修，水师之铁甲未置，以东三省之额兵固守各城要隘，再以奇兵数支分道并进，或伐木塞黑龙、松花、乌苏里三江，以断水道，令冬夏不能通行；或直抵双城子以北，深沟高垒以断旱道，令南北不相接济；并先将该省各处电线约期截断，使其声息不通，俄人自必望风鼠窜，可以恢复旧境矣……若再迟数年，待其火车道既修，铁甲船既置，不但东三省不能言战，即畿辅重地亦难言守。此曲突徙薪，所以有先事之虑也。[20]

书生谈兵，似乎过于乐观，但恢复之攻略思虑细密，对俄军的软肋也很清晰。后来清廷终不敢兴兵一战，东北大势不幸被廷杰言中，日本的侵入更是始料不及，哪里还谈得上什么“恢复旧境”。

三、漂泊的石碑

曹廷杰入俄侦察，对奇集、特林等地均有较多描述，还有一个意外的重大收获，即实地勘察了明代永宁寺遗址，并拓取两碑碑文而归。有此一举，使得“永宁寺碑记”第一次为世人所详知，从而引起广泛关注，引发中外学界持续考索的热情，也为中国明清疆域（包括库页岛的归属）提供了重要实证。《西伯利东偏纪要》六四：

> 查庙尔上二百五十余里，混同江东岸特林地方，有石砬壁立江边，形若城阙，高十余丈，上有明碑二：一刻“敕建

> 永宁寺记”，一刻“宣德六年重建永宁寺记”，皆述太监亦失哈征服奴儿干海及海中苦夷事。论者咸谓明之东北边塞尽于铁岭、开原，今以二碑证之，其说殊不足据。[21]

岁月匆遽，上距明朝太监亦失哈重建永宁寺、立碑纪事已过去450余年，两碑虽仍旧挺立于江岸，而风雨剥蚀，已成为传闻中的“残碑”。二碑在中外文献中虽有些记载，然绝多皆如日人间宫林藏，仅于江中船上遥遥相望，倏忽即过，难以详知究竟。就连在当地世代居住的部民，也都说不清楚何时所立了。

涅维尔斯科伊的回忆录中，写其在潜入黑龙江口地区后，很快就乘舢板溯江而上，在特林岬登岸并与满洲商人发生了一场冲突，完全没有提及近在咫尺的永宁寺碑。[22]以至于人们认为，这个沙俄殖民先锋一脑子的跑马圈地，完全忽视文化的遗存。其实并不是。笔者在穆拉维约夫传记附录的史料集中，发现了涅氏与永宁寺碑相关的文献，一个与其回忆录有较大差异的故事，却也是出于涅氏本人提交的报告，其中写道：

> 在阿穆尔河右岸一百二十俄里的奥加岬旁的一个屯子里，有一名叫切达诺的吉立亚克老人，率领全家，带着大米、鲟鱼、米酒来找涅维尔斯科伊……顺便对涅维尔斯科伊谈到，溯阿穆尔河而上，过了阿姆贡河河口，右岸上有些形状特别的石头。根据他们的传说，这些石头是从天上掉下来的，再不就是罗刹（即俄国人）安的。吉立亚克人把这些石头视为珍宝，每当乘船来做买卖的满人想把这些石头推下河去时，吉立亚克人就给他们钱，不让他们这样做。因为他们

有一种迷信：如果把这些石头推下河去，河里就会掀起浪花，他们就捕不到鱼了。切达诺一再请求涅维尔斯科伊务必去看看这些石头，并且自告奋勇给他带路。[23]

下面就发生了涅氏所记的那场与满洲商人的小冲突，而双方很快和好，“几乎谈了一昼夜”。

次日，涅维尔斯科伊特地登上特林岬，即明代永宁寺遗址——

在阿穆尔河右岸离台尔斯屯三俄里的地方，涅维尔斯科伊在岸边的悬崖上找到了切达诺告诉他的那四根石柱，他发现其中两根石柱上刻着年代：一根石柱上刻着1649，另一根刻的是1669和一个斯拉夫字母。

涅维尔斯科伊用刀在这些石柱上刻下了1850年和圣讳的第一个字母。[24]

根据穆督的《上皇帝疏》还可以知道，涅氏此次还画了一幅“古界碑草图”，呈报给尼古拉一世。[25]这两个被俄国人刻了年份的“石柱”，应该不是那两块永宁寺碑，因为二碑今存，没人提及上面有这些刻痕。早期亲历者曾提到岬上还有石幢之类，有的还画出形状，俄国人所刻年号、字母，应该刻在石幢上面。

四百多年风雨剥蚀，永宁寺碑已成为“古碑”“残碑”，成为一个传说，而其史证价值和象征意义并未褪色。在辑录东北边境古迹时，曹廷杰即简记相关传闻，以及俄人禁拓之事：“今三姓人贸易东海者多知之，亦多见之。惟王守礼、守智亲至碑所，思拓其文，因被俄夷禁阻未果，故其弟守信能为余述其详云。”[26]王氏兄弟是当地的汉族商人，下江沦陷后往返俄境做生意，闻知江畔特林二碑的故事，前往试图拓制，被俄国人发现后制止。殖民地的路数大都如此，欲久占其地，先要逐渐覆盖湮灭其文化。昔日永宁寺遗址上已矗立起一座东正教堂，连同两块石碑也为教堂所拥有，阻拦者即此间的教士。

王守礼通晓俄语，曹廷杰出发时即有意约他同行，并在与俄人交流时担任翻译。还有一位叫王守智的童生，应是王家小弟，善能绘图，特邀随同入俄，《西伯利东偏纪要》所附八幅地图应出自其手。〔27〕王守礼与弟弟守智去过特林，永宁寺碑之事也是他们告知曹廷杰的，可知此番赴俄据地区侦察，已带有拓碑所需纸墨和工具等物。曹廷杰一行到达特林后，不知用什么话语或物件打动疏通，俄国教士竟允许他捶拓碑文，也算幸运。廷杰等共拓得六份，两份送给俄方，四份自己带回。〔28〕拓碑时始终有沙俄教士铺拉果皮（曹氏原译）在场，大约一以监视，一因好奇。也有六七位附近的原住民围过来看热闹，议论风生，说这两块碑为康熙朝剿平罗刹后所立，并称赞石碑“素著灵异”。铺拉果皮同意立碑年代的说法，却不能容忍什么灵异之说，对他们好一通训斥。〔29〕

在呈送军机处的《庙尔图》中，曹廷杰特地凸显“特林古碑”的位置，并于图注中写道：“特林在恒滚河口，上十里有古碑二，并有炮台营壕旧迹，土人及俄人皆谓数百年前大国平罗刹所立。”费雅喀人不立文字，纪事唯靠祖祖辈辈传说，难免以后事覆盖或掺杂前事。亦失哈代明天子巡行东北和建置奴儿干都司，何壮伟也，却因年事久远淡出记忆；而哥萨克强行侵入，杀戮抢劫，宁古塔将军率兵前来剿灭或逐除，令边民感戴殊深，便借二碑附会其事。廷杰在现场即对碑文作了初步释读，应知此碑系明人所立，始立于明永乐宣德间，唯不识碑阴之女真、蒙古文字，转生疑惑，误以为清初出征罗刹后，借此碑记功并作为界石。[30]

返回之后，曹廷杰将永宁寺碑记的拓片分送军机处、吉林将军希元和主持吉林练军的左副都御史吴大澂。吴大澂出身翰林，又是著名的金石学家，历任学政、道员等职，“慨然有经世之志”，曾随吉林将军铭安会办三姓等地军务。此时奉旨再到吉林，担任中方首席谈判代表，在中俄珲春勘界过程中据理力争，纠正原立“土字碑”之误，收回被沙俄侵占的黑顶子百余里领土。他将廷杰视为同道，在日记中详述永宁寺碑记之事，曰：“彝卿采访俄事至此，并手拓二碑以归，亦可谓壮游矣。”[31]彝卿为曹廷杰的字。他为侦察俄据地区做了许多努力，带回八幅地图，将俄军驻防要害一一标注清晰，也提出一整套光复之策，但皆付之于烟尘！倒是他对永宁寺二碑的发现与拓录，尽管研读中有某些误判，实在是一件大功德事。

两块永宁寺碑后来被俄国人从原地移走，现存于海参崴阿尔谢涅夫博物馆和海滨边区阿尔谢涅夫博物馆。不知是在何时由何人搬移，亦不知是否由于曹廷杰的拓制以及费雅喀人的灵异说引起俄方警觉，不久就从江畔消失。五年后契诃夫经行此处时，并没有写到此碑，想是已经不在特林崖端了吧。

四、远来的贡貂人

如果说两块永宁寺碑铭刻的是一段真切历史，而更让人感慨的是其已融入当地的部族文化，成为一种类乎圣物的存在，一个可供祭拜追思的场所，一段遥远的说不清道不明的美好记忆，一个借以鄙薄殖民者的精神寄托。同样融入下江和库页岛人文传统的，或者说更多进入彼处生活与习俗的，是贡貂和赏乌林。俄国人侵入下江与库页岛后，一年一度的贡赏仪式难免会受到影响，但并未中断，赫哲、费雅喀人坚持向朝廷进贡貂皮，三姓副都统衙门也想方设法去颁发乌林。咸丰十一年（1861），黑龙江下游连同库页岛已正式列入沙俄版图，而两地部族贡貂依旧，清地方政府颁赏乌林依旧。今天还能看到吉林将军衙门当年三月间发给三姓副都统富尼扬阿的一件公文，说的是上年由于英法联军侵扰京师，导致无法从京库领取各项布匹，今年多次呈请补领，户部一直没有答复。为了不致再次"欠放"，富尼扬阿请求早想办法，将军衙门遂决定先自行采购，曰：

> 查，此项布票系外夷赏项之需，按年如期给领。其庚申年（即咸丰十年）欠放布匹，现已迟至一年之久，尚未发给。若必听候部示再行办理，尤恐迟滞，贻误匪轻。自应因事权变，一面查照成案，出派委员会同将军衙门委员，俟商船到口，赶紧采买苏布折给，以应急需。[32]

此时咸丰帝仍躲在避暑山庄不回京师，清廷各部院的运转也未正常化，而贡貂人依然辗转前来，三姓衙门也在竭力筹措颁赏物资，以维护天朝形象。

那也是令人感慨万千的历史实景：江山已入他国版图，而淳朴的库页人每年六、七月间仍驾船渡海，坚持到奇集木城等地贡貂，居然连往年经常缺贡的舒、陶二姓，也是连年越海前来。朝廷对乌林的采购供应已出现问题，地方当局不得不以各种方式替代，有时会出现欠账，而贡貂依然在继续。有一份同治五年（1866）的"颁赏乌林数目清册"，记录"颁赏今年前来进贡貂皮之赫哲、库页费雅喀人等衣服二千三百三十三套，皆已照数颁赏，应收之貂皮亦皆收讫”“本年未来进贡貂皮之四十五人，剩余衣服四十五套”[33]。2300多人的进贡额数，只有45人没来，比例甚小。应予说明的是，库页岛上的所有姓长、乡长和贡貂户，该年缴贡一个不少。就在第二年，因故未到的45人都补交了貂皮，领回乌林。

《瑷珲条约》的第一条，特别声明在瑷珲城对岸江东六十四屯地区保留清方的永久居住权和管辖权，而《中俄北京条约》无此条款。对于三姓官吏每年夏往下江举办贡赏仪式，沙俄地方当局先是发给执照，并禁用“索贡”“颁赏”之类话语，几年后干脆出手阻挠，不再允许清方官员入境，同治七年、八年都是如此。[34]三姓衙门不得已作了一些变通，改换贡赏地点，也将此事委托在俄界伯利等处的商户代办，把颁赏的绸缎布匹卖掉，再去采买貂皮。贡貂赏乌林体制，至此已变了味儿。同治十二年（1873）的贡貂清册中，仍有库页岛六姓148户名单，皆注明“收来”，却不知是怎么个收法，推想是委托商人代收。光绪年间，三姓衙门每年仍要编写清册，申报乌林数目，但重点已放在采购和运送貂皮上了。曹廷杰《条陈十六事》之九，专门提出应停止沿承已久的贡赏体制，曰：

> 三姓贡貂各族有名无实，宜停赏乌绫以节靡费也……自俄人犯境，诸部俱入俄界，于是贡道阻绝，彼不能来，我不能往，贡貂之典已属虚文。即间有数十人或百余人至三姓穿官者，亦皆随华商入境，借以自置货物，貂皮均由华商垫出，非真本人之贡，每人受赏多不过一金，其不足额貂皆在本地购买，如数解京。是所费之数较之原赏则甚微，而每年春季自盛京解往之乌绫等件，车载马运，非数万金不能办，

此循名核实，甚属无谓。[35]

他建议停掉已然有名无实的贡赏形式，真正为贡貂各部做些实事，比如将他们逐渐迁入界内安置。潜入俄境侦察期间，廷杰处处受到同胞的帮助，倾听他们的真情诉说，深感“贡貂诸部入俄多年，至今眷念中国，不改俄装”（《条陈十六事》八）。这不正是所谓的“民气可用”吗？故土遗民的祖国与正统之思，在在令人动容，也渐渐飘散无痕。

契诃夫踏访库页岛时，俄国在此地已有数万之众，苦役犯六七千人、看守长与狱卒五六百人、四支部队一千五百多人，最多的还是移民，自由移民和强制移民。而世代居住岛上的原住民则一直在减少，不管是生活在北部和中部的费雅喀人，还是南部的爱奴人，都在急剧减少。这方面不可能有精确统计，据契诃夫了解到的情况：1856年费雅喀人总数约3270人，15年后已降到1500人以下，而到了1887年全岛只剩下320人[36]；爱奴人的处境稍好些，由约3000人降至1100多人[37]。其原因有天灾也有人祸，当局的迫害驱赶，天花、伤寒等外来传染病的肆虐，使许多村屯成了废墟。

五、“一件粗硬的囚衣”

1890年的库页岛（萨哈林）之行，对于契诃夫是一次淬炼意志的人生苦旅、一次精神洗礼。未去之前，年仅30岁、在文学界声望日隆的他正陷入苦闷彷徨；离岛之后，他的写作欲望重新勃郁喷发，作品也得以在思想境界上整体升华。短短几年间，契诃夫写出《第六病室》等惊世杰作，大都与在库页岛的见闻感悟相关联，而最为直接的产品便是《萨哈林旅行记》。

这是一部考察记录、报告文学，还是旅行随笔？叫什么真的不重要。重要的是契诃夫的洞察秋毫与博大同情心，是书中随处可见的人文关怀，以及对殖民制度、专制恶政的抨击。他笔下的库页岛不乏自然美景，海岸，礁岩，溪流，草甸，月光下的静谧；不乏对原住民及其文化的关注，他们的习俗与信仰，他们的坚守与改变，他们的善良与无助，还有那原因不明的人数锐减……美丽安宁的岛屿，已分明成为一座人间地狱，理想和人道之光是那样黯淡微茫，人性之恶则无处不在：赌博、酗酒、卖淫、偷窃、高利贷，在这里皆是最普通的事情。于是就导致了逃亡的发生，出现不顾一切的逃亡，那逃出地狱的绝望和渴望，让人感同身受。

作者烛照幽隐，把挣脱桎梏的逃亡，写出此地独有的繁复与阴森：看守士兵暗中运作与引诱逃亡，为的是分得赏格；牢头狱霸鼓动甚至陪伴逃亡，为图谋新犯人的衣物钱财，然后在密林中加害。恶劣的环境最能催生恶劣品质与残暴行径。“两条毒蜘蛛放在一个罐子里，他们会把对方活活咬死的”，说的是两个曾任行刑员的犯人互相仇恨和折磨，在苦役地到处都有这样的“毒蜘蛛”。

也感谢本书的两位译者刁绍华、姜长斌，他们的译笔准确简洁，在第一版之后，又补译了《寄自西伯利亚》，撰写的两个前言都下了很大考订功夫。[38] 由此可了解契诃夫踏访前的资料准备（“书单包括65种书刊”），以及离岛后的写作过程（“写作《萨哈林旅行记》的过程中，书单又增加了两倍”）。这部书的写作历时数年，与同一题材的小说创作交替进行，作家在完稿后抒发感慨：

> 我很高兴我那小说的衣柜里居然会挂上这件粗硬的囚衣。让它挂着吧！[39]

囚衣，粗硬的囚衣，真是一个极为形象贴切的比喻。古往今来，世界上哪座监狱或苦役地的囚衣不粗硬？又有哪里会比库页岛的囚衣更为粗硬糙砺呢？

灰色囚衣，是这个苦役岛最常见的服装，也是苦刑犯得以越过严冬的保暖续命之装备。黑龙江版卷首附有契诃夫此行搜集的几张照片，由此可知在源源而来的运送犯人的轮船上，在登岛后为连车重镣犯人砸上锁链时，他们穿的都是这种囚衣——多数为皮质长大衣，也有短大衣。这种囚衣并非库页岛所独有，而岛上严酷的生存环境，却能给它带来特别的“粗硬”。作家在第五章有一段具体描绘，恰可作为注脚：

> 雨天，苦役犯下工回监狱过夜时，衣服往往淋得湿透，满脚是泥水，但没有地方烘烤。一部分衣服挂在床头，另一部分只能湿着铺到身下权当褥子。皮外套散发着羊皮的腥膻味，鞋子散出皮革和焦油的臭味。

粗硬，就是这样日复一日地“炼”成的。

人类的逃亡史应是一部大书。在库页岛，逃亡之险与苦，逃犯的坚忍与机警，皆非常人所能想象。被抓回的固属多数，可也总会有苦刑犯能够生离萨哈林，在日本长崎，在夏威夷，在加利福尼亚，都曾有逃离库页岛的苦役犯之行踪。他们通常是穿着囚衣离开的，却不知道是否愿意将它保留下来？或长或短的灰色外套，是专制与迫害的物证，也是一种屈辱身份的标识，最能映现出苦刑犯的苦难岁月，凝结着斑斑血泪与怨愤。而在物质极度匮乏的彼时彼地，它又是一笔不算小的财富，一种“特权”，甚至会令自由移民艳羡。囚衣的价值不会高昂，典狱长却会因此鼓励犯人逃跑，说：“如果能在发放冬装的 10 月 1 日以前逃掉三四十人，那就意味着典狱长可以多得三四十件短皮大衣。”〔40〕剩余出来的囚衣会转卖给自由民，于是囚衣在这座岛上就更为流行，更难分清罪犯和平民了。

而一旦苦刑犯真的出逃，除了一些极端的例子（如疯狂杀害原住民），我们曾经的同胞费雅喀人倒也有事可做了。“沿着整个特姆河都有一条基里亚克人小径可走”，该岛军政长官科诺诺维奇曾邀契诃夫沿着这样的小径去打猎，作家扭伤了脚，疲累疼痛难耐，几乎回不到驻地。费雅喀人通常有两种选择：可以帮助逃犯躲藏或越海远飏，得到一些微薄报酬；也可以与狱卒或惯犯沟通一气，把逃犯押回监狱，一起分享赏金。不管哪一种方式，参与其中的原住民都会在蝇头小利中迷失自我，与原来的善良真纯渐行渐远。

契诃夫还在书中提及另一类全然不同的逃犯，即从大陆遣送来的东北的胡子：

> 我听说，中国的逃犯“红胡子”比任何人都能更持久地过逃亡生活。这些人是从滨海省流放到萨哈林的。听说他们能够一连几个月地靠草根和野菜果腹。〔41〕

此际的俄罗斯滨海省，本为我乌苏里江以东滨海地区，原属吉林将军衙门管辖。曹廷杰入俄界侦察，也写到“有犯重罪者，发往库页岛（俄名萨哈林）掘煤”〔42〕。红胡子，旧指在东北深山老林中打家劫舍之辈，其中颇有些绿林好汉，先是抗俄，再是抗日，都有他们矫健的身影。虽说是在注文中，契诃夫也流露出对其坚毅强悍个性的敬重。

他们能逃出生天么？

注释

〔1〕石荣暲《库页岛志略》卷首。

〔2〕《三姓副都统衙门满文档案译编》四，“三姓副都统衙门左司为查报贡貂之赫哲人私由旱路来城情形事札佛勒和乌珠卡官”，第382页。

〔3〕《三姓副都统衙门满文档案译编》一，“三姓副都统扎坦保为如何颁赏不致有误请示遵行事咨吉林将军衙门”，第58页载：“外藩之人不明礼法，若迁延日久，伊等聚众滋事亦在所难免，况且……”

〔4〕《清世宗实录》卷一三一，雍正十一年四月己卯。

〔5〕《三姓副都统衙门满文档案译编》一，“三姓副都统衙门右司为变通办理颁赏乌林事呈三姓副都统可什克图”，第124页。

〔6〕《曹廷杰集》，“条陈十六事（九）”，第383页。

〔7〕《孟子·离娄上》，中华书局，2006年，第153页。

〔8〕《萨哈林旅行记》第一章，“扎奥列岬”，第11页。

〔9〕《萨哈林旅行记》第二章，“科诺诺维奇将军”，第21页。

〔10〕《萨哈林旅行记》第十三章，“米楚利卡”，第158页注①。

〔11〕《萨哈林旅行记》第十五章，“向大陆移居”，第194页。

〔12〕《萨哈林旅行记》第十一章，第129—130页。

〔13〕《萨哈林旅行记》第一章，“阿穆尔河畔的尼古拉耶夫斯克城”，第2页。

〔14〕《曹廷杰集》卷下，“西伯利东偏纪要”，附一：醇亲王奕譞奏折，第134—138页。

〔15〕《曹廷杰集》卷下，“西伯利东偏纪要十五”，第75页。

〔16〕《曹廷杰集》卷下，“西伯利东偏纪要十六”，第77页。

〔17〕《曹廷杰集》卷下，“西伯利东偏纪要一一八”，第130页。

〔18〕《曹廷杰集》卷下，“西伯利东偏纪要”，附二“希元奏派员侦探边情地势摘要密陈三十五条由”，第139页。

〔19〕朱批奏折04-01-0533-080：希元，奏为候选州判曹廷杰侦探夷情不避艰辛请破格奖叙事，光绪十一年十二月初八日。

〔20〕《曹廷杰集》，“条陈十六事（三）”，第375页。

〔21〕《曹廷杰集》卷下，第99页。

〔22〕《俄国海军军官在俄国远东的功勋》第一卷，第十一章《在阿穆尔沿岸地区升起了俄国旗》，第134—135页。

〔23〕《穆拉维约夫－阿穆尔斯基伯爵》第二卷，“1850年：报告”，商务印书馆，1974年，第69—70页。

〔24〕《穆拉维约夫－阿穆尔斯基伯爵》第二卷，“1850 年：报告”，第 73 页。

〔25〕《穆拉维约夫－阿穆尔斯基伯爵》第二卷，“1850 年：上皇帝疏”，第 68 页。

〔26〕《曹廷杰集》，“东北边防辑要·界碑地考”，第 58 页。

〔27〕中国第一历史档案馆存《曹廷杰档案》004 件《为将曹廷杰所请奖赏王守礼等三名银两绸布如数给领事给边务粮饷处札文》，光绪十一年十月二十四日。J001-11-1151。

〔28〕《曹廷杰集》，“东三省舆地图说”，第 231 页。

〔29〕《曹廷杰集》，“西伯利东偏纪要六六”，第 101 页。

〔30〕《曹廷杰集》，“东三省舆地图说·特林碑说一”载：“其小碑之阴有二体字，两旁又各有四体字，或即巴海分界时所刻也”；“特林碑说二”载：“其六体字是否界碑，未敢臆断。惟《明实录》载特林山卫，《通志》谓宁古塔境内，与今特林相符。今土人相传，此碑系前数百年大国平罗刹所立，则六体字碑文或即杨宾所指之界碑也。”

〔31〕吴大澂《皇华纪程》，殷礼在斯堂本，第 17 册，第 16 页。

〔32〕《三姓副都统衙门满文档案译编》一，“吉林将军衙门为欠放乌林采买苏布折给事咨三姓副都统富尼扬阿”，咸丰十一年三月十六日。

〔33〕《三姓副都统衙门满文档案译编》一，“三姓副都统富尼扬阿为造送关领及颁赏乌林数目清册事咨吉林将军衙门”，同治五年十月初一日，第 101—106 页。

〔34〕《三姓副都统衙门满文档案译编》一，“三姓副都统衙门右司为变通办理颁赏乌林事呈三姓副都统克什克图”：“早年颁赏赫哲乌绫，除来姓交官外，应即派员分次订限乘船下往援案迎赏，循办有年。惟于同治七、八年间，乌林差使下往迎赏经过俄界，讵被俄夷阻回，不准下往颁赏。”第 124 页。

〔35〕《曹廷杰集》，第 383 页。

〔36〕《萨哈林旅行记》第十一章，第 129 页 .

〔37〕《萨哈林旅行记》第十四章，第 174 页。

〔38〕第一种版本由黑龙江人民出版社 1980 年出版，本书所据大多为黑龙江版；第二种版本由湖南人民出版社 2013 年推出，书名增加了副标题“探访被上帝遗忘的角落”，译者前言大为扩展，并附有契诃夫作于途中的《寄自西伯利亚》。

〔39〕《契诃夫文集》第十五卷，“致阿·谢·苏沃林，一八九四年一月二日”，上海译文出版社，1999 年。

〔40〕《萨哈林旅行记》第二十二章，“萨哈林的逃犯”，第 285 页。

〔41〕《萨哈林旅行记》第二十二章，第 290 页注①。

〔42〕《曹廷杰集》，“西伯利东偏纪要四四”，第 90 页。

余　绪

研究和书写边疆历史，常会自然呈现一个人的国家立场与民族感情，但契诃夫没太有，至少是不那么明显。在他的笔下，库页岛上的俄国人，几乎没有例外地将苦役地与祖国分开，急切地盼望回归故乡。脚踏着那块土地的契诃夫有时也会精神恍惚，情随境转，会泛起一种囚徒之感，请看以下文字：

> 脚下辽阔的海面在太阳底下闪着白光，发出沉闷的喧响，远方的岸边令人神往，忧伤和苦闷也随着油然而生，仿佛永远也挣脱不出这个萨哈林。遥望对岸，好像我也成了一名苦役犯，决心不顾一切，要从这里逃走。[1]

其中全然没有“守卫边疆，建设边疆”的爱国激情，没有对新土地的亲近。类似的文字在书中随处可见，如实摹写在岛俄人那种身处异乡、远离故土的魂灵之痛。殖民者治下的萨哈林，已成为一座名副其实的炼狱，被投入其中的不仅仅是那些苦役犯。

俄日对库页岛的争夺远没有结束。两国为此签署了一个个协议，又都坚信此岛不属于对方，而随着实力的消长选择去遵守还是撕毁协议，库页岛的风云变幻在一幕幕上演：

1904 年 2 月 6 日，日本向俄国宣布断交，而大批军舰已载着军队悄然出击，日俄战争爆发。战前俄方虽对日本的积极备战有所觉察，却压根儿没有放在眼里，讥其陆军为“婴儿军”，又说日本海军“对军舰的操作和运用都很幼稚”。陆军大臣库罗帕特金扬言，如果与日本交战，“与其说是战争，不如说是一次军事性的散步”[2]。正是利用了俄国人的骄狂，日军采用突袭手段，杀向沙俄太平洋舰队盘踞的旅顺港，艰难攻取后又赢得奉天会战、对马海战的胜利……

日本人也没有忘记库页岛，派出由片冈七郎指挥的北遣舰队，于 1905 年 7 月 7 日在阿尼亚湾展开“桦太攻略”。整个军事行动可谓势如破竹：次日拿下南端的科尔萨科夫城，9 天结束“桦南战役”，然后以桦太派遣军主力在西岸的中部登陆，攻占北部首府亚历山大罗夫斯克，约用 20 天就掌控了全岛。7 月 30 日，驻扎库页岛的俄军司令利亚勃诺夫中将宣布放弃抵抗，无条件投降，库页岛到了日本人手中。片冈将军思虑周密，动用军舰，把岛上的所有俄国人——管他是长官、狱卒、移民还是苦役犯，一股脑儿地运到对岸的滨海省。

在美国朴茨茅斯的谈判中，库页岛成为日俄争夺的焦点之一，最后还是美国总统出面，确定了南北库页的分治方案。《朴茨茅斯条约》第九条：

> 俄国政府允将库页岛南部及其附近一切岛屿，并各该处之一切公共营造物及财产之主权，永远让与日本政府；其让与地域之北方境界，以北纬五十度为起点，至该处确界须按照本条约附约第二条所载为准。[3]

本属中国的库页岛，就这样被日俄两国切为两块。

因利益攸关，加上日俄战争主要是在中国领土上进行的，清廷曾希望参加朴茨茅斯和议，未能如愿。清外务部即命驻日、俄公使发表声明："(日俄)议和条款内倘有牵涉中国事件，凡此次未经与中国商定者，一概不能承认。"[4]话是说了，也被忽视。所以说，这是一个与清朝完全无关的方案，也是日俄双方不得不接受又心中不满的调和方案——他们冀求的都是攫取整个库页岛。

1918年，日本借俄国十月革命后发生内战之机，发表《西伯利亚出兵宣言》，派出两个师团开进海参崴等地，也派遣了相当数目的陆海军由南向北逐节占领库页岛全岛。数年后，日本见苏联走向稳定强大，不得不重申遵守《朴茨茅斯条约》，自北部撤军，而在南库页加大移民和建设。1942年，日本将桦太厅由"外地"划为"内地"(即日本本土)。孰料也是枉费心机。1945年8月，苏联红军向日据地区发动强大攻势，轮到日本军队投降和日本人哭喊着越海逃命了，岛上剩余的数十万日裔备历艰辛，后来皆被遣返。

所有这些争战及谈判，也与中华民国政府了无牵涉，只是偶尔有报纸刊登一些消息而已。走笔至此，脑际盘袅着岛上那位萨满的愤怒形象，以及对亲爱的老契之感激。这么多年过去了，从清朝、民国直到今天，没看见一个国人像他那样深入地去感知库页岛，没有一个国人如此深情地描绘我们曾经的同胞费雅喀人、鄂伦春人和爱奴人，记录他们的生活、习俗与文化，武人没有，文人也没有。

由是我有了对库页岛深沉浓重的牵念，想去那里走走看看，却又觉得很难找到一个适合凭吊与怀古的地点。如果说日本人还在岛上留下一些和式建筑与铁路、工厂，而不管是明朝还是清朝，似乎都没有进行任何成规模的兴作营建，又哪里可堪登临呢？差不多两百年了，库页岛由起初的沙俄苦役地变为俄罗斯萨哈林州，所有的城市、村镇、码头、港口都是俄国风格的，费雅喀人也成为俄少数民族基里亚克，曾经的中国第一大岛早已归属他人。闻一多作《七子之歌》，其中已不见库页的名字，它离开母体的确太久了，回不来了，就连诗人都停止了呼唤。

本书副题原作“对一块故土的历史和文化追寻”，为避免敏感而做了改动。故土，指家乡和祖国，也可指原有的、已失的国土。疆界已定，恢复失地已成梦幻，可我们仍有权利（或说有责任）进行深刻省思，化为追寻与写作，尽可能真实地去梳理这段历史——库页岛的沦亡史。

红尘万丈，往事如烟，没有谁能割断我心底的这份沉迷与牵念。

注释

〔1〕《萨哈林旅行记》第七章，第68页。

〔2〕《日俄战争：起源与开战》第一章《日俄战争为什么发生》，第8页。

〔3〕 步平等编著《东北国际约章汇释》，第279页；又第281—282页，附约第二条对实施分界进一步做出细化，曰：“此条应附正约第九条。两订约国一俟本约施行后，须从速各派数目相等之划界委员，将库页岛之俄日两国所属确界划清，以垂久远。划界委员应就地形，以北纬五十度为境界线，倘遇有不能直划必须偏出纬度以外时，则偏出纬度若干，当另在他处偏入纬度内若干以补偿之。至让界附近之岛屿，该委员等应备表及详细书，并将所划让地界线绘图签名，呈由两订约国政府批准。”黑龙江人民出版社，1987年。

〔4〕 杨家骆主编《清光绪朝文献汇编·清光绪朝中日交涉史料》，台湾鼎文书局，1979年，第1324页。

附　录

一、主要参考文献

《左传》(春秋经传集解)，上海古籍出版社，1997年。

《国语》，上海古籍出版社，1998年。

袁珂《山海经校译》，上海古籍出版社，1985年。

张双棣《淮南子校释》，北京大学出版社，1997年。

《史记》点校本“二十四史”修订本，中华书局，2013年。

《汉书》，中华书局，1962年。

《后汉书》，中华书局，1965年。

《魏书》，中华书局，1974年。

《旧唐书》，中华书局，1975年。

《新唐书》，中华书局，1975年。

《唐会要》，中华书局，1960年。

《宋史》，中华书局，1985年。

[宋]徐梦莘《三朝北盟会编》，中华书局，1991年。

[宋]王偁《东都事略》，巴蜀书社影印光绪淮南书局刊本，1993年。

[宋]洪皓《松漠纪闻》，车吉心总主编《中华野史》第六卷，泰山出版社，2000年。

[宋]叶隆礼《契丹国志》，上海古籍出版社，1985年。

[宋]陈均《皇朝编年纲要备要》，中华书局，2006年。

《大宋宣和遗事》，岳麓书社，1993年。

《辽史》，中华书局，1974年。

《金史》，中华书局，1975年。

[金]赵秉文著，马振君整理《赵秉文集》，黑龙江大学出版社，2014年。
《元史》，中华书局，1976年。
[元]苏天爵编《元文类》，上海古籍出版社，1993年。
[元]孛兰盼等著，赵万里校辑：《元一统志》，中华书局，1966年。
《明史》，中华书局，1974年。
《明实录》，中华书局，2016年。
《大明会典》，广陵书社，2007年。
[明]李贤等撰《大明一统志》，三秦出版社，1990年。
[明]陈循等编《寰宇通志》，见郑振铎编《玄览堂丛书续集》。
[明]毕恭《辽东志》，收入《中国边疆史志集成》，全国图书馆文献缩微复制中心，2003年。
《清圣祖御制诗文》，海南出版社，2000年。
《乾隆御制诗》，收入文渊阁《四库全书》。
《清实录》，中华书局，1985—1986年。
《清史稿》，中华书局，1977年。
《清史稿校注》，台湾商务印书馆，1999年。
《筹办夷务始末》(咸丰朝)，中华书局，1979年。
中国第一历史档案馆编《咸丰同治两朝上谕档》，广西师范大学出版社，1998年。
嘉庆《大清一统志》，上海古籍出版社，2008年。
《清会典事例》，中华书局，1991年。
《清会典图》，中华书局，1991年。
《皇清职贡图》，辽沈书社，1991年。
《满洲源流考》，辽宁民族出版社，1988年。
《清通鉴》，山西人民出版社，1999年。
《清史编年》，中国人民大学出版社，2000年。
《三姓副都统衙门满文档案译编》，辽沈书社，1984年。
[清]昭梿《啸亭杂录》，中华书局，1980年。
[清]魏源《圣武记》，中华书局，1984年。
[清]何秋涛《朔方备乘》，光绪七年(1881)刻本。
[清]吴大澂《皇华纪程》，殷礼在斯堂本。

丛佩远、赵名岐编《曹廷杰集》，中华书局，1985 年。
石荣暲《库页岛志略》，民国十八年（1929）蓉城仙馆丛书本。
北京师范大学清史研究小组编《一六八九年的中俄尼布楚条约》，人民出版社，1977 年。
杨家骆主编《清光绪朝文献汇编》，台湾鼎文书局，1979 年。
杨旸等著《明代奴儿干都司及其卫所研究》，中州书画社，1982 年。
李健才《东北史地考略》，吉林文史出版社，1986 年。
步平等编著《东北国际约章汇释》，黑龙江人民出版社，1987 年。
王慎荣、赵鸣岐《东夏史》，天津古籍出版社，1990 年。
刘远图《早期中俄东段边界研究》，中国社会科学出版社，1993 年。
刘民声等编《十七世纪沙俄侵略黑龙江流域史资料》，黑龙江教育出版社，1998 年。
胡凡、盖莉萍著《俄罗斯学界的靺鞨女真研究》，黑龙江人民出版社，2015 年。
谭东广主编《东夏国史料汇编》，吉林人民出版社，2018 年。
战继发主编《国外黑龙江史料提要》，社会科学文献出版社，2018 年。
艾书琴、曲伟主编《黑龙江通史》，社会科学文献出版社，2019 年。

［苏］科尼亚杰夫编《萨哈林州》，南萨哈林州出版社，1960 年。
［俄］巴尔苏科夫编著，黑龙江大学外语系、黑龙江省哲学社会科学研究所译《穆拉维约夫－阿穆尔斯基伯爵》，商务印书馆，1973—1974 年。
［俄］瓦西里耶夫著，徐滨等译《外贝加尔的哥萨克（史纲）》，商务印书馆，1977 年。
［俄］涅维尔斯科伊著，郝建恒、高文风译《俄国海军军官在俄国远东的功勋》，商务印书馆，1978 年。
［俄］冈索维奇著，黑龙江省哲学社会科学研究所第三研究室译《阿穆尔边区史》，商务印书馆，1978 年。
［俄］契诃夫著，刁绍华、姜长斌译《萨哈林旅行记》，黑龙江人民出版社，1980 年。
［苏］扎多尔诺夫著，武仁译《涅维尔斯科伊船长》，黑龙江人民出版社，1980 年。
俄国古文献研究委员会编集，郝建恒、侯育成等译《历史文献补编》，商务

印书馆，1989 年。

[俄] 契诃夫著，汝龙译《契诃夫文集》，上海译文出版社，1999 年。

[俄] 布谢《远征萨哈林岛日记》，发表于《欧洲通讯》1871 年第 10—12 期，1872 年第 10 期；萨哈林图书出版社，2007 年。

[俄] 米亚斯尼科夫主编，徐昌翰等译《19 世纪俄中关系：资料与文献》，广东人民出版社，2012 年。

[俄] 契诃夫著，刁绍华、姜长斌译《萨哈林旅行记——探访被上帝遗忘的角落》，湖南人民出版社，2013 年。

[日] 林子平《三国通览图说》，东京，1785 年。

[日] 鸟居龙藏著，汤尔和译《东北亚洲搜访记》，商务印书馆，1926 年。

[日] 鸟居龙藏《黑龙江与北桦太》，生活文化研究会，1943 年。

[日] 洞富雄《桦太史研究》，新树社，1956 年。

[日] 间宫林藏著，黑龙江日报（朝鲜文报）编辑部，黑龙江省哲学社会科学研究所译《东鞑纪行》，商务印书馆，1974 年。

[日] 新井白石《虾夷志》，平凡社，2015 年。

[日] 和田春树著，易爱华、张剑译《日俄战争：起源和开战》，生活 · 读书 · 新知三联书店，2018 年。

[英] 拉文斯坦著，陈霞飞译《俄国人在黑龙江》，商务印书馆，1974 年。

[英] 丹尼尔 · 比尔著，孔俐颖、后浪译《死屋——沙皇统治时期的西伯利亚流放制度》，四川文艺出版社，2019 年。

[法] 张诚著，陈霞飞译《张诚日记（1689 年 6 月 13 日—1690 后 5 月 7 日）》，商务印书馆，1973 年。

[法] 凡尔纳著，杜洪军、梁小楠、董玲译《19 世纪的大旅行家》，海南出版社，2016 年。

[美] 塞比斯著，王立人译《耶稣会士徐日升关于中俄尼布楚谈判的日记》，商务印书馆，1973 年。

[美] 查尔斯 · 佛维尔编，斯斌译《西伯利亚之行》，上海人民出版社，1974 年。

[美] 斯蒂芬《萨哈林史》，1971 年牛津版，有安川一夫日译本，1974 年。

[朝] 郑麟趾著，孙晓主编《高丽史》（标点校勘本），西南师范大学出版社，2014 年。

学术论文

关嘉禄等《清代库页费雅喀的户籍与赏乌林制的研究》,《社会科学辑刊》1981 年第 1 期。

薛虹《库页岛在历史上的归属问题》,《历史研究》1981 年第 5 期。

景爱《辽代的鹰路和五国部》,《延边大学学报》1983 年第 1 期。

杨旸《北海道历史考察纪行——解读日本存藏的清代经营黑龙江下游地区极其重要库页岛名寄文书档案》,《黑河学刊》1999 年第 2 期。

王禹浪、王宏北《蒲鲜万奴与东夏国》,《哈尔滨师专学报》1999 年第 3 期。

朱志美《清代之贡貂赏乌林制度》,中央民族大学硕士论文(2007)。

尚永琪《欧亚文明中的鹰隼文化与古代王权象征》,《历史研究》2017 年第 2 期。

万明《明代永宁寺碑新探——基于整体丝绸之路的思考》,《史学集刊》2019 年第 1 期。

二、库页岛历史纪年

说 明：

1，由于史料缺略，有关库页岛的早期记述难以确切系年，仅注明所见文献；

2，库页岛古属肃慎之地，凡肃慎首领与中原王朝之交往，应包括岛上部族在内，酌加择选，录以备考；

3，1860 年清廷与沙俄签订《北京条约》后，库页岛之争主要在俄日两国间进行，交涉谈判、摩擦冲突乃至于大规模战争不断发生，兹从简。

《大戴礼记·少闲》称在虞舜、禹、成汤、文王时期，“民明教，通于四海，海外肃慎，北发渠搜，氐羌来服”。海外，研究者多称为“海滨”或“四海之外”，不确，应是考虑到肃慎之地跨越海峡的特征。

公元前 1046 年，武王克商之当年，传说周武王将长女太姬嫁给舜帝之裔妫满，封之于陈（今河南柘城），并赐予肃慎所贡楛矢石砮。《国语·鲁语下》：“仲尼在陈，有隼集于陈侯之庭而死，楛矢贯之，石砮其长尺有咫。陈惠公使人以隼如仲尼之馆问之。仲尼曰：‘隼之来也远矣！此肃慎氏之矢也。昔武王克商，通道于九夷、百蛮，使各以其方贿来贡，使无忘职业。于是肃慎氏贡楛矢、石砮，其长尺有咫。先王欲昭其令德之致远也，以示后人，使永监焉，故铭其楛曰肃慎氏之贡矢，以分大姬，配虞胡公而封诸陈。古者，分同姓以珍宝，展亲也；分异姓以远方之职贡，使无忘服也。故分陈于肃慎氏之贡。君若使有司求诸故府，其可得也。’使求，得之金椟，如之。”

周成王朝，命大臣荣伯作《贿息慎之命》，以记肃慎首领的万里来归。

周景王十二年（前533），大夫詹桓伯代表周室宣称：“肃慎、燕、亳，吾北土也。”（《左传·昭公三》）

《山海经·海外东经》：“有毛人在大海洲上。”未记岛名，而将之称为“大海洲”，摹写出库页岛的长条形状；岛上主要部族费雅喀人毛发浓密，故称为“毛人”。

汉武帝元光元年（前134），五月，发布《举贤良诏》曰：“朕闻昔在唐虞，画象而民不犯，日月所烛，莫不率俾。周之成康，刑错不用，德及鸟兽，教通四海。海外肃慎，北发渠搜，氐羌徕服。”

汉光武帝刘秀在位期间（25—27），东北肃慎之地各部重来朝贡，库页岛被称作海中女国。《后汉书·东夷列传》：“建武之初，复来朝贡。时辽东太守祭彤威詟北方，声行海表，于是濊、貊、倭、韩万里朝献”，复记北沃沮“海中有女国，无男人”，虽多传闻之词，而考之其方位习俗，为库页岛无疑。

唐太宗贞观二年（628），黑水靺鞨首领前来朝贺，“臣服，所献有常，以其地为燕州”（《新唐书·北狄传》）。

唐玄宗开元年间（712—741），设置黑水都督府，组建黑水军，将这一地域正式纳入中华版图。《新唐书·北狄传》：“以部长等人为都督、刺史，朝廷为置长史监之，赐府都督姓李氏，名曰献诚，以云麾将军领黑水经略使，隶幽州都督。”

开元三年（715），肃慎首领进贡两只海东青。苏颋《双白鹰赞》曰：“开元乙卯岁，东夷君长自肃慎扶余而贡白鹰一双。其一重三斤有四两，其一重三斤有二两，皆皓如练色，斑若彩章，积雪全映，飞花碎点。”

《旧唐书·东夷传》“日本”条尾处，较为准确地记载了库页岛的方位与岛民之形象特征，曰：“东界、北界有大山为限，山外即毛人之国。”

《新唐书·北狄传》：“黑水西北又有思慕部，益北行十日得郡利部，东北行十日得窟说部，亦号屈设。”窟说、屈设，为当日库页岛之名。

北宋崇宁年间（1102—1106），宋朝君臣注意到辽国对海东青的痴迷习好，并认为海东青来自库页岛。《三朝北盟会编》卷三：“天祚嗣位，立未久，当中国崇宁之间……有俊鹘号海东青者，能击天鹅，人既以俊鹘而得天鹅，则于其嗉得珠焉。海东青出五国，五国之东接大海，自海东而来者，谓之海东青。小而俊健，爪白者尤以为异。必求之女真，每岁遣外鹰坊子弟，趣女真发甲马千余人入五国界，即海东青巢穴取之，与五国战斗而后得，女真不胜其扰。”又《东都事略》记述辽末代皇帝耶律延禧荒于畋猎，喜爱海东青与玉爪骏，“命女真国人过海，诣深山穷谷，搜取以献”，所指就是库页岛，亦即诸书所说的海东。

北宋政和至宣和年间（1115—1123），女真首领阿骨打利用辽末帝追索海东青，以及银牌使者在鹰路上的胡作非为，起兵反辽，建立金朝。宋洪皓《松漠纪闻》载：“大辽盛时，银牌天使至女真，每夕必欲荐枕者。其国旧轮中下户作止宿处，以未出适女待之。后求海东青使者络绎，恃大国使命，惟择美好妇人，不计其有夫及阀阅高者。女真浸忿，遂叛。”又《契丹国志·天祚皇帝纪上》：“女真东北与五国为邻，五国之东邻大海，出名鹰，自海东来者谓之‘海东青’……辽人酷爱之，岁岁求之女真，女真至五国，战斗而后得，女真不胜其扰。及天祚嗣位，责贡尤苛。又天使所至，百般需索于部落，稍不奉命，召其长加杖，甚者诛之。诸部怨叛，潜结阿骨打，至是举兵谋叛。”

金朝建国后，将黑龙江下江与库页岛划归上京胡里改路，称之为“海上女真”。《金史·地理志》：“金之壤地封疆，东极吉里迷、兀的改诸野人之境。”清昭梿《啸亭杂录》卷九：“吉林东北有和真艾雅喀部，其人滨海而居、剪鱼皮为衣裙，以捕鱼为业。去吉林二千余里，即金时所谓‘海上女真’也。”

1123—1125 年，兀的改地区部落对金朝统治发生激烈反抗，中心就在临近库页岛的下江地区，大将完颜晏奉旨率舟师敉平叛乱。《金史·完颜晏传》：“天会初，乌底改叛。太宗幸北京，以晏有筹策，召问称旨，乃命督扈从诸军往讨之。至混同江，谕将士曰：‘今叛众依山谷，地势险阻，林木深密，吾骑卒不得成列，未可以岁月破也。’乃具舟楫舣江，令诸军据高山，连木为栅，多张旗帜，示以持久计，声言俟大军毕集而发。乃潜以舟师浮江而下，直捣其营，遂大破之，据险之众不战而溃。月余，一境皆定。”

南宋嘉定八年（金贞祐三年，1215），蒲鲜万奴自立为天王，国号大真，后称东真、东夏，库页岛在其版图中。东真建国后大肆营建，由曷懒路渐次向北，在速频路、胡里改路和库页岛上均建造城池。据朝鲜人所修《高丽史》，库页岛被称为“东真骨嵬国”，而蒙古大将也将万奴皇帝列于成吉思汗之后，备极尊敬。

1224 年，蒲鲜万奴闻知成吉思汗西征受挫，宣布与蒙古绝交，并知会朝鲜。

元太宗五年（1233），二月，忽必烈下诏讨伐蒲鲜万奴，命皇子贵由率左翼军出征，当年九月生擒蒲鲜万奴，进占开元、恤品等地。战后蒙古大军很快撤走，仅留百余骑，东真国并未就此覆灭，又持续存在逾半个世纪。王国维《黑鞑事略笺证》:“《高丽史》多记东真即大真与高丽交涉事,自太宗癸巳以后,至世祖至元之末,凡二十见。意万奴既擒之后,蒙古仍用之,以镇抚其地,其子孙承袭如藩国然,故尚有东真之称。”

南宋宝祐六年(1258),东真水师侵入高丽。《高丽史》卷二十四:“东真国以舟师来围高城县之松岛,焚烧战舰。”

元至元元年(1264),十一月,元廷下旨讨伐库页岛上骨嵬、亦里于二部。《元史·世祖纪二》:“辛巳,征骨嵬。先是,吉里迷内附,言其国东有骨嵬、亦里于两部,岁来侵疆,故往征之。”骨嵬,元代文献中又记作“嵬骨”,一般认为是居于库页岛的东海女真之一部,也有研究者论为该岛南部的爱奴人,此处则代指库页岛。

1265年,有旨征讨袭扰下江的库页岛部族。《元史·世祖纪三》:“三月癸酉,骨嵬国人袭杀吉里迷部兵,敕以官粟及弓甲给之。”

至元十年(1273),九月,时任征东招讨使塔匣剌奏报渡海征剿事宜。《元文类》卷四一:“至元十年,征东招讨使塔匣剌呈,前以海势风浪难渡,征伐不到觧因、吉烈迷、嵬骨等地。去年征行至弩儿哥地,问得兀的哥人厌薛,称:‘欲征嵬骨,必聚兵候冬月赛哥小海渡口结冻,冰上方可前去。’”

至元二十一年(1284),八月,忽必烈设立征东招讨司,还征调了杰出将领阿里海牙等三路大军。

至元二十二年(1285),元廷以杨兀鲁带为征骨嵬招讨使,展开对库页岛的登陆作战,并在该岛驻军戍守。《元史·世祖纪十》:“授杨兀鲁带三珠虎符,为征东宣慰使都元帅”“以万人征骨嵬”。

至元二十四年(1287),镇抚东真国之地的万户帖木儿率驻守库页岛的汉军撤回大陆。《高丽史》忠烈王十三年九月:“东真骨嵬国万户帖木儿，领蛮军一千人，罢戍还元。”蛮军，指由俘虏的汉人整编的军队，如“手记军”。

至大元年（1308），骨嵬首领归顺元朝，上交了部族武装的刀箭铠甲，承诺每年向朝廷贡纳貂皮。库页岛上的部族归顺朝廷，征骨嵬之事后不再出现。

明永乐元年（1403），行人司邢枢与知县张斌受命前往奴儿干地区，招抚当地部族。

永乐二年（1404），下江部族首领把剌答哈、阿剌孙等跟随邢枢至京输诚，明成祖朱棣命设立奴儿干卫，赐予来京各首领官职。影响所及，东北各地包括库页岛上的兀列河卫、囊哈儿卫在数年间先后建立。

永乐七年（1409），明成祖决定在下江和库页岛各卫所的基础上设立一个军政一体的省级机构——奴儿干都司，以相统摄。

永乐九年（1411），春，明廷任命康旺为奴儿干都司都指挥同知，王肇舟、佟答剌哈为都指挥佥事，钦派宫中首领太监亦失哈率领大型船队（“巨船二十五艘”），前往奴儿干之地，宣布成立都司衙门的诏谕，送康旺等人上任。

永乐十年（1412），八月，库页岛囊哈儿等地首领进京朝贡。《明太宗实录》卷八四：八月丙寅，“奴儿干乞列迷伏里其、兀剌、囊加儿、古鲁、失都哈、兀失溪等处女直野人头目准土奴、塔失等百七十八人来朝，贡方物。置只儿蛮、兀剌、顺民、囊哈儿、古鲁、满泾……十一卫，命准土奴等为指挥、千百户，赐诰印、冠带、袭衣及钞币有差”。当年冬，明成祖命亦失哈率舰队再至奴儿干，送回这些部族首领，招抚下江和库页岛的部族。亦失哈此次驻扎较久，代表明廷遍加赏赐，应也曾登上库页岛巡察。《敕修奴儿干永宁寺记》：

“十年冬，天子复命内官亦失哈等载至其国。自海西抵奴儿干及海外苦夷诸民，赐男妇以衣服器用，给以谷米，宴以酒馔，皆踊跃欢忻，无一人梗化不率者。”

永乐十一年（1413），九月，永宁寺竣工，立碑纪念。

永乐十二年（1414），闰九月十二日，明廷从辽东都司增调三百名官兵前往奴儿干驻守。《明太宗实录》卷一五六：“壬子，命辽东都司以兵三百往奴儿干都司护印。先尝与兵二百，至是都指挥同知康旺请益，故有是命，且敕旺逾二年遣还。”

永乐二十二年（1424），亦失哈第五次奉旨巡视奴儿干。当年八月朱棣于北征途中崩逝，皇太子朱高炽登基后降诏停止郑和下西洋，而对亦失哈的东巡未加限制。《重建永宁寺记》：“永乐中，上命内官亦失哈等，锐驾大航，五至其国，抚谕慰安，设奴儿干都司，其官僚抚恤，斯民归化，遂捕海东青方物朝贡。”

洪熙元年（1425），奴儿干地区部族首领不遵法令，亦失哈受命率队前往镇抚。宣宗朱瞻基继位后，下旨奖励亦失哈等人。《荣禄大夫中军都督府同知武公墓志铭》：“洪熙乙己，奴儿干梗化，命亦失哈招抚。”《明宣宗实录》卷十一：“敕辽东都司，赐随内官亦失哈等往奴儿干官军一千五百人钞有差。”

宣德元年（1426），再遣亦失哈率军前往奴儿干之地。《昭勇将军崔公墓志铭》：“宣德元年，同太监亦信下奴儿干等处招谕，进指挥佥事。”

宣德三年（1428），亦失哈再次受命率军巡察奴儿干。《武忠墓志铭》：“戊申，再随亦失哈往奴儿干，中道奉敕谕山后有功，赏彩币。”

宣德六年至八年（1431—1433），奴儿干都司都指挥使康旺以老疾辞职，其子康福被任命为奴儿干都指挥，仍由亦失哈带领前往宣谕就职。《武忠墓志铭》："辛亥，复随亦失哈往奴儿干，癸丑归献海青三百余，赏金织袭衣及彩币。"到后发现永宁寺被毁，重建该寺并立碑纪事。《重建永宁寺碑记》："七年，上命太监亦失哈同都指挥康政，率官军二千、巨船五十再至。民皆如故，独永宁寺破毁，基址存焉……"这次停驻时间较久，根据捕捉到大量海东青的情况，极有可能派员或亲自登上库页岛。

明代宗景泰年间（1450—1456），于库页岛建波罗河卫。谭其骧主编《中国历史地图集·明代卷》，将该卫标在库页岛中部偏南的波罗河流域，括注"1449年后置"。

《明史·兵志二》详记奴儿干都司所领之384卫、24所名称，库页岛上的卫所列名其中。

明万历四十五年，（清太祖天命二年，1617），后金派兵登上库页岛招抚部民。《库页岛志略》："清太祖遣兵四百收濒海散各部，其岛居负险者刳小舟二百往取，库页内附，岁贡貂皮，设姓长、乡长子弟以统之。"

明天启四年（1624），日本人自虾夷地潜入南库页。《东鞑纪行·解说》："松前氏曾派藩臣前往库页岛，尝试着住过一冬，从此以后，屡屡派藩臣前去巡视。"

清顺治二年（1645），冬，受沙俄雅库茨克督军派遣的波雅尔科夫匪帮自外兴安岭侵入中国，一路杀戮劫掠，辗转来至黑龙江口，在江口一带结寨盘踞，"抓到了三个基里亚克人扣作人质，征收到十二捆貂皮和六件皮衣的实物税"（《历史文献补编——十七世纪中俄关系文件选译》第2件）。次年春，波雅尔科夫与残余的部下经由库页岛北端，走海路返回雅库茨克。

顺治十六年（1659），清廷将宁古塔总管衙门升格为将军衙门，命巴海为第一任宁古塔将军。巴海每年都率兵巡边，水陆兼行，直抵外兴安岭与黑龙江口。没有看到巴海登上库页岛的记载，而岛上部族在宁古塔将军衙门的辖域之内。

康熙二十一年（1682），三月，康熙帝以敉平三藩之乱东巡祭陵，特别远行至吉林，在松花江检阅水军，显示出收复黑龙江左岸被占领土的决心。

康熙二十四年（1685），五月，清军克复被哥萨克占领的位于黑龙江上游左岸的雅克萨。

康熙二十五年（1686），因俄军重返雅克萨，黑龙江将军萨布素受命统领乌喇宁古塔官兵，再次征讨雅克萨，扑剿不利，遂加长围。

康熙二十八年（1689），九月，清廷与沙俄签署《尼布楚条约》，规定两国东北部以外兴安岭为界，库页岛虽未经言明，但由于远在国界之南，亦在未定之乌第河地区之南，明确属于清朝。

康熙二十九年（1690），副都统耿格依受命至库页岛招抚，由正黄旗领催伊布格讷担任通事。《三姓副都统衙门满文档案译编》二："康熙二十九年钦差副都统耿格依复催费雅喀人等贡貂之际，以伊布格讷我通晓费雅喀语，自闲散指名拔擢随往，充通事一次……渡海赴岛计三十八次。"这次招抚很成功，下江与库页岛部族首领随同赴京进贡，大获赏赐。《清圣祖实录》卷一四九："归顺奇勒尔、飞牙喀、库耶、鄂伦春四处头目进贡，赏赉如例。"库耶，即库页。

康熙四十八年（1709），三月，受清廷委派，传教士雷孝思、杜德美、费隐开始测绘吉林地域。因库页岛荒远难行，时间也不充分，大概只有一个中国人小分队到了岛上，仅对北部和中部做了勘测，没能通勘全岛。

康熙五十三年（1714），正月，清廷批准设立三姓协领衙门，兴建三姓城，并配套设置驿站。《清圣祖实录》卷一五八：“宁古塔将军觉罗孟俄洛疏请将三姓、及浑春之库雅拉人等编为六佐领，添设协领二员，佐领、防御、骁骑校各六员管辖。从之。”下江与库页岛归其管辖

康熙五十八年（1719），《康熙皇舆全览图》铜板印成，以纬差8度为1排，共分8排，41幅。库页岛位于全图之始，列在第一排第一号和第二号，明确作为一个独立岛屿，北粗南细，呈蝌蚪状，以满文标示主要的山川屯落，也能证明进行过实地勘察，只是比较匆促粗疏，绘于黑龙江口对面。

雍正七年（1729），《雍正皇舆图》印成，大体沿承康熙之旧，关外地方加注汉文地名，并由十三排改为十排，故又名《雍正十排图》。库页岛在四排东三、东四，岛上山川和噶珊（乡镇）被以汉字标出。

雍正十年（1732），春，三姓副都统所属骁骑校伊布格讷提出请求，愿去库页岛收服尚未归顺的特门、奇图山等村屯，得到朝廷批准。《大学士鄂尔泰等议奏派员招抚居于海岛之满洲折》：“我从前渡海效力二十八次，原居住海岛未降服之特门、奇图山等十四屯，俱曾到达。我愿前往招降此等人等。”同年七月，伊布格讷自三姓城行至库页岛特门等地，成功招抚绰敏等六姓十八村氏族，纳入贡貂赏乌林名册。据《大学士鄂尔泰等议奏派员招抚居于海岛之满洲折》所引伊布格讷报告，他在抵达后“召集绰敏姓、陶姓、苏隆古鲁姓、雅丹姓之库页人，并耨德姓、杜瓦哈姓之费雅喀等，将皇帝养育万民施恩之处一一传谕。四姓库页人达哈塔塔等人及二姓费雅喀瓦哈布努等皆欢喜，告称：愿依附圣主，每年进贡貂皮。其六姓十八村一百四十六户四百五十丁，每年进贡貂皮一百四十六张……”。

雍正十一年（1733），五月，雍正帝批准新附的库页岛六姓每年

贡貂赏乌林，命设姓长管理。《清世宗实录》卷一三一："办理军机大臣等议覆：宁古塔将军杜赉奏称'海岛特门、奇图山等处绰敏等六姓，仰慕皇仁，倾心归化，每年纳贡貂皮，请施恩赏，以示奖劝'，应如所请，照例赏给。嗣后六姓之人，交该将军处每姓各立头目一人，以为约束。每年所贡貂皮，分别解送。从之。"

同年，法国地理学家丹维尔将《康熙皇舆全览图》译为法文，传播欧洲，却不知是何原因将库页岛与东北大陆连在一起，成为半岛。

乾隆七年（1742），夏，在奇集行署颁赏乌林期间发生斗殴杀人事件。下江魁玛噶珊的伊特谢努父子杀死库页岛达里喀噶珊的乡长阿喀图斯等三人，下江赫哲人戴柱也被杀死，另有两人受伤，影响十分恶劣。吉林将军闻知后督令查办。

乾隆八年（1743），五月，三姓副都统衙门派出防御吉布球等带领20名士兵前往库页岛，任务是到达里喀噶珊，意图带回姓长齐查伊、雅尔齐等作为证人，以便审理去年的奇集凶杀案。因负责审理此案的协领赫保突发疾病返程，齐查伊等不愿远赴三姓，乘夜逃回。《三姓副都统衙门满文档案译编》七，三姓副都统崇提为报前往接取杀人案内库页费雅喀姓长之协领赫保患病情形事咨吉林将军衙门。

乾隆十二年（1747），库页岛原住民家中所藏包裹锦段之黄纸，题写该年号，当是此年受赏之物。《东鞑纪行·附录》："林藏见此岛夷人所藏满洲官吏赏给之锦，裹以黄纸，上面写有乾隆十二年字样。"

乾隆十四年（1749），七月，前往下江颁发乌林之三姓衙门防御吐尔浩的船只在宛里和屯卡被查出有无照腰刀两把，可知清廷对库页岛的武器管控极严。

乾隆十五年（1750），秋，吉林将军卓鼐专就贡貂赏乌林一事密奏，建议对库页岛六姓贡貂户做出限制，得到朝廷批准。《三姓副都统衙门满文档案译编》附录，《大学士傅恒等奏请裁定赫哲库页费雅喀人贡貂及颁赏乌林办法折》："雍正十年招服居住于海岛上特门、赫图舍等处库页费雅喀人一百四十六户，令其贡貂。自雍正十二年至乾隆二年增加两户，共计一百四十八户。……赫哲费雅喀及库页费雅喀贡貂人数，如不予以定额办理，则必致继续增加。奴才等祈请将现今纳貂皮贡之赫哲费雅喀二千二百五十户及库页费雅喀一百四十八户永为定额，嗣后不准增加。"

乾隆二十五年（1760），清廷完成对哈密以西地区的实测，开始在《康熙皇舆全览图》的基础上增补西域部分，并对全图做出订正，至三十五年共绘制成铜版104方，称为《乾隆内府舆图》，一作《乾隆十三排图》。库页岛在四排东三、东四，七排东三，岛上地名基本没有增加，岛的形状也没有变化，以汉文标注。

乾隆四十年（1775），春，因赫哲、费雅喀人通常在冬春之际进京娶妻，其时天花流行，多有染病身亡者，乾隆帝专发上谕，命改为秋季赴京。三姓副都统衙门接奉此谕后，迅即札寄库页岛各姓长、乡长，谕知："钦奉上谕，尔等库页费雅喀人等有欲上京进贡娶妻者，宜提早行期，于七、八、九月凉爽期间抵京为要。"（《东鞑纪行·附录》）

乾隆四十四年（1779），三月，经吉林将军和隆武奏准，原由宁古塔副都统衙门办理的贡貂赏乌林事宜，改由三姓副都统衙门承办，户部拨发银两建造存贮乌林的楼库。

乾隆四十五年（1780），二月，三姓副都统普正因私放前往下江做生意的汉族商人、扣留查获的貂皮，被降级调用。涉及的商人被枷号杖责，没收货物。

乾隆五十二年（1787），五月，法国探险家拉彼鲁兹由宗谷海峡进入鞑靼海峡，在库页岛西岸北纬48度稍北处登岸，原住民告知“他们所在的土地是个岛屿，这个岛屿同大陆和北海道中间隔着海峡”（《萨哈林旅行记》第一章）。但随着向北航行，海水越来越浅，海流愈见平缓，拉彼鲁兹想起丹维尔地图标识的半岛，一番犹豫后掉头而回。

乾隆五十五年（1790），松前藩派遣松井干藩和新井隆助前往库页岛，在岛南端最靠近北海道的白主、亚庭湾的久春古丹（大泊）设置机构，并开拓渔场等。

乾隆五十七年（1792），松前藩派遣最上德内登上库页岛，在西岸那约洛雅丹姓长家中见到清朝满文文书一件。日据后称该地为名寄，此件与后来陆续发现的相关满汉档案与书信，统名之“名寄文书”，现藏北海道大学图书馆。

嘉庆元年（1796），英国探险家布罗顿来到鞑靼海峡，抵达河口湾勘测时进入浅滩，也得出库页岛为半岛的错误结论。

嘉庆四年（1799），江户幕府宣布库页岛南部为其直辖地；沙俄正式批准成立“俄美公司”，以经营其在北太平洋地区的领土。

嘉庆九年（1804），九月，俄美公司总裁列扎诺夫男爵作为沙俄赴日全权使臣，乘坐克鲁逊什特恩为船长的“希望”号抵达长崎，虽持有亚历山大一世致日本天皇的亲笔信，以及德川幕府颁发的入港信牌，仍备受冷遇和屈辱。

1805年（嘉庆十年），5月，列扎诺夫等人乘“希望”号离开长崎，由日本海一路向北。据彼得堡出版的最新航海图标示，在库页岛与北海道之间，还有一个桦太岛。此行，列扎诺夫获悉桦太与库页实际上是一个岛，并至南库页的阿尼瓦湾停驻测绘。7月初，列扎诺夫回到彼得罗巴甫洛夫斯克，从那里赶往北美殖民地。行前向驻守该地的俄国海军下达命令，要求清除日本人在千岛群岛和库页岛南部的机构与设施。8 月，沙俄探险家克鲁逊什特恩于库页岛北端登岛，“见到过一个有二十七所住房的屯落”“基里亚克人穿着华丽的绸缎衣服，上面绣有许多花”（《萨哈林旅行记》第十一章）。他试图由北部进入黑龙江河口湾，由于脑子中对库页岛是个半岛的印象太深，遇到沙梁后折返。

同月，俄海军军官赫沃斯托夫率部袭击库页岛南端的日本机构和设施，焚烧仓库，并宣布库页岛为沙皇俄国所有。

1807 年（嘉庆十二年），日本江户幕府发布“俄船驱逐令”，并派遣最上德内、松田传十郎、间宫林藏到库页岛勘察。松田沿西海岸前行，越过北宗谷，一直走到拉喀，约为整个西岸的四分之三，见前路艰难，便自作主张，制作“大日本国国境”的木制标柱，将拉喀擅定为日本国界。

1808 年（嘉庆十三年），间宫林藏再次沿西海岸对库页岛进行勘察，一直走到北端，确切探明库页岛与大陆隔着一条海峡。这是中国人早就知道的地理常识，而对日本则是一个惊人的发现，遂命名为间宫海峡。返程中，间宫在拉喀地方居留数月，赢得乡长考尼等人的信任，打探清朝对库页岛的管理模式，并随考尼越过海峡去大陆的德楞行署进贡，再由黑龙江口返岛。间宫手绘了多幅行署木城贡貂赏乌林的场景与人物图，并著有《东鞑纪行》等书。

1849 年（道光二十九年），6 月，沙俄海军“贝加尔”号舰长涅维尔斯科伊在完成往堪察加的运输任务后，率舰经千岛群岛进入鄂霍茨克海，抵达库页岛东岸，再绕过东北的细长岬角，贴岸勘测，驶入黑龙江河口湾。面对险滩暗礁，他命属下驾舢板带上兽皮艇前行探测，终于寻找到深水航道，进而发现水流汹涌的黑龙江口，并确知库页岛未与大陆相连，船只可直通日本海。

1850 年（道光三十年），6 月，已被任命为东西伯利亚总督专差官的涅维尔斯科伊上校率 25 名考察队员重回黑龙江口，在左侧的幸福湾建立彼得冬营。7 月，涅维尔斯科伊乘舢板溯江至特林，登上永宁寺遗址，绘制了崖上的塔幢石碑。8 月，涅维尔斯科伊在接近黑龙江口的庙街建立尼古拉耶夫斯克哨所，并宣布“直到朝鲜边界的阿穆尔沿岸地区和萨哈林属于俄国”。年末，沙俄特别委员会决定：“尼古拉耶夫斯克哨所应予撤销，遵奉皇上 1849 年的御旨，饬令俄美公司从彼得冬营继续与居住在鄂霍次克海西南岸的吉里亚克人和其他民族进行贸易，绝不允许涉及阿穆尔河、阿穆尔河流域、萨哈林和鞑靼海峡两岸。”（《俄国海军军官在俄国远东的功勋》第十一章）

1851 年（咸丰元年），2 月，穆拉维约夫向尼古拉一世奏报了尼古拉耶夫斯克哨所之事，沙皇声称“俄国旗不论在哪里一经升起，就不应当再降下来”，命皇储主持特别委员会再次开会，最后决定将哨所改称零售店，组建阿穆尔考察队，增大投入力度。

1852 年（咸丰二年），5 月，普提雅廷作为沙俄公使赴日谈判，其中包括库页岛归属问题。此事持续数年，中间因俄国与英法联合舰队交战而中断。

1853 年（咸丰三年），5 月，尼古拉一世命令以俄美公司的名义占领库页岛，在东西两岸各设一两个哨所，但不许惊扰岛上日本人。9 月，涅维尔斯科伊和布谢率军舰在最南端的阿尼瓦湾登陆，建立穆拉维约夫哨所，升起俄国海军旗，宣布库页岛自古以来就属于俄国所有。

1854 年（咸丰四年），东西伯利亚总督穆拉维约夫以到江口与英军打仗之名，率大型船队闯入黑龙江，不听清军阻拦，在河口湾和鞑鞑海峡布防，并派兵增援堪察加。5月，因担心英法舰队的报复，又接到普提雅廷公使的指令，布谢率部撤离阿尼瓦湾的哨所。

1855年（咸丰五年），2月，日俄双方签订《下田条约》（《日露和亲条约》），建立邦交，规定：千岛群岛之择捉岛以南归日本所有，以北为俄国领有；库页岛维持杂居的原状。

咸丰八年（1858），五月，黑龙江将军奕山与俄东西伯利亚总督穆拉维约夫签订《瑷珲条约》，将乌苏里江以东滨海地区划为两国共管，未涉及库页岛的归属。

1859年（咸丰九年），6—10月，穆拉维约夫率阿穆尔舰队先往中国天津的大沽口，尔后作为赴日特使，至日本江户谈判库页岛问题。日方希望得到南库页，而俄国人则要拥有全岛。穆拉维约夫意欲再搞一次“炮舰外交”，提出“为双方安全计，全萨哈林岛必须由我国防守”（《穆拉维约夫-阿穆尔斯基伯爵》第二卷）。日方谈判大臣予以拒绝。穆氏在归途中即提议占领南库页的阿尼瓦湾，沙皇犹豫未决。

咸丰十年（1860），九月，恭亲王奕䜣与沙俄公使伊格纳提耶夫签订《中俄北京条约》，将乌苏里江以东地区割让与俄国。库页岛的归属未经涉及，而不言自明。

咸丰十一年（1861），春，因上年英法联军侵入京津造成的影响，颁赏乌林的布匹等物奇缺，三姓副都统衙门咨报“节次欠领”之窘，并说下江与库页岛族众远至三姓城贡貂的情形。

同治元年（1862），中俄东段边界勘定后，俄方不愿清朝官员在其占领地区有“索贡”“颁赏”之举，经过协商，由俄方发给执照，“浑言承办貂皮，固不可有索贡名目，并不必言明颁赏”（《三姓副都统衙门满文档案译编》九）。当年冬，日本江户幕府派出使团赴圣彼得堡谈判库页岛问题，提出以北纬50度线划分日俄边界，未获成功。

同治五年（1866），库页岛人仍坚持过海贡貂。据《三姓副都统衙门满文档案译编》所载该年“颁赏乌林数目清册”，记录“颁赏今年前来进贡貂皮之赫哲、库页费雅喀人等衣服二千三百三十三套，皆已照数颁赏，应收之貂皮亦皆收讫”“本年未来进贡貂皮之四十五人，剩余衣服四十五套”。

1867年（同治六年），3月30日，日本江户幕府所派谈判代表与俄方签订《日俄桦太岛假规则》，日方得到千岛群岛中的得抚岛等四岛，而在库页岛则延续原来的杂居状态。契诃夫认为：“这说明双方都不认为这个岛屿是自己的。”（《萨哈林旅行记》第十四章）

同治七年（1868），俄军在伯利等地设卡拦阻，不许清朝官员去下江举办贡貂赏乌林活动。

同治八年（1869），吉林将军衙门通知三姓副都统胜安，由于库房无存，原定颁赏赫哲与库页岛贡貂户的蟒缎、彭缎只能以他物部分替代，所缺部分折银发给，自行采买。是年，俄军重新在南库页的阿尼瓦湾设立哨所，称为科尔萨科夫，与当地日本人不断发生冲突。

同治十二年（1873），三姓城的“贡貂清册”中仍有库页岛6姓148户名单，皆注明“收来”。

1875年（光绪元年），5月7日，日本与沙俄签订《圣彼得堡条约》（《千岛桦太交换条约》），承认沙俄拥有库页岛全部领土，换取俄属千岛群岛的北部岛屿。

光绪十一年（1885），春夏间，曹廷杰潜入俄境伯利、海兰泡、尼古拉耶夫斯克、海参崴等地侦察，处处受到同胞的帮助，倾听他们的家国诉说，深感“贡貂诸部入俄多年，至今眷念中国，不改俄装”（《曹廷杰集·条陈十六事之八》）。其间注意收集有关库页岛的信息，写入所著《西伯利东偏纪要》。

光绪十二年（1886），曹廷杰在进京朝见时“面陈俄情”，建议停掉已然有名无实的贡貂赏乌林，真正为贡貂各部做些实事，比如将他们逐渐迁入界内安置（《曹廷杰集·条陈十六事之九》）。

1890年（光绪十六年），7月，俄国作家契诃夫经过长途跋涉抵达库页岛，以超过三个月的时间，对该岛南北各处村屯监狱做了深入调查，后来写成《萨哈林旅行记》一书。

光绪二十六年（1900），京师再遭浩劫，慈禧太后携光绪帝远走西安，吉林押运貂皮的员弁在京投送无门，陈旧僵硬的贡貂体制已走到尽头。

1905年，7月，在日俄战争中获胜的日本组建北遣舰队，迅速攻占阿尼瓦湾，不到一个月即占领库页岛全岛。沙俄当局和军队投降，连同岛上其他俄国人一起，被日军舰船运往俄滨海省安置。9月，日俄在美国调解下签订《朴茨茅斯和约》，日本得到库页岛北纬50度以南地区，设立桦太民政署。条约第九条：“俄国政府允将库页岛南部及其附近一切岛屿，并各该处之一切公共营造物及财产之主权，永远让与日本政府；其让与地域之北方境界，以北纬50度为起点……”

1918年，俄国爆发革命，推翻沙皇，西伯利亚也出现复杂混乱的局面。与美英诸国的干涉相一致，日本发表《西伯利亚出兵宣言》，派出两个师团开进海参崴等地，同时派遣陆海军由南向北，逐节占领库页岛全岛。

1919年7月，鉴于中国东北局势的需要，北洋政府决定组建吉黑江防舰队，调派江亨、利捷、利绥、靖安等舰赴同江一带设防。9月下旬，江亨等舰经鞑靼海峡和黑龙江口抵达庙街，上行在伯利受阻后回至庙街停泊越冬。

1920 年，1 月，苏联红军游击队趁冬季日本主力撤离攻入市区，庙街事件爆发。日军陆海军三百余人被全歼，当地白军、俄商和日裔也被杀戮，江亨舰因借炮和击毙夜袭之日军受到牵连。

1925 年，1 月 24 日，日本和苏联代表在北京签订《日苏基本条约》(也称《日苏北京条约》)，两国建交，日军撤离库页岛北中部，但获得在北部开采石油与煤炭 45 年的权限。

1943 年，4 月，日本将桦太厅由“外地”划为“内地”，即日本本土。

1945 年,8 月，苏军进攻南库页，当月即控制岛上所有日据地区。

1947 年，1 月，苏联宣布在整个库页岛建立萨哈林州，由联邦直接管辖。

跋

一直都喜爱契诃夫，也较早收藏了《萨哈林旅行记》。此书在他的作品中算是一个“异类”，而我真正去认真阅读，却缘于数年前的一次搬家。那是要为退休预留地步，先行疏散一部分藏书到远郊。整理捆扎图书是一个累活，亦时有小欢喜在焉，一些久被垫底置顶的闲书蓦然重现，拂拭拣读之际，昔日的片段记忆也跟随而至。如这本《萨哈林旅行记》，原系中国戏曲学院馆藏，当年或因书库逼仄，该馆打折处理一些非专业书籍，时在文学系教书的我闻讯赶往，领着几个学生肩扛手提，其中就有此书——薄薄一小册，黑龙江人民出版社1980年版，原价一元，两角拿去。

《萨哈林旅行记》的封面设计很有韵致，深蓝底色上印有一幅木刻：荒原上远远近近的松楸白桦，孤零零一辆马车从残雪中辗过，背后却是几道车痕，旷远寥落，十足的俄罗斯远东风情。画的是契诃夫所乘横贯西伯利亚的马车吗？少年时曾在黑龙江双鸭山一带漂泊过的我知道，那里也随处可见相似的意境。

同辈中有很多人痴迷俄罗斯文学，契诃夫，当然还有普希金、莱蒙托夫、托尔斯泰等一连串闪光的名字，曾在知识贫瘠时伴随过大家。我在山东建设兵团独立三团一营三连做战士时，战友间悄悄流传的多是些残破的俄国名著，契诃夫的短篇小说即其一。至今仍记得捧读《打赌》的那个冬夜，年轻的心深受震撼，披衣出户，见月光如瀑，恍兮惚兮。至于这册有些另类的作品，记不得到手后是否翻了翻，就放在一边了，初不识萨哈林就是库页岛也。暌违差不多30年，一天见妻子悦苓读得出神，跟着随手翻了翻，立刻沉浸其中，一读再读，并扩展到《第六病室》等一批小说，扩展到追寻搜罗清代相关史料，继而去寻觅俄日文献……

或曰先有了《萨哈林旅行记》，才会有陀思妥耶夫斯基的《死屋手记》，以及索尔仁尼琴的《古拉格群岛》，文学的谱系历来如此记述，实则也不一定。我一遍遍读此书，为库页岛在俄据初期的地狱情状深深震惊，也衍生出作为一个中国人的慨叹感伤：慨叹乾隆皇帝在号称盛世之际，对这样一个北方大岛的漠视；感伤清廷在衰败时的懦弱和无奈，任由两个强邻攘夺切割，居然选择了装聋作哑。

从19世纪中叶开始，曾经属于中国的库页岛，就变成了沙俄的萨哈林，变成了俄国监禁犯人的苦役岛；而直到今天，其在许多国人心中仍有一份特别的纽结牵连，一种挥之不去的复杂与沉重。写作这本小书的心情是沉重的，目的当然不在于对旧时领土的声索，而是基于一种遐深的伤逝，想借助于那些个陈年往事，厘清库页岛渐离母体的去国之路。人们常说历史是一面镜子，却应摒弃那种顾盼自雄或自怨自艾，而深自省察，反求诸己，大约才是获得鉴戒、振作复兴的径路。

谢谢《读书》和《书城》的厚爱，近年来陆续发表了我写的一些专题文章；谢谢黑龙江省社会科学院历史研究所的关注，寄给我一批很有价值的参考书籍，并将本书纳入其系列选题，予以出版资助；谢谢袁行霈先生为本书题写书名，先生与夫人贺松老师在本书写作期间多有关注鼓励；谢谢中国海洋大学文学院修斌院长、赵成国副院长与各位同仁，两年前特地组织了一个小型的国际研讨会，使我获益匪浅；谢谢三联书店常绍民副总编辑和本书责编张龙付出的心血，以及他们对文稿的修改建议；谢谢老友潘振平兄、朱鹏兄、邹爱莲馆长、马大正先生、宝音教授一直以来的指教和帮助，哈，又不独这一本书；谢谢黑龙江省老领导杜宇新先生的关注与关心，不仅亲自订补了多处错讹，还找了一批当地专家审读书稿，尤以曾任黑龙江省地勘局局长的龚强教授，多有諟正；谢谢小友聂金星帮助查阅翻译俄国相关文献、刘传飞提供的历史地图；谢谢陈胜利兄、魏崇新兄代为检索资料；谢谢我在国家清史办的年轻同事穆蕾、赫晓琳、张鸿广、张建斌、陈芳、董娜的各种支持。朱鹏兄去年 8 月因微疾误诊在东京撒手人寰，逝前数日还发来代查的资料，时今仍觉痛殇……

还应说明的是，由于我国对库页岛的文献史料记载无多，加上自己学植浅陋、不识俄日文字，使得本书的写作受到较大局限，错讹偏谬之处或多，尚待学界同仁批评指正。

是为跋。

卜 键

2020 年 8 月 7 日于京北两棠轩